洪錦魁簡介

洪錦魁畢業於**明志工專**（現今**明志科技大學**），跳級留學美國 University of Mississippi 計算機系研究所。

2023 年和 2024 年連續 2 年獲選博客來 **10 大暢銷華文作家**，多年來唯一電腦書籍作者獲選，也是一位跨越電腦作業系統與科技時代的電腦專家，著作等身的作家，下列是他在各時期的代表作品。

- ❑ DOS 時代：「IBM PC 組合語言、Basic、C、C++、Pascal、資料結構」。
- ❑ Windows 時代：「Windows Programming 使用 C、Visual Basic」。
- ❑ Internet 時代：「網頁設計使用 HTML」。
- ❑ 大數據時代：「R 語言邁向 Big Data 之路、Python 王者歸來」。
- ❑ AI 時代：「機器學習數學、微積分 + Python 實作」、「AI 視覺、AI 之眼」。
- ❑ 通用 AI 時代：「ChatGPT、Copilot、無料 AI、AI 職場、AI 行銷、AI 影片、AI 賺錢術」。

作品曾被翻譯為**簡體中文**、**馬來西亞文**、**英文**，近年來作品則是在北京清華大學和台灣深智同步發行。

他的多本著作皆曾登上**天瓏**、**博客來**、**Momo** 電腦書類，不同時期暢銷排行榜第 1 名，他的著作特色是，所有**程式語法**或是**功能解說**會依特性分類，同時以實用的程式範例做說明，不賣弄學問，讓整本書淺顯易懂，讀者可以由他的著作事半功倍輕鬆掌握相關知識。握相關知識。

作者序

寫程式的 AI 戰友
VS Code x GitHub Copilot

你是否曾經羨慕專業工程師在螢幕前「指揮」AI 寫程式？是否希望自己也能用最頂尖的工具，高效、愉快地完成從入門到專案的開發？現在，這本書將帶你進入新世代寫程式的黃金搭檔 -「VS Code x GitHub Copilot」。

VS Code 是現代開發者最愛的編輯器，無論是 Python、資料科學、Web 前後端或 AI 應用，都是你的全方位「工作主戰場」。GitHub Copilot 則讓 AI 不只協助你寫程式，更能幫你檢查錯誤、解釋難懂的程式片段、甚至主動提出最佳化建議。

本書是市面上極少數完全以「VS Code x Copilot」為核心、結合理論與實戰、從初學到專案落地的教學指南。無論你是剛起步的新手，還是追求效率與創意的進階開發者，都能在書中獲得：

- **實用導引**：「從安裝設定到進階環境建構，完整拆解每個步驟」。
- **AI 應用全攻略**：Copilot 實際操作、錯誤判斷、AI 互動式編程，讓 AI 成為你的第二大腦。
- **真實專案實戰**：不只是 Hello World，從資料分析、API 串接、到自動化報表與 CLI 工具，完整帶你做出專案成果。
- **獨家觀念解析**：教你如何用「指揮 AI」的腦袋學程式，而非被 AI 牽著走。
- **高效學習路徑**：全書步驟緊扣實務，章節間無縫銜接，讓你從零到一、由淺入深。

這本書不僅是工具書，更是你與 AI 時代接軌的關鍵戰友。無論你的目標是工作升遷、學術研究、接案創業，還是單純想用 AI 寫出有趣的程式，這裡都能找到最貼近實戰的答案。

AI 時代已來，你準備好和 AI 並肩作戰了嗎？

讓「寫程式的 AI 戰友」帶你領先一步，開啟全新的開發體驗！

作者序

多年來，筆者持續耕耘於電腦書寫作，本書同樣延續一貫風格 –「程式實例豐富」、「步驟詳盡」，每一章都融合 AI 應用與實戰經驗，讓讀者可以在實作中學會如何駕馭 VS Code 與 Copilot，真正發揮 AI 寫程式的威力。只要循序漸進、跟著本書練習，相信你不僅能快速掌握 Python 與現代開發流程，更能培養「指揮 AI」的能力，邁向頂尖開發者之路。本書編寫雖然力求完善，但疏漏或謬誤在所難免，還請讀者不吝指正、賜教，讓這本「AI 戰友」能持續進化，陪伴你一同前行。

洪錦魁 2025/08/10
jiinkwei@me.com

臉書粉絲團

歡迎加入：王者歸來電腦專業圖書系列
歡迎加入：iCoding 程式語言讀書會
歡迎加入：MQTT 與 AIoT 整合運用
歡迎加入：深度機器學習線上讀書會

圖書資源說明

本書籍的所有程式實例可以在深智公司網站下載。

目錄

第 1 章　VS Code 是誰？為何開發者都用它？

- 1-1　認識 VS Code 的誕生與設計理念 1-2
  - 1-1-1　微軟出品卻開源免費 - 開放與創新的象徵 1-2
  - 1-1-2　輕量與模組化 - 由「編輯器」進化為「開發平台」............. 1-2
  - 1-1-3　為開發者而生 - 從 UI 到功能的精緻設計 1-3
- 1-2　VS Code vs 其他 IDE（PyCharm、Jupyter、Spyder）.................. 1-3
  - 1-2-1　PyCharm - 功能齊全但較重，VS Code 輕量取勝 1-4
  - 1-2-2　Jupyter Notebook - 適合資料分析，VS Code 更適合專案開發 1-4
  - 1-2-3　Spyder - 科學運算為主，但擴充性不及 VS Code 1-4
  - 1-2-4　小結 - VS Code 的彈性與擴充，打造萬用開發利器 1-5
- 1-3　VS Code 對 Python 開發的優勢與定位 1-6
  - 1-3-1　Python 延伸模組支援強大（Linting、Debug、Jupyter 等）..... 1-6
  - 1-3-2　Git 與 GitHub 整合，專案管理無縫接軌 1-6
  - 1-3-3　開發者生態圈活躍，外掛資源豐富 1-7
  - 1-3-4　與 GitHub Copilot 結合，進入 AI 程式設計新時代 1-7

第 2 章　打造你的 VS Code 開發環境

- 2-1　安裝 VS Code 2-2
  - 2-1-1　Windows 系統下載與安裝 VS Code 2-2
  - 2-1-2　首次啟動更改 VS Code 背景顏色 2-6
  - 2-1-3　建立 VS Code 中文環境 2-8
- 2-2　安裝 Python 解譯器 2-9
  - 2-2-1　下載與安裝 Python 2-10
  - 2-2-2　如何知道自己安裝哪些 Python 版本 2-13
  - 2-2-3　你可以怎麼解決多版本 Python 的 PATH 設定 2-14
- 2-3　VS Code 安裝 Python 模組 2-15
  - 2-3-1　安裝 Python 擴充模組 2-15
  - 2-3-2　選擇 Python 解譯器 2-16
- 2-4　認識 VS Code 的介面 2-17
  - 2-4-1　左側功能欄 2-17
  - 2-4-2　開始 2-19
  - 2-4-3　逐步解說 2-21

2-5	建立資料夾與 Python 程式		2-21
	2-5-1	開啟空白資料夾	2-22
	2-5-2	新增資料夾	2-23
	2-5-3	新增檔案	2-23
	2-5-4	建立 Python 程式	2-24
	2-5-5	執行程式	2-24
	2-5-6	關閉資料夾	2-25
2-6	開啟檔案		2-26
	2-6-1	先開啟「資料夾」再選取檔案	2-26
	2-6-2	直接「開啟檔案」	2-27
2-7	啟用 GitHub Copilot		2-28
	2-7-1	GitHub Copilot 簡介	2-28
	2-7-2	安裝 Copilot 延伸模組	2-28
	2-7-3	登入 GitHub Copilot	2-29
	2-7-4	測試 GitHub Copilot 是否安裝成功	2-30
2-8	終端機管理		2-31
	2-8-1	啟用與使用 VS Code 內建終端機	2-31
	2-8-2	終端機環境測試指令	2-32
	2-8-3	認識 pip 基礎知識	2-32
	2-8-4	pip 與 Python 多版本搭配技巧	2-34
	2-8-5	Python 程式執行常見與 pip 有關錯誤與排除方式	2-34

第 3 章　VS Code 基本操作快速上手

3-1	編輯器操作介面導覽		3-2
	3-1-1	側邊欄	3-2
	3-1-2	編輯區	3-3
	3-1-3	標籤列	3-4
	3-1-4	狀態列	3-6
	3-1-5	內建終端機	3-7
	3-1-6	Copilot 編輯區	3-7
3-2	命令面板、工作區與檔案管理		3-7
	3-2-1	命令面板（Command Palette）	3-7
	3-2-2	工作區（Workspace）與資料夾管理	3-8
3-3	快捷鍵實用技巧與視窗配置最佳化		3-14

目錄

3-3-1	常用快捷鍵整理	3-14
3-3-2	視窗配置	3-14
3-3-3	主題與配色	3-20

第 4 章　在 VS Code 中寫 Python 程式

4-1	輸出、輸入與變數的操作	4-2
4-2	主控或工具人 - if __name__ == "__main__"	4-3
4-2-1	基礎觀念	4-3
4-2-2	創意實例 - 我是主控，還是工具人？	4-4
4-2-3	VS Code 視窗看主控和工具人專案	4-5
4-2-4	主控和工具人學習重點	4-6

第 5 章　VS Code 中的互動練功場用 REPL 模式即時學 Python

5-1	什麼是 REPL？為什麼學 Python 要學它？	5-2
5-1-1	解釋 Read- Eval- Print- Loop 的概念	5-2
5-1-2	初學者「練習邏輯與語法」的最佳入口	5-3
5-2	用終端機啟動 Python REPL	5-5
5-2-1	嘗試基本語法、變數、運算、函數定義	5-5
5-2-2	介紹內建函數如 type()、help()、dir() 的應用	5-6
5-3	使用 Python REPL 標籤頁（Start REPL）	5-7
5-3-1	如何開啟 Python REPL 標籤頁	5-7
5-3-2	變數 - 執行與偵錯	5-8
5-3-3	REPL 標籤頁的操作特性	5-9
5-3-4	實用示範操作	5-9
5-4	終端機 REPL 與 REPL 標籤頁的差異與應用場景	5-11

第 6 章　讓 AI 幫你寫程式 GitHub Copilot 入門

6-1	使用註解觸發 Copilot 寫出函數	6-2
6-1-1	教學如何使用自然語言註解讓 Copilot 自動產生對應函數	6-2
6-1-2	示範常見註解語法類型（中英文皆可）	6-3
6-1-3	強調「提示語言」與「程式語言」混用的有效策略	6-3
6-1-4	讀者可以練習的註解基礎提示	6-5
6-1-5	讀者可以練習的註解進階提示	6-5
6-2	補全語法、參數與錯誤提示	6-5
6-2-1	示範如何從變數、函數名稱的開頭讓 Copilot 自動補完內容	6-6

	6-2-2	說明 Copilot 如何根據上下文猜測資料結構與參數類型 6-7
	6-2-3	輸入錯誤或不完整時 Copilot 的容錯行為與修正建議 6-8
6-3	AI 幫忙完成你腦海中的程式邏輯 6-9
	6-3-1	實戰情境 - 你知道你「想做什麼」，但不知道怎麼寫 6-9
	6-3-2	使用部分函數、流程片段，讓 Copilot 幫你「接下去寫」............ 6-10
	6-3-3	結合測試、範例輸入、輸出提示來強化 Copilot 的回應品質 6-10
	6-3-4	示範如何反覆提示、調整指令，與 AI 互動式協作 6-11

第 7 章　用 Copilot 幫你除錯、解釋與重構程式

7-1	Copilot 協助程式開發的雙模式運作 - 自動補全與互動審查 7-2
7-2	利用 Copilot 改寫與最佳化程式 7-3
	7-2-1	讓 Copilot 調整命名與格式提升可讀性 7-3
	7-2-2	用簡單註解提示 Copilot 改寫現有程式 7-5
	7-2-3	比較 Copilot 重構前後版本的優劣（搭配註解說明）............... 7-8
	7-2-4	Copilot 常見重構註解句型清單 7-8
	7-2-5	系列重構實例 7-9
7-3	將錯誤訊息變成修正建議 7-11
	7-3-1	將錯誤訊息貼回編輯器，觀察 Copilot 修正方式 7-11
	7-3-2	解釋 Modify using Copilot 和 Review using Copilot 7-14
	7-3-3	Copilot 如何自動補出可能的修正範例 7-15
	7-3-4	Copilot 如何根據錯誤行上下文補出防錯邏輯 7-16
	7-3-5	錯誤修正任務 - 讓 Copilot 幫你從錯誤中成長！ 7-18
7-4	協助理解陌生程式片段與資料流程 7-20
	7-4-1	在函數上方輸入「# 解釋這段程式碼」讓 Copilot 加入註解 7-20
	7-4-2	分析資料處理流程與資料結構使用 7-23
	7-4-3	用 Copilot 幫忙「翻譯」舊程式碼、過時寫法 7-26

第 8 章　用 Copilot Chat 和 AI 對話寫程式

8-1	認識 Copilot Chat 對話式編程介面 8-2
	8-1-1	Copilot Chat 是什麼？與傳統 Copilot 有何不同？ 8-2
	8-1-2	如何啟用 Copilot Chat 8-3
	8-1-3	認識 Copilot Chat 視窗 8-4
	8-1-4	聊天輸入基礎知識 8-11
8-2	用自然語言請 AI 解釋程式 8-13

		8-2-1	示範輸入 - 檔案程式摘要分析 8-13

        8-2-1　示範輸入 - 檔案程式摘要分析 8-13
        8-2-2　解釋特定段落 8-16
        8-2-3　自動翻譯英文註解成中文 - 雙語學習應用 8-19
8-3　用對話方式除錯與修正錯誤 8-21
        8-3-1　將錯誤訊息貼入 Chat 請求修正建議 8-21
        8-3-2　錯誤說明：IndexError, KeyError, TypeError 8-23
        8-3-3　多步驟對話修正流程 8-25
8-4　請 AI 幫你重構與優化程式 8-27
        8-4-1　自然語言提示範例 8-28
        8-4-2　善用 Copilot Chat 自動拆解、重新命名、加入防錯 8-29
8-5　跨檔案提問與整體架構理解 8-32
        8-5-1　查詢目前專案有哪些檔案 8-32
        8-5-2　請 Copilot 解釋 main.py 與 utils.py 的關係 8-36
        8-5-3　使用多步驟提示建立全域邏輯理解 8-38
8-6　生成測試、文件與範例輸入 8-40

第 9 章　VS Code + Jupyter Notebook 資料科學實戰起點

9-1　Jupyter Notebook 開發 Python 程式的特色 9-2
9-2　安裝與使用 Jupyter 擴充模組 9-4
        9-2-1　在 VS Code Marketplace 中搜尋並安裝 Jupyter 擴充功能 9-4
        9-2-2　必要相依項目 - ipykernel 9-5
        9-2-3　測試是否安裝 Jupyter Notebook 成功 9-7
9-3　執行 .ipynb 資料分析筆記本 9-7
        9-3-1　Notebook 介面導覽 9-8
        9-3-2　執行每個儲存的方式與輸出觀察 9-11
        9-3-3　儲存與轉換 .ipynb 成 .py 或 .html 9-12
9-4　儲存格選取、複製、移動與刪除 9-14
9-5　Markdown 語法 9-15
        9-5-1　建立與生成 Markdown 文件 9-16
9-6　結合 Numpy、Matplotlib、Pandas 的應用展示 9-22
        9-6-1　利用 NumPy 進行矩陣運算與隨機數產生 9-22
        9-6-2　用 Matplotlib 繪製簡單折線圖與長條圖 9-24
        9-6-3　載入 Pandas 資料並顯示前幾筆資料 9-26
        9-6-4　整合三者進行一個小型資料分析任務 9-27

9-7		比較 Jupyter 與 Python script 的開發方式	9-30
	9-7-1	Notebook 的互動性與可視化優勢	9-30
	9-7-2	Python script 的流程控制與可部署性	9-31
	9-7-3	兩者整合使用的實務建議	9-32
	9-7-4	開發效率、版本控管、合作方式的比較分析	9-33

第 10 章　專案實作 - CLI 應用程式

10-1		用 Python 撰寫命令列工具	10-2
	10-1-1	CLI 應用介紹與範例展示	10-2
	10-1-2	設計實用 CLI 的流程與架構	10-4
	10-1-3	CLI 實例 - 批量轉換文字檔格式	10-6
	10-1-4	CLI 實例 - 批量壓縮圖片	10-10
10-2		Copilot 協助自動生成指令結構	10-12
	10-2-1	如何提示 Copilot 產生 CLI 架構	10-13
	10-2-2	用自然語言生成 argparse 模組	10-14
	10-2-3	自動補齊子指令、說明與錯誤處理邏輯	10-16
10-3		用 argparse、os、shutil 實作功能	10-19
	10-3-1	使用 argparse 處理命令列參數	10-19
	10-3-2	搭配 os 與 shutil 操作檔案、資料夾	10-22
	10-3-3	實作 - 批次複製、壓縮、改檔名、自動建立備份等功能	10-24

第 11 章　專案實作 - 資料處理小幫手

11-1		專案目標 - 輸入 / 輸出範例	11-2
11-2		使用 pandas 進行資料讀取與分析	11-3
	11-2-1	讀取 CSV、處理欄位名稱與缺漏值	11-4
	11-2-2	分群統計（groupby）、平均、總和與排序	11-5
	11-2-3	計算欄位（如金額、成效比）	11-7
11-3		openpyxl 寫入報表與格式設定	11-8
	11-3-1	建立 Excel 報表並寫入 pandas DataFrame	11-8
	11-3-2	自動命名工作表與儲存路徑	11-11
	11-3-3	加上儲存格樣式（標題加粗、欄寬調整、數字格式）	11-13
11-4		使用 pathlib 管理報表輸出與結構	11-17
	11-4-1	建立資料夾與日期自動命名	11-17
	11-4-2	建立輸出路徑與備份版本	11-19
	11-4-3	檔名自動化 - 報表名稱 + 時間戳記	11-21

目錄

11-5	AI 協作實作 - 用 Copilot 或 ChatGPT 規劃報表流程	11-22
	11-5-1　讓 AI 協助推導報表欄位與公式（自然語言提示）	11-23
	11-5-2　自動產生欄位命名邏輯、報表主流程	11-27
	11-5-3　與 AI 對話調整資料處理邏輯的練習	11-29
11-6	自動化流程封裝 - 部門銷售報表生成器	11-33

第 12 章　專案實作 - API 整合應用

12-1	寫一個查詢天氣或匯率的程式	12-2
	12-1-1　選擇與介紹公開 API	12-2
	12-1-2　設計天氣查詢程式	12-3
	12-1-3　設計匯率查詢程式	12-4
12-2	使用 requests + Copilot 幫你組合 API 呼叫流程	12-5
12-3	加入簡單例外處理與錯誤提示	12-9

第 13 章　寫程式的正確姿勢「AI 是你的助理」，「不是你的大腦」

13-1	Copilot 會出錯嗎？如何判斷建議是否合理？	13-2
	13-1-1　AI 為什麼會「看起來很對、其實錯了」？	13-2
	13-1-2　常見錯誤型態：語意錯誤、效能問題、格式正確但邏輯錯	13-4
	13-1-3　實例分析 - 錯誤的 SQL 查詢、無效的資料結構	13-6
	13-1-4　建議不要「複製就貼上」，要先「理解再選擇」	13-9
13-2	「AI 輔助」≠「AI 取代」- 保持邏輯思考與程式判斷力	13-10
	13-2-1　AI 是語言模型，不是驗證機器	13-10
	13-2-2　思考順序、變數命名、流程設計仍需人腦決策	13-12
	13-2-3　怎樣才叫「有 AI 輔助的人腦」而不是「被 AI 駕駛的大腦」	13-14
	13-2-4　練習 -「我會怎麼寫？」與「Copilot 建議怎麼寫？」的比對	13-16
13-3	如何引導 Copilot 給你正確、清晰的建議	13-18
	13-3-1　如何寫好「註解提示」來引導 Copilot	13-18
	13-3-2　中文 vs 英文，哪種效果更好？	13-20
	13-3-3　要精簡還是詳細？提示語的長度與明確度影響什麼	13-22
	13-3-4　範例 - 用一列註解帶出三種不同程式邏輯	13-24
13-4	強化你的人腦思考，才是駕馭 AI 的關鍵	13-26
	13-4-1　你不只是「寫程式的人」，你是「指揮 AI 寫程式的人」	13-27
	13-4-2　建立自己的程式風格與決策原則	13-28
	13-4-3　用 AI 幫你學習、比較、優化，而不是直接接收	13-30
	13-4-4　小任務練習 - 讓 AI 給你三種寫法，然後你選最佳解	13-33

第 1 章

VS Code 是誰？
為何開發者都用它？

1-1　認識 VS Code 的誕生與設計理念

1-2　VS Code vs 其他 IDE（PyCharm、Jupyter、Spyder）

1-3　VS Code 對 Python 開發的優勢與定位

第 1 章　VS Code 是誰？為何開發者都用它？

在程式開發的世界裡，有無數工具與整合開發環境（IDE）供工程師選擇，而 Visual Studio Code（簡稱 VS Code）卻在短短幾年內迅速竄起，成為最多人使用的開發工具。不論你是撰寫 Python、JavaScript、C++，還是進行資料科學與 AI 專案開發，VS Code 幾乎都能提供流暢、可擴充、而且跨平台的開發體驗。本章將帶領讀者認識 VS Code 的誕生背景、設計理念，並與常見的其他 IDE 做比較，進一步說明為什麼 VS Code 是現代開發者的首選，尤其在 Python 開發中更是不可或缺的利器。

1-1　認識 VS Code 的誕生與設計理念

Visual Studio Code（簡稱 VS Code）是微軟於 2015 年推出的程式碼編輯器，短短數年間就成為開發者的首選。它不僅免費、開源，還具備跨平台、輕量、模組化與高度可客製化等特點。這節將深入剖析 VS Code 的誕生背景與設計哲學，理解它如何從一個簡單的編輯器，蛻變為全球最受歡迎的開發工具。

1-1-1　微軟出品卻開源免費 - 開放與創新的象徵

在許多人的印象中，微軟代表的是封閉與商業化。然而 VS Code 的出現，徹底顛覆了這個形象。VS Code 採用 MIT 授權模式，在 GitHub 上開源，任何人都可以自由下載、閱讀原始碼，甚至參與貢獻與修改。這不僅展示微軟擁抱開源社群的決心，也顯示他們轉型為開發者導向企業的企圖心。

VS Code 的核心使用 Electron 架構，讓它可以在 Windows、macOS 與 Linux 上順暢執行。不論你來自哪個開發背景，只要有一個共同平台，就能享受相同的開發體驗，這正是現代工具追求「一致性與自由」的最佳典範。

註　有的文章將「模組」翻譯成「套件」。

1-1-2　輕量與模組化 - 由「編輯器」進化為「開發平台」

VS Code 並不是一開始就擁有 IDE 等級的功能，它的核心設計理念是「從簡單出發，依需求擴充」。這種模組化架構，讓使用者可以依照個人需求安裝擴充模組，打造最符合自己工作流程的開發環境。

舉例來說，VS Code 預設僅支援基本語法高亮與簡單的程式碼提示，但透過 Marketplace，你可以自由加入 Python、JavaScript、C++ 等語言支援模組，甚至整合 Git、Docker、Jupyter Notebook、ChatGPT 或 GitHub Copilot 等 AI 工具。這讓 VS Code 不再只是「一個文字編輯器」，而是「一個可自由組裝的開發平台」。

這種「從小變大」的概念，大大降低新手的學習曲線，也讓進階使用者能構建出最強大的生產力工作站。

1-1-3 為開發者而生 - 從 UI 到功能的精緻設計

VS Code 在使用者介面（UI）與使用體驗（UX）方面的設計可說是細膩而高效。介面採分區式設計，左側為功能欄（如檔案總管、版本控制、搜尋、除錯器），中央為程式編輯區，右側可延伸出 Terminal 或預覽器，讓開發工作流無縫整合。每個設計細節都為開發者量身打造：

- 支援多分頁與多工作區操作，適合大型專案管理。
- 整合 Git 工具，可視化提交與比對變更，無需離開編輯器。
- 除錯工具內建，支援斷點、監看變數與即時除錯。
- 可客製化鍵盤快捷鍵、主題與配色，打造專屬風格。

這些特性不僅提升效率，更讓開發過程變得愉快。VS Code 不只是工具，更是與開發者「對話」的工作夥伴，真正實現「以人為本」的開發環境設計理念。

1-2　VS Code vs 其他 IDE（PyCharm、Jupyter、Spyder）

程式開發工具百百種，選擇合適的 IDE（整合開發環境）往往直接影響開發效率與使用體驗。VS Code 雖以「編輯器」自居，卻在功能與彈性上超越傳統 IDE，成為現代開發者的首選。本節將從功能性、操作性與擴充性三方面，將 VS Code 與常見的 PyCharm、Jupyter Notebook、Spyder 進行比較，幫助讀者了解各工具的特色與適用場景。

第 1 章　VS Code 是誰？為何開發者都用它？

1-2-1　PyCharm - 功能齊全但較重，VS Code 輕量取勝

PyCharm 是 JetBrains 推出的專業級 Python IDE，內建強大的程式碼補全、自動格式化、版本控制、測試整合等功能，非常適合中大型專案開發者使用。然而，PyCharm 的缺點也很明顯：安裝體積大、啟動慢、系統資源耗用高，對於硬體配備有限的使用者可能是一種負擔。

相較之下，VS Code 以輕量著稱，安裝檔小、啟動快、執行效率高，即便是在效能有限的筆電上也能順暢執行。透過擴充模組，VS Code 可以逐步加上類似 PyCharm 的功能，但使用者可自由選擇安裝哪些功能，打造個人化的開發環境，更加彈性與高效。

1-2-2　Jupyter Notebook - 適合資料分析，VS Code 更適合專案開發

Jupyter Notebook 在資料科學與教學領域非常受歡迎，因其支援「文字＋程式碼＋輸出結果」的交錯顯示方式，讓資料探索與視覺化變得直觀。但它並不適合大型專案或模組化程式開發，缺乏檔案總管、版本控制整合與進階除錯功能。

VS Code 則能完美結合兩者優勢：除了支援開發完整應用系統的功能外，也能透過 Jupyter 擴充模組開啟 .ipynb 檔案，享受與原始 Jupyter 幾乎相同的互動體驗，卻又能保留完整的開發工具與多工作區操作的彈性，成為資料分析與應用開發的橋梁。

1-2-3　Spyder - 科學運算為主，但擴充性不及 VS Code

Spyder 是一款專為科學運算與資料分析設計的 IDE，內建 NumPy、Pandas、Matplotlib 等常見模組的支援介面，適合從事數值計算、資料探勘與統計分析的工程師使用。它有類似 MATLAB 的使用者介面與變數觀察器功能，對習慣圖形化操作的使用者而言相當友善。

然而 Spyder 的擴充能力有限，開發大型專案時會遇到可客製化選項不多、與外部工具整合不易等限制。相較之下，VS Code 可透過豐富的 Marketplace 擴充功能模組，不僅能支援資料科學，也能處理 Web、API、機器學習與前後端整合，無論初學者或進階開發者都能找到對應的解決方案。

1-2-4　小結 - VS Code 的彈性與擴充,打造萬用開發利器

綜合比較 PyCharm、Jupyter Notebook 與 Spyder,我們可以看出這三者各有其定位與強項,但 VS Code 以其高度彈性、模組化設計與龐大的開源社群,幾乎能涵蓋所有使用場景。無論是編寫 Python 程式、進行資料分析、撰寫教學文件或建構 AI 應用,VS Code 都能透過擴充與整合,成為「一站式」開發平台。它不只是一個編輯器,更是開發者的全方位戰友。

功能 / 工具	VS Code	PyCharm	Jupyter Notebook	Spyder
定位特色	通用型、模組化編輯器,可擴充成完整開發平台	專業級 Python IDE,功能齊全	資料分析與教學導向,強調交互式運算	科學計算為主,介面類似 MATLAB
啟動速度	快速、輕量	較慢、資源需求高	快速	中等
系統資源消耗	較低	較高	低	中
擴充能力	極高(Marketplace 上有數千模組)	中等(進階功能需專業版)	極低,幾乎無擴充	有限,較難整合第三方工具
Git 整合	內建版本控制,操作簡潔	完整支援 Git 與 VCS	無	基本支援
除錯功能	內建強大除錯器、支援多語言	完整除錯支援	不支援除錯,只能執行	內建簡易除錯器
支援 Jupyter	原生支援 .ipynb 檔案,介面類似 Jupyter	需額外模組	原生支援	不支援
專案開發能力	適合中大型專案、支援多語言、多工作區	強大架構管理工具	適合短程筆記與資料分析	不適合大型專案
可客製化程度	極高(佈景主題、快捷鍵、編輯器行為皆可調整)	中等	幾乎無法調整	基本設定可改,彈性不高
開源與授權	完全免費,MIT 授權	社群版免費,專業版需付費	開源	開源

第 1 章　VS Code 是誰？為何開發者都用它？

1-3　VS Code 對 Python 開發的優勢與定位

　　Python 是目前最受歡迎的程式語言之一，而 VS Code 則成為眾多 Python 開發者的首選工具。其豐富的擴充模組、強大的除錯與 Lint 支援、與 Git/GitHub 深度整合，以及與 GitHub Copilot 的 AI 輔助開發功能，讓 Python 的開發過程更快速、更智能。本節將深入探討 VS Code 如何在 Python 生態系中發揮關鍵角色，成為現代開發者不可或缺的利器。

1-3-1　Python 延伸模組支援強大（Linting、Debug、Jupyter 等）

　　VS Code 透過 Python 官方擴充模組（由 Microsoft 維護）支援完整的 Python 開發流程。主要優勢如下：

- **Linting 支援**：Linting 是指「靜態程式碼分析」，會在你編輯程式時，自動檢查語法錯誤、格式問題、潛在 bug、不良習慣等。
- **除錯功能強大**：支援設定斷點、逐列執行、變數監看與堆疊追蹤，媲美專業 IDE。
- **虛擬環境管理**：自動辨識並切換 venv、conda 等虛擬環境。
- **整合 Jupyter Notebook**：可直接在 VS Code 中編輯與執行 .ipynb，提供與原生 Jupyter 類似的體驗，並能跨 Notebook 與 .py 檔互操作。

這些功能讓 VS Code 不僅適用於寫腳本，更適合用於撰寫完整的模組與應用程式。

1-3-2　Git 與 GitHub 整合，專案管理無縫接軌

　　版本控制是專案開發中不可或缺的一環。VS Code 原生支援 Git，讓開發者能夠：

- 直接在編輯器中完成 Git commit、pull、push、branch 切換等操作。
- 顯示檔案變更狀態，快速檢視修改內容。
- 與 GitHub 完美整合，支援登入帳號、直接 clone 專案、發送 pull request。
- 支援 GitHub Issues 與 GitHub Codespaces，便於雲端協作與開發。

這種無縫整合大幅簡化了團隊協作流程，讓程式開發與版本控制合而為一。

1-3-3 開發者生態圈活躍，外掛資源豐富

VS Code 的成功離不開背後龐大的社群支持與活躍的開發生態系：

- 官方 Marketplace 擁有上萬個擴充模組，涵蓋語言支援、主題、工具整合等各式需求。
- 每個主題、除錯器、測試框架、伺服器開發工具幾乎都有 VS Code 專屬外掛。
- 社群每日持續貢獻新插件與更新，例如 Python Black formatter、Python Docstring Generator、Live Share 等等。
- 網路上有大量 VS Code 相關教學、配置範例與最佳實踐文章，降低學習曲線。

這讓 VS Code 不僅是一個工具，更是一個可以持續成長的開發平台。

1-3-4 與 GitHub Copilot 結合，進入 AI 程式設計新時代

VS Code 是目前與 GitHub Copilot 整合最緊密的開發平台。GitHub Copilot 是由 OpenAI Codex 驅動的 AI 程式助手，能根據開發者輸入的註解或程式碼上下文，自動補全、建議甚至整段生成程式碼。在 VS Code 中啟用 Copilot 後，可實現以下強大功能：

- **智慧補全**：根據上下文即時預測程式碼。
- **自然語言驅動**：以英文註解描述需求，Copilot 會產出對應 Python 程式。
- **減少重複性工作**：自動生成常見函式、資料結構操作與 API 呼叫範例。
- **提升學習效率**：初學者能觀察 AI 提供的程式碼範例，快速掌握語法。

這項功能代表程式開發已進入「人機協作」的新階段，讓寫程式不再只是手動輸入，而是結合 AI 智能助攻的創作過程。

第 1 章　VS Code 是誰？為何開發者都用它？

第 2 章

打造你的 VS Code 開發環境

2-1　安裝 VS Code

2-2　安裝 Python 解譯器

2-3　VS Code 安裝 Python 模組

2-4　認識 VS Code 的介面

2-5　建立資料夾與 Python 程式

2-6　開啟檔案

2-7　啟用 GitHub Copilot

2-8　終端機管理

第 2 章　打造你的 VS Code 開發環境

開始寫程式之前,一個穩定、順手的開發環境是成功的關鍵。本章將帶領讀者一步步建立完整的 VS Code 開發環境,從安裝 VS Code、Python 與 Git 開始,再到設定 Python 擴充功能與虛擬環境,最後學習如何整合終端機與資料夾操作,打造一個高效率、可擴充的現代化程式工作站。

2-1　安裝 VS Code

在開始寫 Python 程式前,最重要的第一步就是建立開發環境。本節將從零開始,教你如何在 Windows、macOS 或 Linux 上安裝 VS Code。透過正確的安裝與設定,你將能快速進入寫程式的世界,並無痛整合版本控制與雲端協作。

2-1-1　Windows 系統下載與安裝 VS Code

VS Code 可於下列網址下載:

https://code.visualstudio.com/

進入上述網站後將看到下列畫面:

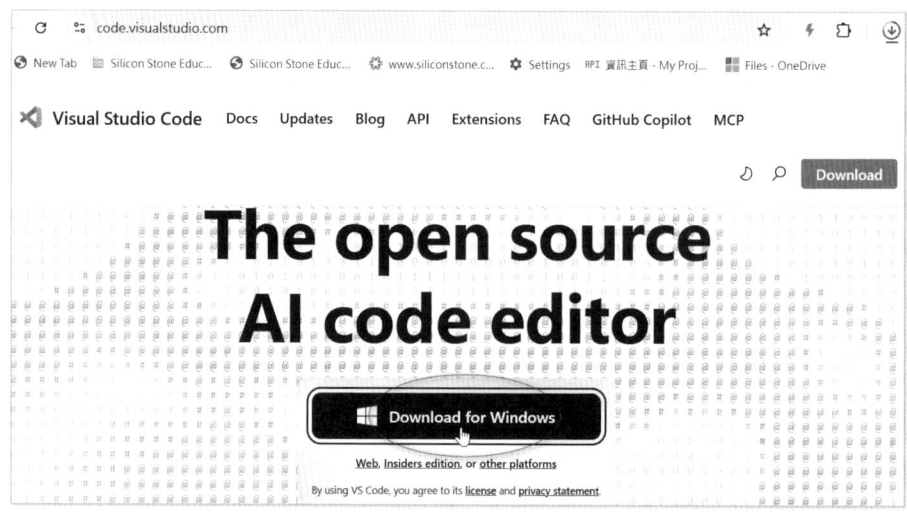

請點選 Download for Windows 鈕,會下載 VSCodeUserSetup-x64-1.101.2.exe 安裝檔案,讀者閱讀本書時,可能看到更新的檔案。安裝此檔案時將先看到下列畫面:

2-1 安裝 VS Code

請點選「我同意」，然後按「下一步」鈕。

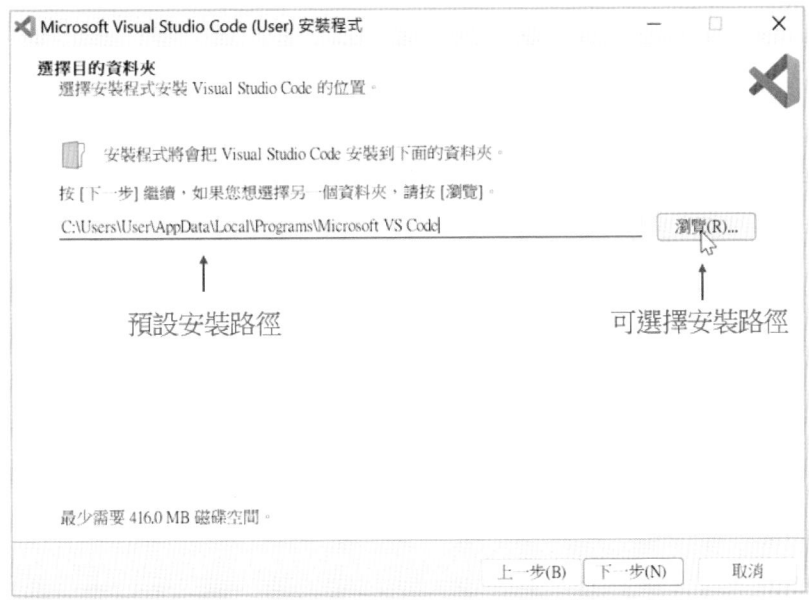

上述是可以點選「瀏覽」鈕，選擇安裝路徑。此例使用預設路徑，所以按「下一步」鈕。

第 2 章　打造你的 VS Code 開發環境

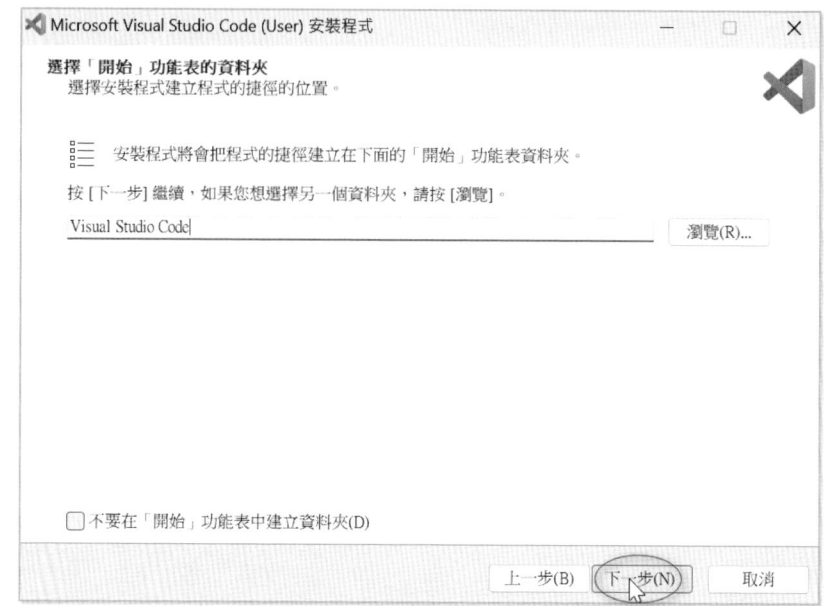

上述是建立捷徑名稱，此例使用預設名稱「Visual Studio Code」，請按「下一步」鈕。

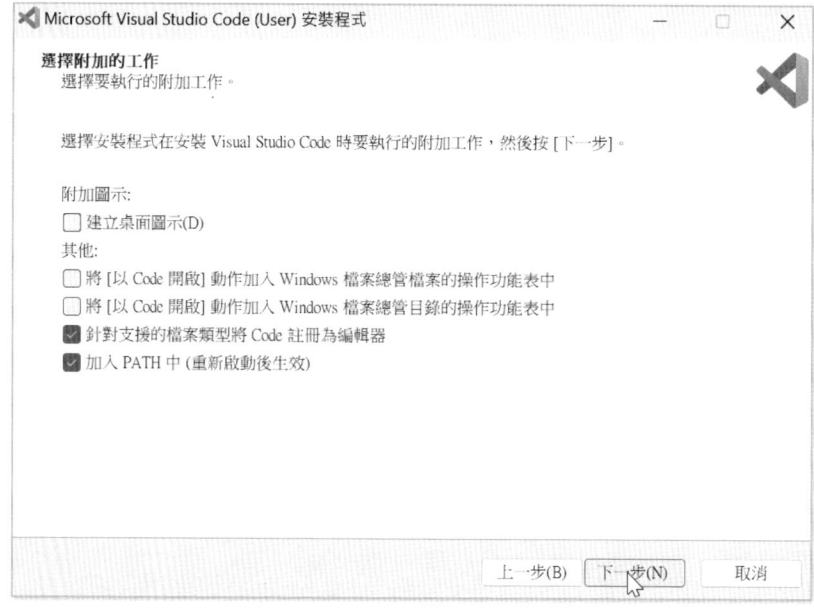

上述是詢問是否建立桌面圖示,以及附加工作,此例使用預設,請特別留意需有「加入 PATH 中(重新啟動後生效)」的設定,請按「下一步」鈕。

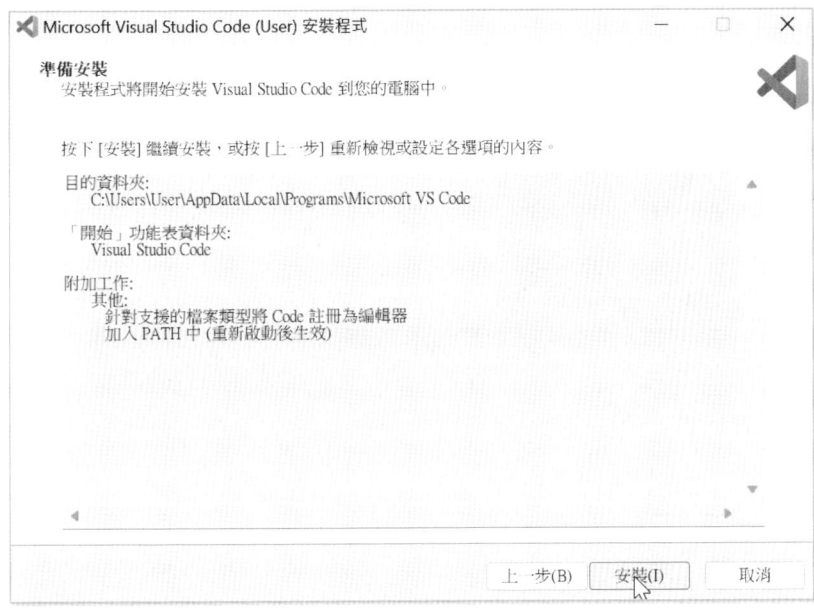

上述請按「安裝」鈕,即可以正式安裝 VS Code。

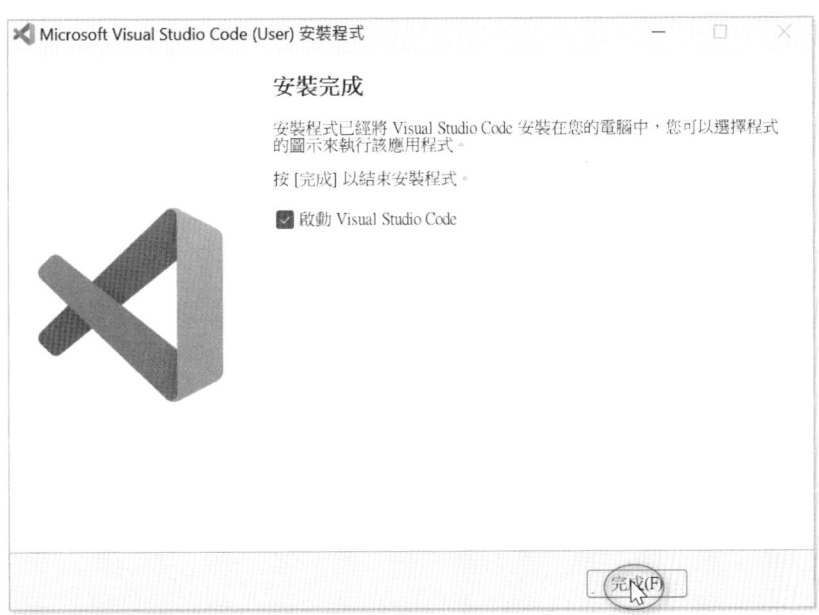

第 2 章　打造你的 VS Code 開發環境

安裝完成後將看到上述畫面，可以按「完成」鈕。安裝完成後，即可從桌面開啟 VS Code。請點選 Windows 作業系統視窗畫面的「視窗鈕」■■，再選擇 Visual Studio Code，如下所示：

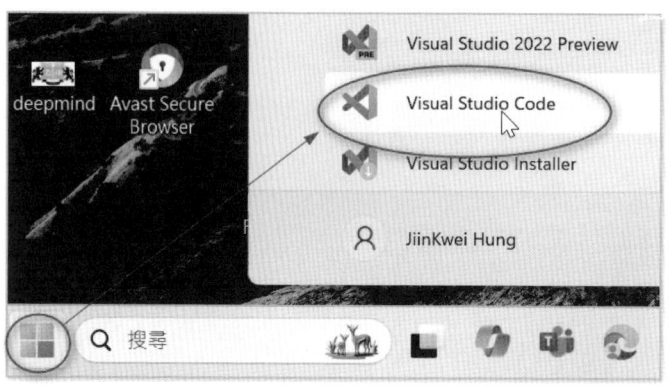

即可以啟動 Visual Studio Code。

❏ macOS 系統安裝

下載 .zip 檔案後解壓縮，將 Visual Studio Code.app 拖曳至應用程式資料夾。建議另行設定 code 指令（打開 VS Code，按 Cmd+Shift+P → 輸入 Shell Command: Install 'code' command in PATH）。

❏ Linux（Ubuntu 為例）系統安裝

可透過指令安裝：

　sudo apt update
　sudo apt install code

或使用 Snap 模組：sudo snap install code--classic

2-1-2　首次啟動更改 VS Code 背景顏色

❏ 預設 VS Code 的背景顏色

前一小節安裝 VS Code 完成後，可以自動進入 VS Code 環境，預設是暗色背景。原因是：

2-1 安裝 VS Code

- **保護眼睛、減少疲勞**：長時間盯著螢幕工作，尤其是在低光或夜間環境，白色背景會導致眼睛疲勞、乾澀與不適。暗色主題（Dark Theme）相較之下對眼睛的刺激較小，更能讓開發者長時間專注編碼。
- **符合程式開發者的使用習慣**：大多數專業開發工具（例如 Visual Studio、JetBrains 系列、Sublime Text、Terminal）都提供或預設為暗色主題，VS Code 延續這種業界慣例，讓開發者轉換使用時感覺更自然。
- **節省電力（特別是 OLED 螢幕）**：在具備 OLED 螢幕的裝置上，暗色背景實際上能降低耗電量，因為黑色像素會「關閉」發光。對筆電用戶尤其有利，能延長電池使用時間。
- **視覺焦點更集中**：在暗色背景上，語法高亮的程式碼顯得更清晰，開發者能快速辨識關鍵字、變數與函式名稱，提高閱讀與除錯效率。
- **現代設計潮流**：暗色主題已成為近年 UI/UX 設計的流行趨勢，從 macOS、Windows 10/11 到多數手機 app，都提供暗色模式，VS Code 的預設配色也是順應這個趨勢。

❏ 更改背景顏色

這是一本教學用書，採用暗色印刷時往往不會清楚，筆者用下列方式更改為淺色背景。請同時按「Ctrl + K 鍵」或是「點選 Choose your theme」，將看到下列畫面。

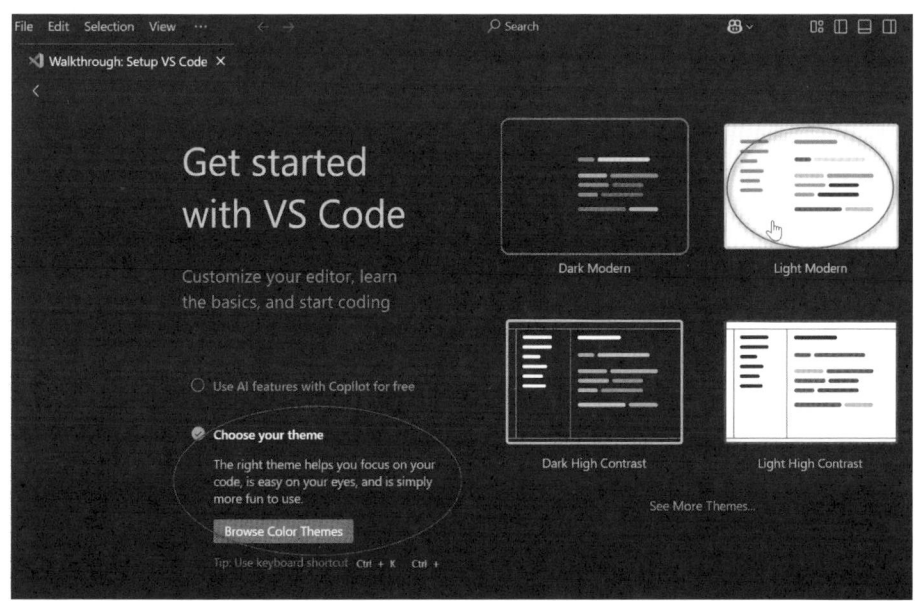

2-7

第 2 章　打造你的 VS Code 開發環境

請點選「Light Modern」，就可以得到亮色背景的 VS Code 環境。

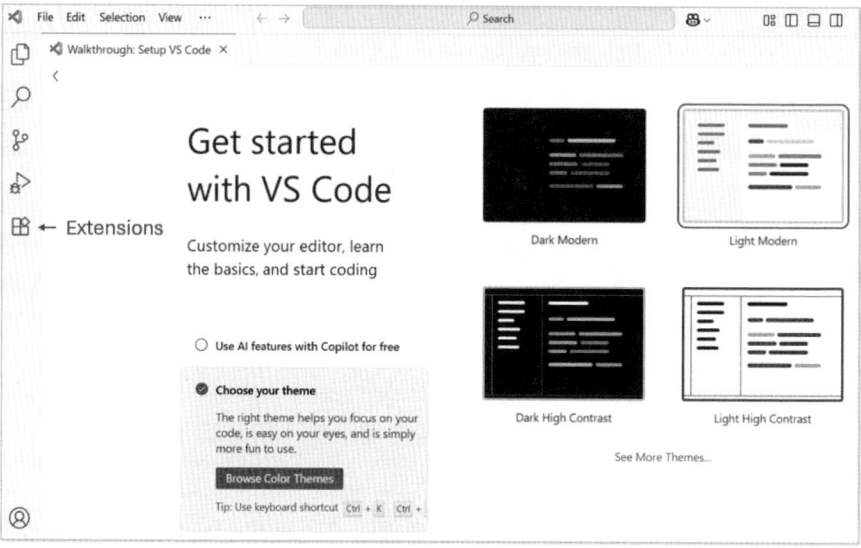

2-1-3　建立 VS Code 中文環境

　　VS Code 預設是在英文環境下執行，如果想在中文環境下執行，可以「按左邊欄位的「延伸模組 (Extensions) 圖示」」或是「按 Ctrl + Shift + X」，將看到搜尋框。請輸入前綴詞「Chinese」，就可以看到「Chinese (Traditional) Language pack for Visual Studio Code」，可以參考下圖。

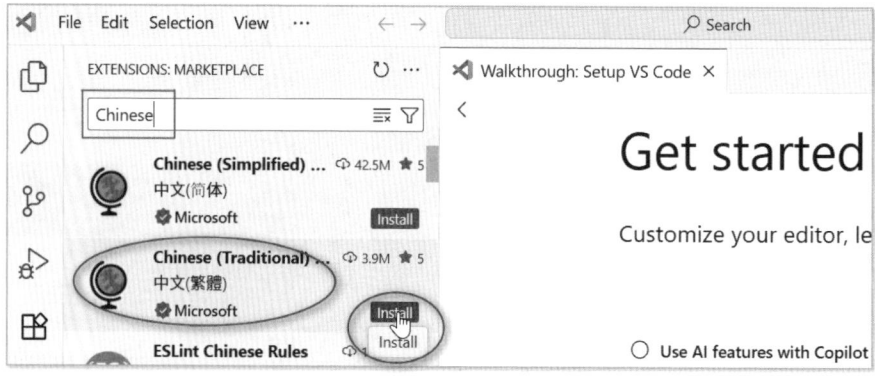

請點選 Install 鈕。

2-2 安裝 Python 解譯器

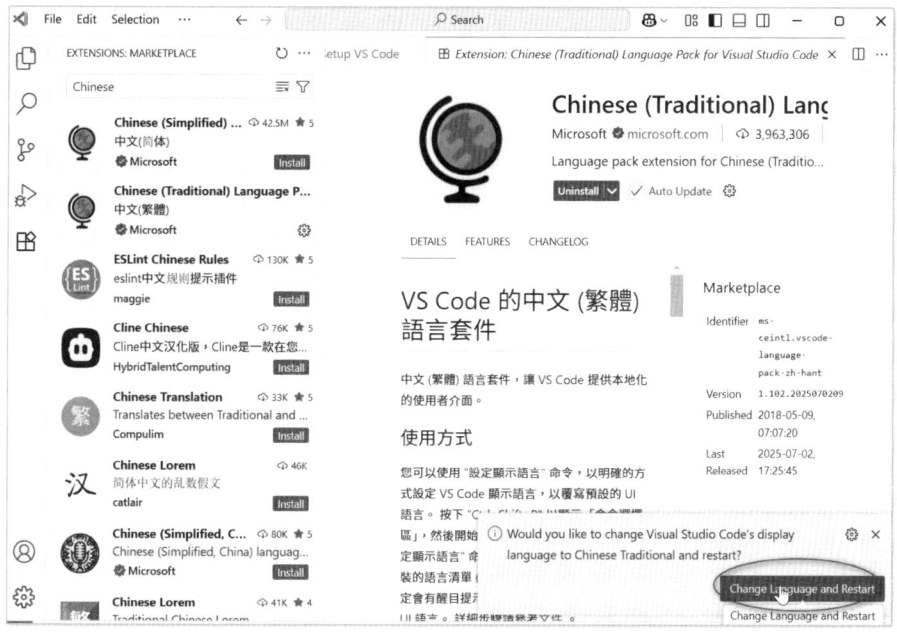

上述請點選「Change Language and Restart」鈕，可以轉換為中文環境。

2-2 安裝 Python 解譯器

程式設計初學者可能好奇，為何可以用 VS Code 執行 Python，還需要安裝 Python？

❑ VS Code 是什麼？

- VS Code（Visual Studio Code）是一個程式編輯器（也可稱 IDE），主要用來撰寫、編輯和管理原始碼檔案。

2-9

第 2 章　打造你的 VS Code 開發環境

- VS Code 本身不包含任何程式語言的「執行環境」，它只是「讓你寫程式」的工具。

❑ Python 是什麼？

- Python 是一種程式語言，必須有「Python 解譯器（interpreter）」才能執行 .py 檔案。
- Python 解譯器可以理解、執行你寫的 Python 程式碼。

❑ 為什麼要「另外」安裝 Python？

- VS Code 本身只是讓你「寫」程式，但它不會自動內建 Python 執行環境。
- 如果你沒有安裝 Python 解譯器，VS Code 雖然可以幫你編輯 .py 檔案，但無法幫你執行、測試 Python 程式。
- 當你在 VS Code 按「執行」或「除錯」時，系統會去找「Python 解譯器」來執行你的程式。如果沒裝 Python 會出現錯誤訊息，或無法運作。

❑ 舉個比喻

- VS Code 就像是一個「廚房」和「食譜」，Python 就像是一個「大廚」。
- 你需要「廚房」和「大廚」都到位，才能真正做出一道菜。
- 只有廚房（VS Code），沒有大廚（Python），你寫出食譜但沒有人能煮！

2-2-1　下載與安裝 Python

因為我們要在 VS Code 環境執行 Python，所以 Windows 系統內要安裝 Python 解釋器。請先進入下列網頁：

www.python.org

在螢幕可以看到「Downloads」標籤，請按一下 Downloads，可以看到 Python 下載的版本，讀者閱讀本書時，可能會看到更新的版本編號，不過這不影響學習。

2-2 安裝 Python 解譯器

請按一下 Download Python 3.13.3 鈕，此例筆者選擇下載最新版的 3.13.3 版，然後將看到下列安裝畫面：

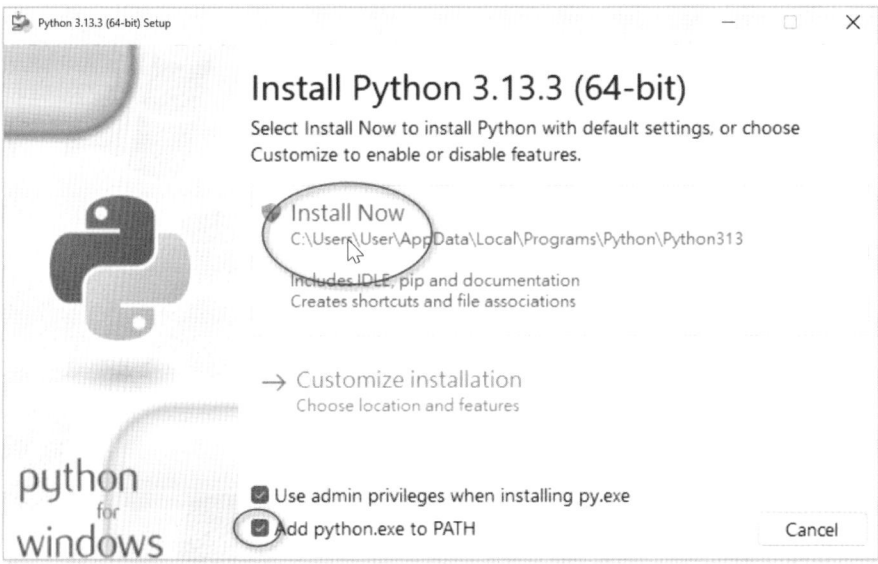

第 2 章　打造你的 VS Code 開發環境

- 註 1：如果點選 Add python.exe to PATH，不論是在哪一個資料夾均可以執行 python 可執行檔，非常方便。預設畫面是未勾選狀態，建議勾選。
- 註 2：上述預設安裝路徑是在比較深層的「C:\ 資料夾路徑」。如果想安裝在比較淺層，建議可以點選「Customize installation」，然後再選擇路徑，例如：選擇 C:\ 即可。

下列是筆者採用「預設安裝路徑」的畫面，上述如果點選「Install Now」選項可以進行安裝，上方可以看到未來安裝 Python 的所在的資料夾。安裝完成後將看到下列畫面。

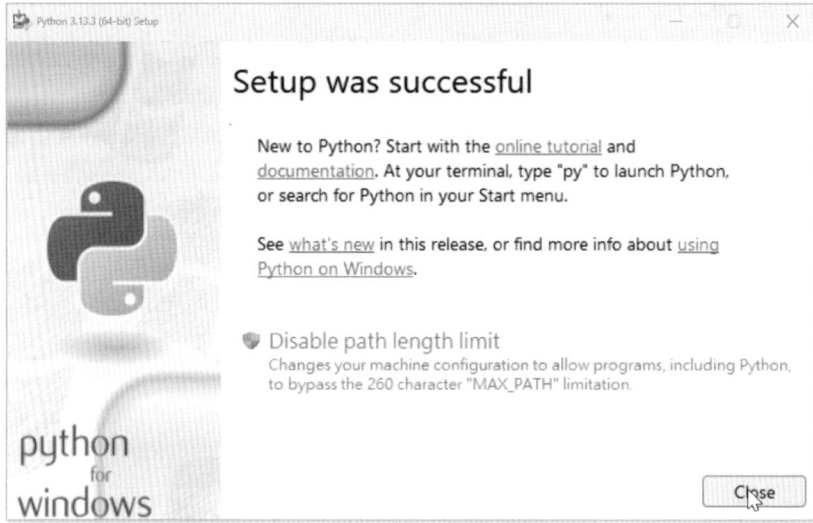

看到上述畫面表示安裝完成，可以按「Close」鈕。

❏ macOS 系統安裝 Python

建議使用 Homebrew 安裝，可以參考下列指令：

```
brew install python3
```

❏ Linux（Ubuntu）系統安裝 Python

```
sudo apt update
sudo apt install python3 python3-pip
```

2-2-2　如何知道自己安裝哪些 Python 版本

我們可以先進入 Windows 作業系統的「命令提示字元」環境，也可以稱是 DOS 模式，可以在視窗工具列的搜尋欄位輸入「DOS」，如下所示：

點選「命令提示字元」後，可以開啟此環境。

```
■ 命令提示字元
Microsoft Windows [版本 10.0.22631.5335]
(c) Microsoft Corporation. 著作權所有，並保留一切權利。

C:\Users\User>_
```

用「py -0」指令，查詢目前電腦安裝了哪些 Python 版本。

```
C:\Users\User>py -0
 -V:3.13 *       Python 3.13 (64-bit)
 -V:3.12         Python 3.12 (64-bit)
 -V:3.11         Python 3.11 (64-bit)
 -V:3.8-32       Python 3.8 (32-bit)
 -V:3.7-32       Python 3.7 (32-bit)
```

註　「py」是 Windows 的 Python Launcher。

從上述可以看到筆者電腦安裝了 3.7、3.8、3.11、3.12 和 3.13 版的 Python，從上述畫面也可以知道上面安裝 Python 3.13 是成功的。一般也可以用下列指令了解是否安裝 Python 是否成功。

　　python --version

這時筆者得到下列畫面：

```
C:\Users\User>python --version
Python 3.7.1
```

筆者電腦有安裝多個 Python 版本（3.7 ～ 3.13），但在命令提示字元（cmd）輸入「python --version」顯示早期 Python 版本 3.7.1，這是很常見的現象，原因如下：

第 2 章　打造你的 VS Code 開發環境

- 環境變數（Path）排序決定預設 Python
  - python 這個指令是根據系統環境變數 Path 中哪個 Python 安裝目錄排在最前面來決定的。
  - 誰在前面，誰被「python」指令叫到。
- 安裝新版本不會自動覆蓋 Path 或 alias
  - 即使你安裝了 3.8、3.9、3.10、3.11，如果 3.7 的安裝目錄在 Path 最前面，那就永遠用 3.7。
  - 有時候安裝程式會問你「要不要把這個 Python 加到 PATH」，如果沒選，每次還是用舊的。
- Windows 支援多版本 Python 但預設只呼叫一個
  - 可以同時裝多個版本，但「python」指令只會執行其中一個（看 PATH 排序）。

2-2-3　你可以怎麼解決多版本 Python 的 PATH 設定

查詢系統 PATH 設定可以使用下列指令：

where python

```
C:\Users\User>where python
C:\Users\User\AppData\Local\Programs\Python\Python37-32\python.exe
C:\Users\User\AppData\Local\Programs\Python\Python313\python.exe
C:\Users\User\AppData\Local\Programs\Python\Python312\python.exe
C:\Users\User\AppData\Local\Programs\Python\Python311\python.exe
C:\Users\User\AppData\Local\Programs\Python\Python38-32\python.exe
C:\Users\User\AppData\Local\Microsoft\WindowsApps\python.exe
```

這會顯示所有被找到的 python.exe 路徑，第一個就是預設被執行的那一個，通常就是你現在的 3.7.1。如果要調整 Path，把新版 Python 放最前面，打開系統環境變數設定：

「控制台」→「系統」→「進階系統設定」→「環境變數」。

編輯「Path」變數，把你想預設的 Python 版本，例如「~ Python313」的路徑移到最上面。重新開一個 cmd 視窗，輸入「python --version」，應該會看到「3.13.x」。如果你同時裝了多版，可以用下列指令執行不同的 Python 版本。

```
py -3.13 --version
    ...
py -3.7 --version
```

> **註**　「py」是 Windows 的 Python Launcher，只要有裝最新版 python，通常可以用「py --版本」叫出指定版本。

2-3　VS Code 安裝 Python 模組

為了要在 VS Code 可以執行 Python 程式，此時需要完成下列 2 個步驟：

1. 在 VS Code 中安裝「Python 擴充模組」
2. 在 VS Code 設定中選擇安裝好的 Python 解譯器 (Interpretor) 路徑

2-3-1　安裝 Python 擴充模組

在 VS Code 中編寫 Python 程式時，若能結合強大的擴充模組，將大幅提升開發效率與體驗。為了讓 VS Code 成為一個功能完整的 Python 開發環境，我們需要安裝專屬的 Python 擴充模組，讓編輯器具備語法高亮、自動補全、除錯工具、虛擬環境支援等功能。本節將帶領你一步步安裝與設定「Python 擴充模組」，並確認其是否成功運作，為後續實作與學習打下穩固的技術基礎。

請點選左側欄位的「延伸模組圖示 ⊞」，然後在搜尋框輸入「Python」。

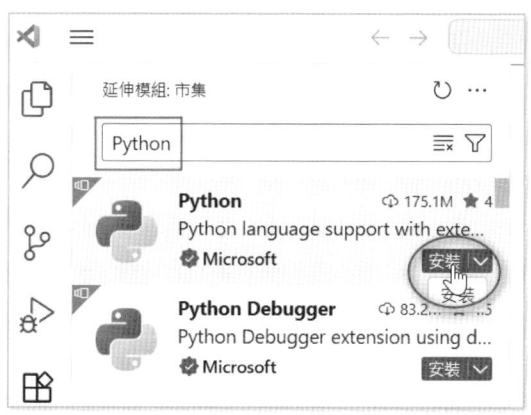

請點選 Python 項目右下方的「安裝」鈕，即可以執行安裝。

2-3-2 選擇 Python 解譯器

VS Code 的「Python 模組」（如 Microsoft 出品的 Python 擴充模組）只是讓 VS Code 能夠識別、編輯與協助執行 Python 程式的工具，它本身並不包含 Python 執行的核心，也就是「Python 解譯器」。

要選擇解譯器，請按 VS Code 左上方的「功能表列（也可稱選單列）」圖示≡，然後執行「檢視 / 命令選擇區」或是「同時按 Ctrl + Shift + P 鍵」。

- VS Code 視窗畫面 1：如果讀者 VS Code 視窗畫面開的比較小，可能功能表列是隱藏在「圖示≡」內，可參考下圖。

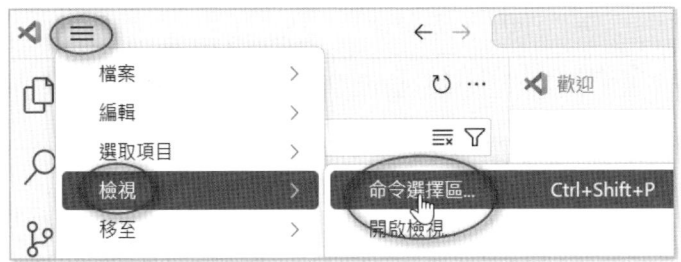

- VS Code 視窗畫面 2：如果讀者 VS Code 視窗畫面開的比較大，功能表列的「檔案」、「編輯」、「選取項目」、「檢視」等將可以直接顯示，可參考下圖。

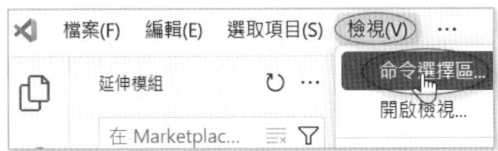

執行「命令選擇區」指令後，請在視窗正中央上方的輸入框中，請輸入「Python:Select Interpreter」。

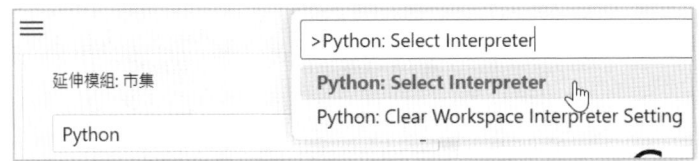

將看到推薦解譯器的畫面。

2-4 認識 VS Code 的介面

基本上 VS Code 會推薦最新的 Python 版本，此例筆者選擇前一節下載的 Python 3.13 版本。未來設計 Python 程式時，就可以用此 Python 3.13 版本編譯與執行程式。

2-4 認識 VS Code 的介面

在尚未開啟資料夾時，VS Code 視窗畫面如下：

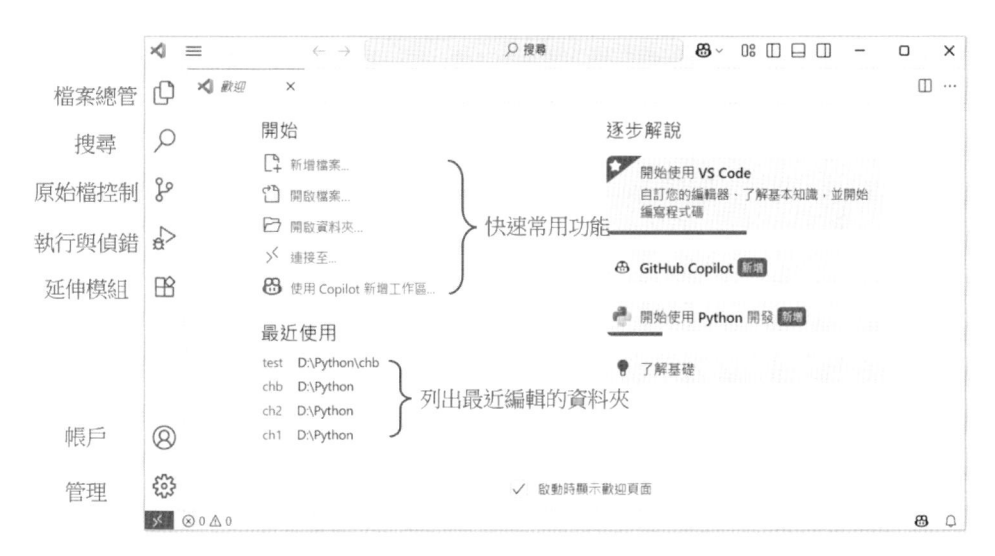

2-4-1 左側功能欄

上述左側欄的功能說明如下：

2-17

第 2 章　打造你的 VS Code 開發環境

- ❏ 檔案總管
  - 用來瀏覽、管理你的專案資料夾與檔案。
  - 可以新增、刪除、重新命名、移動檔案或資料夾。
  - 點選檔案可直接打開並編輯。

- ❏ 搜尋
  - 用來全專案範圍內搜尋字串或程式內容。
  - 支援關鍵字、正則表達式、取代功能。
  - 可同時顯示多個檔案的搜尋結果，點擊可跳至對應程式碼。

- ❏ 原始檔控制
  - 管理 Git 版控（或其他版本控制系統）。
  - 可顯示檔案的異動狀態（新增、修改、刪除）。
  - 支援 git commit、push、pull、建立分支、查看歷史紀錄等。
  - 非常適合多人協作或專案開發。

- ❏ 執行與偵錯
  - 提供程式執行、除錯（debug）功能。
  - 可以設中斷點、逐步執行、檢查變數、查看堆疊等。
  - 支援多種語言的偵錯器（需安裝相關擴充模組）。

- ❏ 延伸模組
  - 讓你安裝 / 管理 VS Code 的擴充模組，例如 Python、Markdown、AI Copilot、主題、Git 工具等。
  - 可直接搜尋、安裝、移除或更新各種功能插件，讓 VS Code 功能更強大。

- ❏ 帳戶
  - 用於管理你的 Microsoft、GitHub 等帳戶登入狀態。
  - 可切換帳號、同步 VS Code 設定（如字體、主題、快捷鍵等）到雲端。
  - 適合多台電腦或團隊開發者使用。

- ❏ 管理
  - 提供設定與管理 VS Code 的所有選項。
  - 可以調整主題、字型、顏色、快捷鍵、編輯器行為、工作區設定等。
  - 也可進行進階設定、檢查更新、查看關於資訊等。

2-4-2 開始

畫面中央有「開始」，底下有系列功能，這個「開始」畫面，只是讓你快速操作，實際上所有功能在上方選單都找得到。

- ❏ 新增檔案
  - 建立一個新的程式檔案，會要求輸入新檔案名稱。
  - 可以直接開始撰寫 Python、HTML、Markdown 等各種語言內容。

- ❏ 開啟檔案

  開啟你電腦裡現有的檔案，不限於程式碼檔，也可開 Markdown、文字檔、JSON 等。

- ❏ 開啟資料夾
  - 開啟整個專案資料夾，把資料夾內所有檔案都顯示在左側檔案總管。
  - 適合專案開發、多人協作。

- ❏ 連接至

  「連接至」功能，指的是將 VS Code 編輯器連線到遠端電腦、雲端主機或容器（Container）上進行開發，而不是只在你自己的本機上寫程式。這功能英文叫 "Connect to"，常見於「Remote Explorer」、「Remote Development」、「連接至遠端主機」等。

  主要用途：
  - 讓你直接用 VS Code 操作「遠端主機」上的程式碼，就像本地一樣方便。
  - 支援「SSH 遠端主機」、「WSL（Windows 子系統 Linux）」、「Docker 容器」與「GitHub Codespaces」、「Dev Containers」等多種連接方式。

常見「連接至」功能舉例：

- 連接至 SSH 遠端主機
    - 例如你有一台 Linux 伺服器，可以用 SSH 連線，VS Code 會把編輯、執行環境搬到遠端。
    - 本機檔案完全不用傳來傳去，直接改伺服器的程式、執行、除錯！
- 連接至 WSL：如果你用 Windows 10/11，開啟了 WSL，就能用 VS Code 直接打開 WSL 裡的 Linux 環境。
- 連接至 Docker 容器：如果你在本地或雲端有 Docker 容器，VS Code 可以直接連進去當作開發主機。
- 連接至 GitHub Codespaces / Dev Containers：VS Code 可以連接到 GitHub 雲端開發環境，遠端寫程式、測試，完全不用安裝本地環境。

操作方式簡介：

- 安裝 Remote Development 擴充模組組合：搜尋安裝「Remote- SSH」、「Remote- WSL」、「Remote- Containers」等。
- 在側邊欄下方會有「連接至」圖示 ：你可以點選，然後選「連接至主機」。
- 依需求選擇
    - 連接到某個 SSH 伺服器
    - 連接到本機 WSL
    - 連接到某個容器
    - 連接到 GitHub Codespaces

總之「連接至」就是讓你不只在本機寫程式，可以直接在遠端主機或雲端環境寫程式。這功能對於需要部署到伺服器、跨平台開發、團隊協作的開發者特別實用。

❏ 使用 Copilot 新增工作區

點選「使用 Copilot 新增工作區」可以增加 Copilot 編輯工作區，我們可以在這個工作區內啟用 GitHub Copilot（AI 助手）服務。如下所示：

Copilot 會在你寫程式時提供智慧自動補全、程式片段建議、文件產生等 AI 輔助。
註：上述仍無法使用 Copilot，有關 Copilot 的安裝與使用請參考 2-7 節。

2-4-3 逐步解說

在 VS Code 視窗內看到「逐步解說」（有時英文為「Interactive Tour」或「Guided Tour」），這個功能主要是官方內建的互動式教學，帶領新手或第一次使用者，一步一步認識 VS Code 的主要操作介面與核心功能。目前支援下列功能：

- **開始使用 VS Code**：可以由此學習自訂編輯器、了解基本知識，開始編輯程式碼。
- **了解基礎**：取得重要的概觀知識，例如：開啟終端機、安裝 Git … 等。
- **GitHub Copilot**：可以學習更聰明、快速撰寫程式碼。
- **開始使用 Python 開發**：開始應用此環境設計 Python 程式。

2-5 建立資料夾與 Python 程式

本書所附程式實例 vscode 資料夾內有空白的 chb 資料夾，我們可以用下列方式建立 Python 程式。

第 2 章　打造你的 VS Code 開發環境

2-5-1　開啟空白資料夾

我們可以用下列方式開啟此資料夾，請點選「檔案總管」圖示，請參考下方左圖。然後選擇「開啟資料夾」指令，可參考下方右圖：

❑ 方法 1

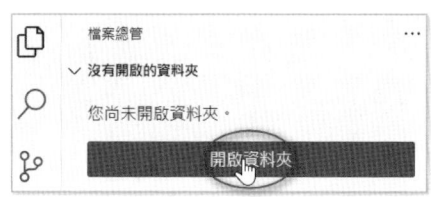

❑ 方法 2

直接點選 VS Code 視窗的「開始」內的「開啟資料夾」指令，可參考下方左圖。

❑ 方法 3

點選上方「功能表列」圖示 ≡，再執行「檔案 / 開啟資料夾」指令。

不論使用上述哪一個方法，第一次開啟時將看到下列對話方塊。

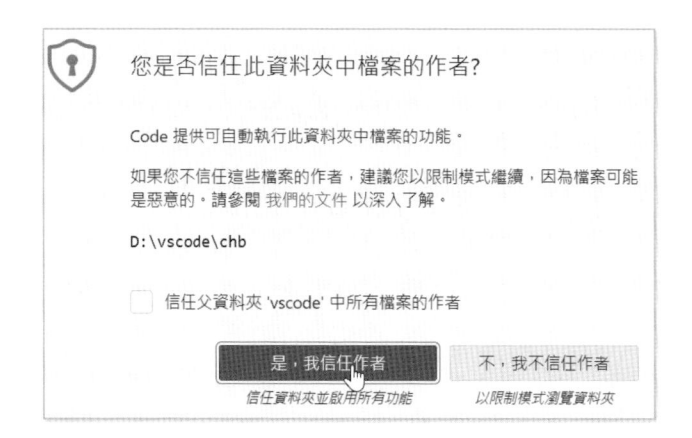

對話方塊顯示，你是否信任此資料夾中檔案的作者，請點選「是，我信任作者」。然後會看到「開啟資料夾」對話方塊，請選擇 chb，然後可以得到下列結果。

VS Code 顯示的資料夾 chb 是大寫 CHB，這是系統設計原則，實質上電腦的資料夾名稱仍是 chb。將滑鼠游標放在此資料夾，可以看到系列功能圖示：

2-5-2　新增資料夾

點選「新增資料夾」圖示，可以建立資料夾。

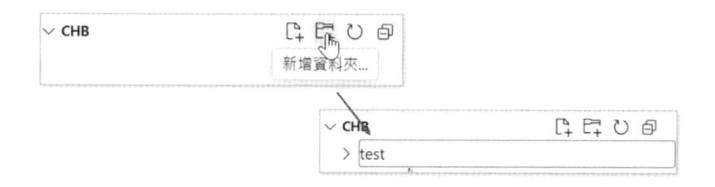

上述是建立 test 資料夾的實例，可以得到下列結果。

2-5-3　新增檔案

點選「新增檔案」圖示，可以建立新的檔案。

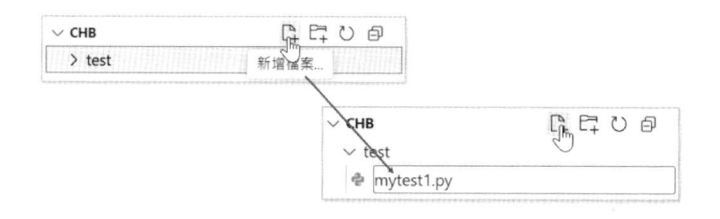

第 2 章　打造你的 VS Code 開發環境

上述是建立空白 mytest1.py 檔案的實例，可以得到下列結果。

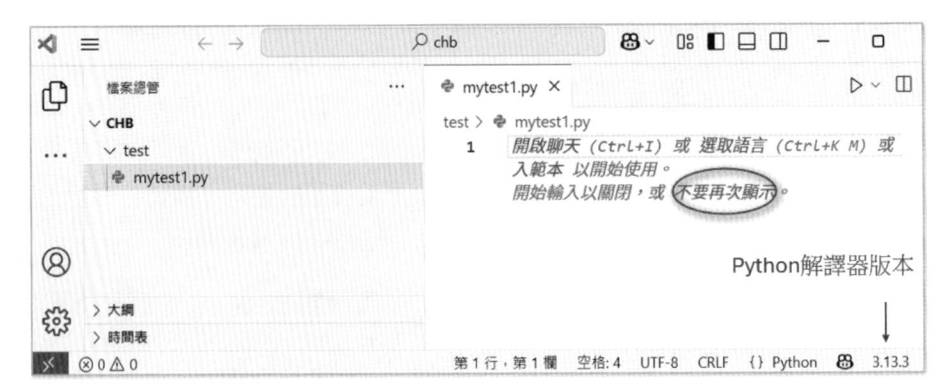

上述點選「不要再次顯示」，可以得到下列乾淨的程式編輯畫面。

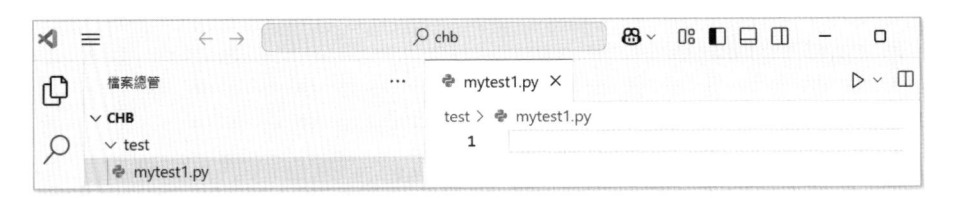

2-5-4　建立 Python 程式

下列是筆者建立的程式畫面：

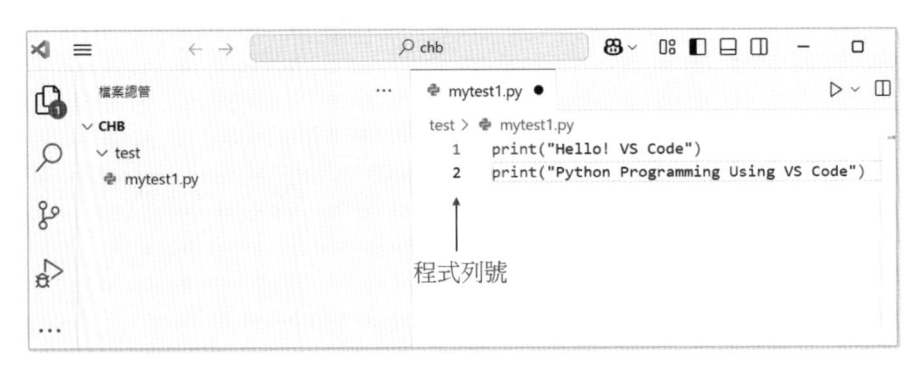

2-5-5　執行程式

讀者可以點選「執行 Python 檔案」圖示 ▷，直接執行此程式。或是可以點選圖示 ▷∨，然後選擇「執行 Python 檔案」指令，執行此程式。

2-24

2-5 建立資料夾與 Python 程式

在「終端機」標籤，可以得到程式執行的結果。

2-5-6 關閉資料夾

點選 VS Code 視窗左上方「功能表列」圖示 ≡，執行「檔案 / 關閉資料夾」指令。

2-25

第 2 章　打造你的 VS Code 開發環境

可以得到關閉資料夾的結果。

2-6 開啟檔案

如果讀者想要開啟本書資料夾的檔案，可以採用下列兩種方式：

❑ 方法 1

先開啟檔案所在資料夾，再選取開啟的檔案：

1. 執行「檔案 / 開啟資料夾」指令。
2. 選擇資料夾的檔案。

❑ 方法 2

直接開啟檔案。

2-6-1　先開啟「資料夾」再選取檔案

操作方式：

1. 檔案 (File) → 開啟資料夾 (Open Folder) → 選擇你的專案資料夾
2. 然後在左側「檔案總管」瀏覽並點選要開啟的檔案

例如：下列是開啟本書 ch1 資料夾 ch1_1.py 的畫面：

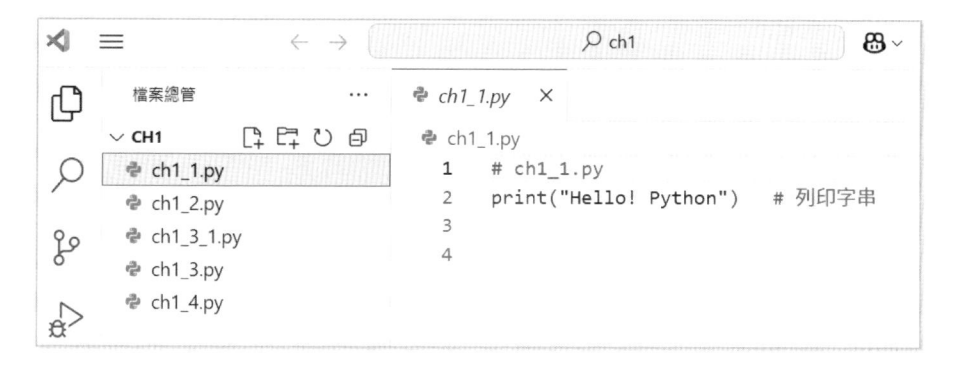

優點 / 特點：

- **完整專案視角**：可以瀏覽、操作、搜尋整個資料夾下所有檔案（和子資料夾）。
- **支援專案功能**：如多檔案搜尋、批次取代、專案層級 Git 管理、批次除錯、環境設定（如 .vscode/settings.json）。
- **容易建立新檔、新資料夾**：右鍵即可新增、移動、刪除。
- **多檔案協作**：很適合多人開發或有很多互相參照的檔案時使用。
- **方便安裝 / 啟用專案相關延伸模組**：有些插件（如 Python、Node.js）在專案模式下會自動套用工作區設定。

2-6-2 直接「開啟檔案」

操作方式：

檔案(File) → 開啟檔案(Open File) → 選單一檔案（如 ch1_1.py）

例如：下列是開啟本書 ch1 資料夾 ch1_1.py 的畫面：

優點 / 特點：

- **快速瀏覽單一檔案**：適合只想臨時改、看或執行單一檔案時。
- **較少專案功能**：無法在檔案總管瀏覽其餘同資料夾的檔案，也不支援多檔搜尋、批次 Git 操作等。
- **無完整專案設定**：工作區設定 (.vscode/settings.json) 不會啟用，插件有時僅能套用預設行為。
- **不方便新建、管理專案結構**：只能單檔作業，無法直接新建同目錄其他檔案。

2-7　啟用 GitHub Copilot

隨著人工智慧技術的進步，越來越多開發者開始利用 AI 工具來加速寫程式、除錯與學習新技術。這些工具被統稱為 AI 編程助手（AI Coding Assistants），如 GitHub Copilot、ChatGPT 等，正快速改變我們寫程式的方式。

> **註**　使用 GitHub Copilot 必須擁有 GitHub 帳號。這不僅是登入的必要條件，也是管理訂閱、設定使用者偏好與保護程式碼隱私的重要機制。如果你尚未註冊，建議前往 https://github.com 免費建立帳號，開始享受 AI 協作寫程式的體驗。

2-7-1　GitHub Copilot 簡介

GitHub Copilot 是最受歡迎的 AI 編程助手之一，由 GitHub 與 OpenAI 合作開發，可在 VS Code 中透過擴充模組安裝使用。功能特色包括：

- 自動補完整段程式邏輯
- 由註解產生對應程式
- 即時建議常見演算法寫法
- 支援多種語言、框架與測試程式

2-7-2　安裝 Copilot 延伸模組

因為 VS Code 本身只是文字編輯器，並沒有內建 Copilot 功能。GitHub Copilot 是以「擴充模組」的形式整合進 VS Code 的，安裝模組後才能使用。請點選「延伸模組」圖示 ，然後輸入搜尋「GitHub Copilot」，如下所示：

2-7 啟用 GitHub Copilot

輸入GitHub Copilot

請點選 GitHub Copilot 的「安裝」鈕，安裝完後將看到下列畫面。

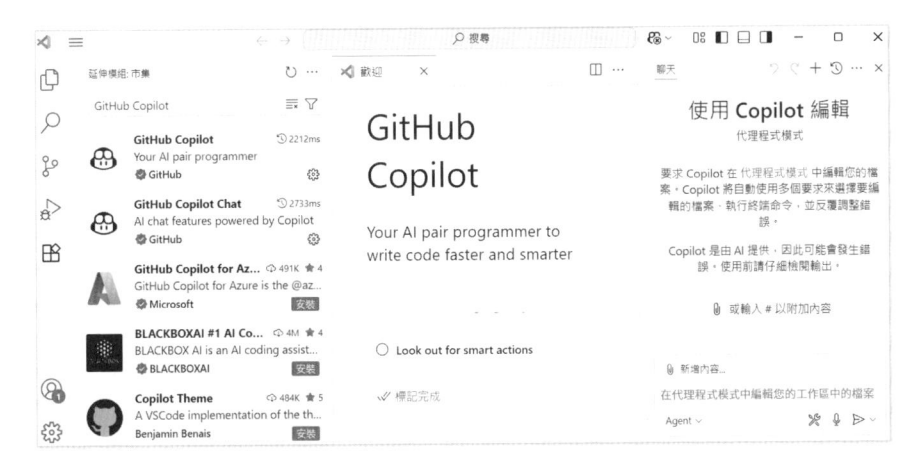

2-7-3 登入 GitHub Copilot

讀者可以按上方的 🍄 圖示登入 Copilot，你將先看到下列畫面。

第 2 章　打造你的 VS Code 開發環境

最初你會看到登入 github.com 過程的字串畫面，可以參考下方左圖。如果看到下方右圖，就表示登入 Copilot 成功了。

2-7-4　測試 GitHub Copilot 是否安裝成功

我們可以在 GitHub Copilot 輸入聊天資訊測試，是否安裝 GitHub Copilot 成功，例如筆者輸入「請說明 Python 之禪」做測試。

筆者得到下列 GitHub Copilot 的回應。

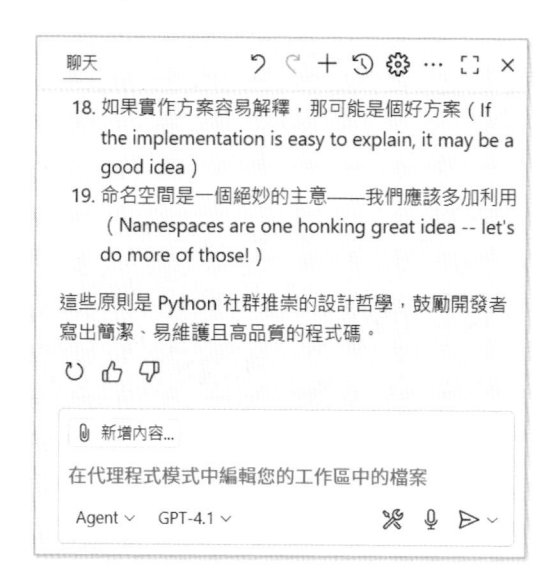

上述表示安裝 GitHub Copilot 成功了。

2-8　終端機管理

VS Code 不只是程式編輯器,更是整合開發工作流程的利器。VS Code 的終端機管理主要用途有:

- 執行程式,例如:「py main.py」。
- 安裝模組,例如:「pip install numpy」。

2-8-1　啟用與使用 VS Code 內建終端機

VS Code 內建終端機(Terminal)可直接在編輯器中執行命令,無需額外切換視窗,例如切換到命令提示(可參考 2-2-2 節),是日常開發的必備工具。

可以藉由功能表列的「檢視 / 終端」指令開啟:

上述執行後,將看到下列終端畫面:

2-8-2　終端機環境測試指令

下列是測試「py --version」了解目前 Python 版本。

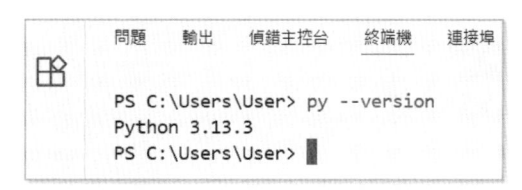

2-8-3　認識 pip 基礎知識

pip 是 Python 官方的模組管理工具，名稱是「Pip Installs Packages」的縮寫，功能是讓開發者安裝、升級、移除與管理第三方模組，這些模組通常來自 Python 的中央模組庫 PyPI（Python Package Index）。pip 的五大核心功能：

1. 安裝模組（Install）

最基本的功能是安裝模組，只需輸入：

　pip install 模組名稱

pip 會自動從 PyPI 下載並安裝到目前的 Python 環境中。

2. 升級模組（Upgrade）

要將模組更新到最新版，只需加上 --upgrade：

pip install --upgrade 模組名稱

pip 會自動比對版本並下載新版。

3. 移除模組（Uninstall）

若某個模組不再使用，可用以下指令移除：

pip uninstall 模組名稱

4. 管理模組清單（List、Freeze、Show）

pip list：列出目前環境中已安裝的模組與版本

pip freeze > requirements.txt：輸出所有已安裝模組與版本

pip show：顯示單一模組的詳細資訊（例如位置、相依性）

5. 模組相依與部署管理（Install from File）

可透過 requirements.txt 一次安裝多個模組：

pip install -r requirements.txt

這是開發者部署專案時常用的技巧，讓別人可以快速複製一樣的環境。

❏ 補充功能

功能	指令範例	用途
檢查可更新的模組	pip list -o	顯示哪些模組有新版本可用
清除快取	pip cache purge	移除 pip 下載過的快取模組
安裝特定版本或區間版本	pip install pandas==1.5.3	安裝指定版本的模組
安裝本地或 GitHub 模組	pip install ./ 模組資料夾	安裝非 PyPI 的模組

❏ pip 快取功能

pip 會將下載過的模組快取在本機目錄中，以加快日後安裝速度：

作業系統	快取路徑
Windows	%LocalAppData%\pip\Cache
macOS/Linux	~/.cache/pip

清除快取建議使用：

　　pip cache purge

❏ pip 的應用場景總覽

應用情境	pip 的功能如何幫上忙
初學者學習需要模組	pip install numpy 立即開始資料運算
專案開發需統一版本	使用 requirements.txt 部署一致環境
團隊協作與測試	透過 pip list 確保相依性一致
管理虛擬環境中的模組	pip 對虛擬環境完全相容與獨立操作

2-8-4　pip 與 Python 多版本搭配技巧

當電腦有多個 Python 版本時，可用「py --version」了解目前 pip 的版本：

```
PS C:\Users\User> pip --version
pip 10.0.1 from c:\users\user\appdata\local\programs\python\python37-32\lib\site-packages\pip (python 3.7)
PS C:\Users\User>
```

筆者電腦安裝了 Python 3.7 ~ Python 3.13，建議使用以下指令確保安裝到正確版本：

目標版本	推薦指令
安裝到 Python 3.13	py -3.13 -m pip install 模組名稱（Windows）
安裝到 Python 3.13	python3.13 -m pip install 模組名稱（macOS/Linux）

2-8-5　Python 程式執行常見與 pip 有關錯誤與排除方式

錯誤訊息	原因說明	解法
ModuleNotFoundError	模組未安裝或安裝在錯誤的 Python 環境中	確認 Python 解譯器路徑與 pip 使用對應
Permission denied	權限不足（通常發生在 Linux/macOS）	加上 --user 或使用虛擬環境
Cache entry deserialization failed	pip 快取檔損壞	執行 pip cache purge 清除快取
pip command not found	pip 未安裝或未加入 PATH	嘗試用 python -m ensurepip --default-pip 安裝

第 3 章

VS Code 基本操作快速上手

3-1　編輯器操作介面導覽

3-2　命令面板、工作區與檔案管理

3-3　快捷鍵實用技巧與視窗配置最佳化

第 3 章　VS Code 基本操作快速上手

熟悉開發工具的操作介面與使用方式，是提升開發效率的第一步。本章將帶領讀者快速掌握 VS Code 的基本操作，從編輯器各區域的功能導覽開始，進一步介紹命令面板、工作區與檔案管理的技巧，最後分享常用快捷鍵與視窗配置的最佳化方式。無論是初學者或經驗開發者，只要熟練這些基礎操作，就能更靈活地使用 VS Code 完成日常開發任務。

3-1　編輯器操作介面導覽

VS Code 操作畫面可以分成 5 個部分，另外有一個延伸的 Copilot 區域。

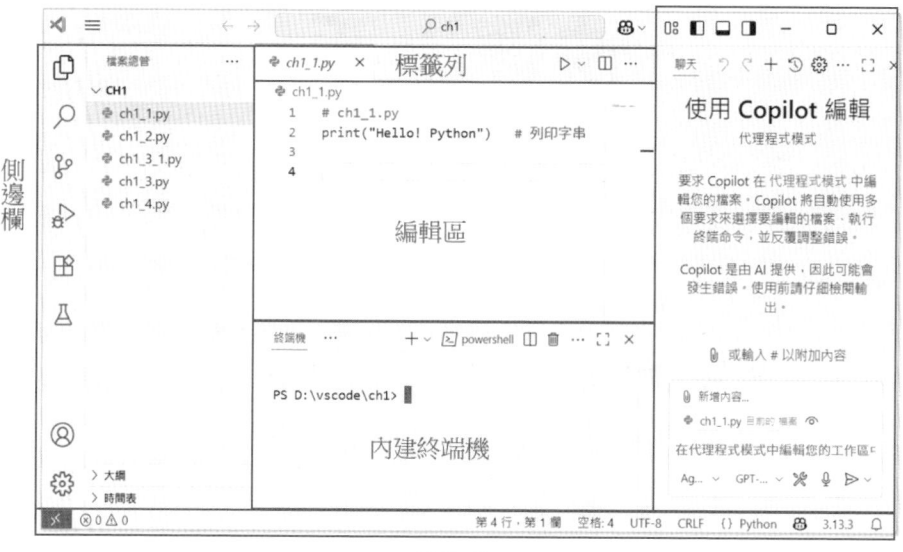

狀態列

3-1-1　側邊欄

側邊欄位於 VS Code 視窗的最左側，是進入各種功能的主要入口。常見圖示自上而下排列，每個圖示對應一個功能區塊。以下是功能按鈕與用途：

圖示	功能名稱	功能簡介
📄	檔案總管	顯示目前開啟的資料夾與檔案，方便切換與管理專案檔案結構
🔍	搜尋	在整個專案中快速搜尋關鍵字，可搭配正規表達式、區分大小寫等條件
⑂	原始檔控制	整合 Git，可檢查修改、提交、推送與管理版本控制
▷	執行與偵錯	設定除錯點、啟動程式除錯流程，顯示變數值、堆疊資訊等
🎁	延伸模組	搜尋、安裝、啟用或停用 VS Code 擴充模組，例如 Python、Copilot、Jupyter 等外掛

3-1-2　編輯區

位置是在中央區域，為開啟檔案的主要編輯畫面。

- 可同時開啟多個檔案，會以「分頁」顯示在上方。
- 支援分割視窗（點右上角「分割編輯」圖示，或拖曳分頁）。
- 支援語法高亮、語法提示、自動補全與錯誤標示。

常用快捷鍵：

- Ctrl + W：關閉目前分頁。
- Ctrl + \：左右分割編輯器。
- Ctrl + 1/2/3：切換焦點至各分割視窗。

點選左邊檔案總管的檔案，可以切換編輯區的檔案內容。例如：目前是顯示 ch1_1.py，點選 ch1_4.py，可以切換顯示 ch1_4.py。

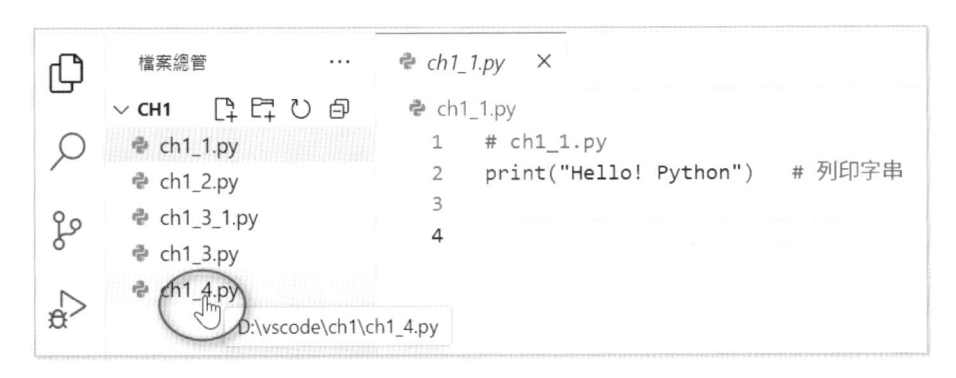

可以得到下列結果。

```
檔案總管                    ch1_4.py  ×
∨ CH1                      ch1_4.py
  ch1_1.py           1    """
  ch1_2.py           2    程式實例ch1_4.py
  ch1_3_1.py         3    作者:洪錦魁
  ch1_3.py           4    使用三個雙引號當作註解
  ch1_4.py           5    """
      D:\vscode\ch1\ch1_4.py  6  print("Hello! Python")
```

3-1-3 標籤列

位置是在編輯區上方。

- 每開啟一個檔案，就會新增一個分頁標籤，可隨時切換或關閉。
- 支援拖曳排序，搭配分割視窗操作能進行多工編輯。

下列是用功能表列的「檔案 / 開啟檔案」指令，開啟另一個檔案，產生多個檔案的標籤列畫面。

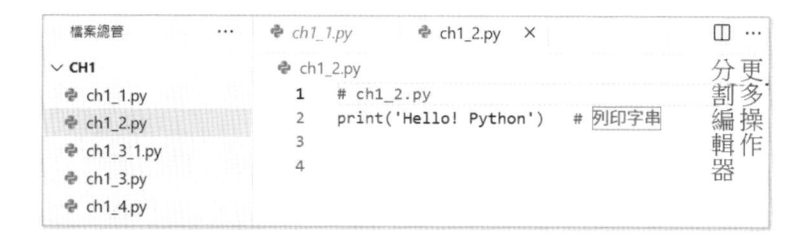

```
檔案總管           ch1_1.py    ch1_2.py  ×              分  更
∨ CH1              ch1_2.py                             割  多
  ch1_1.py    1   # ch1_2.py                            編  操
  ch1_2.py    2   print('Hello! Python')   # 列印字串    輯  作
  ch1_3_1.py  3                                         器
  ch1_3.py    4
  ch1_4.py
```

在標籤列右邊有「分割編輯器」和「更多操作」圖示⋯：

❏ **分割編輯器**

可以分割使用 VS Code 的分割編輯器功能，可以同時打開兩個或以上的編輯視窗，讓你不用切來切去就能對照原始碼、函數、測試、註解或參考文件。不論是橫向（左右）或直向（上下）分割，都能依照個人習慣調整，極大提升開發效率與閱讀流暢度。

註 同時按 Alt 再點選，可以上下分割。

下列是目前顯示 ch1_2.py 時,點選圖示▯▯,左右分割的實例畫面。可以看到 ch1_2.py 在 2 個頁面顯示,若是有編輯動作,可以同步修改。

```
ch1_1.py    ch1_2.py  ×              ···        ch1_2.py  ×
ch1_2.py                                        ch1_2.py
1   # ch1_2.py                                  1   # ch1_2.py
2   print('Hello! Python')   # 列印字串         2   print('Hello! Python')   # 列印字串
```

點選頁面的關閉鈕圖示×,可以關閉程式頁面。

```
ch1_1.py    ch1_2.py  ●              ···        ch1_2.py  ×
ch1_2.py                                        ch1_      關閉 (Ctrl+F4)
1   # ch1_2.py                                  1   # ch1_2.py
2   print('Hello! Python')   # 列印字串         2   print('Hello! Python')   # 列印字串
```

下列是同時按 Alt 鍵再點選圖示▯▯,上下分割的結果畫面。

```
ch1_1.py        ch1_2.py   ●
ch1_2.py
1   # ch1_2.py
2   print('Hello! Python')   # 列印字串
3
4
─────────────────
ch1_2.py   ●
ch1_2.py
1   # ch1_2.py
2   print('Hello! Python')   # 列印字串
```

❏ 更多指令 … :

- **顯示開啟的編輯器**
    - 可快速查看目前有哪些檔案正在編輯中。
    - 對於多檔案、多分頁的專案特別有用。
- **全部關閉**:若有未儲存的檔案,會出現提示。
    - 一次關閉目前所有開啟的編輯器分頁。
    - 包括 Python 檔案、REPL、Markdown、JSON 等所有編輯視窗。

3-5

- **關閉已儲存的項目**：常用於清理畫面但保留工作進度。
    - 只關閉「已儲存」的編輯器分頁。
    - 保留尚未儲存的檔案（以免不小心關掉還沒儲存的程式）。
- **啟用預覽編輯器**：適合快速查看多檔案，不會堆太多分頁。
    - 啟用後，每次點選檔案只會開啟在「暫時分頁」。
    - 再次點選另一檔案會自動覆蓋前一個預覽分頁。
- **鎖定群組**
    - 將當前的編輯器群組「鎖定」，避免分頁被其他檔案佔用。
    - 再點開其他檔案時，會在新分頁群組中開啟，而不覆蓋這一個。
    - 適合保留重要檔案（如主程式、README）在畫面中不被覆寫。
- **設定編輯器**：可以快速調整目前編輯器分頁（或分組）的一些顯示與行為偏好。常見的設定有：
    - 編輯器顯示模式：如切換成「預覽」模式（只讀）、「鎖定」分頁（防止自動關閉）等。
    - 分割視窗 / 版面配置設定：快速對目前分頁執行水平或垂直分割，支援多個分頁並排顯示，或自由拖曳分割位置，提升同時編輯多檔案的效率。
    - 標籤顯示與分頁行為：自訂如多行顯示、標籤位置、圖示是否顯示等細節。
    - 檔案關聯：指定特定檔案副檔名由哪種語言模式 / 自訂語法高亮處理（進階語法設定）。
    - 直接進入編輯器設定頁：點擊後可跳轉到「設定」（Settings），修改像分頁顏色、顯示規則、預覽行為、自動換行與縮排等 GUI 選項。

3-1-4　狀態列

位置是在畫面底部藍色區域。功能說明：

- 顯示目前使用的 Python 解譯器。
- 顯示 Git 分支、錯誤 / 警告數量。
- 可切換文字編碼（UTF-8）、行尾符號（LF/CRLF）、語言模式（Python、JSON 等）。

提示：點選 Python 解譯器區域可以快速切換虛擬環境或系統 Python。

3-1-5 內建終端機

應用方式可以參考 2-8 節,開啟方式:

- 功能表列的「檢視 / 終端機」。

在此視窗右上方可以看到 powershell,這是 Windows 內建的現代化指令列介面,功能比傳統 Command Prompt(簡稱 Cmd,命令提示字元)更強大。當你第一次安裝 VS Code 並啟動終端機時,預設就會開啟 PowerShell。

3-1-6 Copilot 編輯區

「Copilot 編輯區」(也就是 Copilot Chat 面板或 Copilot 聊天 / 互動視窗)不算是 VS Code 原生的「內建功能區」,但安裝相關擴充功能後,它就成為 VS Code 功能區的一部分,讓你在 VS Code 裡享受更多 AI 輔助功能。

這是 AI 戰友的靈魂,未來會完整說明。

3-2 命令面板、工作區與檔案管理

VS Code 的操作不僅限於滑鼠點選,透過命令面板(Command Palette)可以快速執行幾乎所有功能。此外,管理工作區與專案檔案結構也是開發的重要一環。本節將說明如何使用命令面板加速操作流程,建立與切換工作區,以及有效管理專案檔案,讓開發更有條理、更有效率。

3-2-1 命令面板(Command Palette)

命令面板是 VS Code 的「萬用入口」,可以執行各種指令,例如安裝擴充套件、切換主題、執行測試等,不需透過選單或快捷鍵。

開啟方式,可選擇下列任一方式:

- Ctrl + Shift + P（Windows / Linux）或 Cmd + Shift + P（macOS）。
- 功能表列的「檢視 / 命令選擇區」。

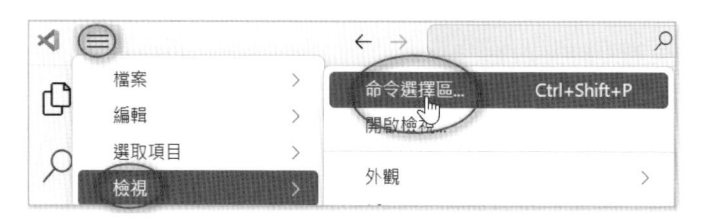

可以看到此命令面板。

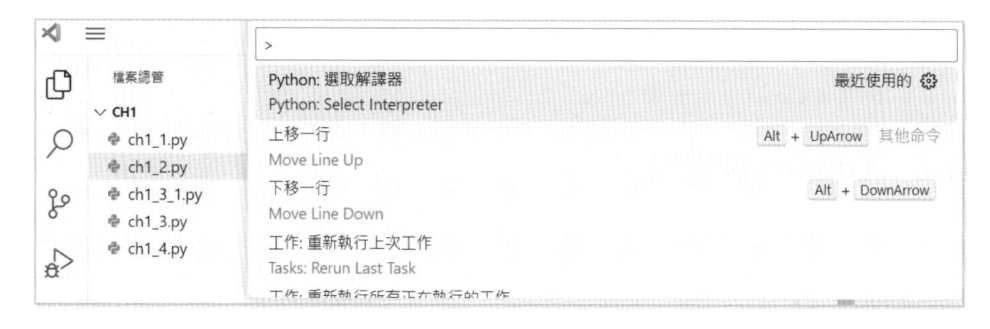

使用方法：

- 開啟命令面板後，可輸入關鍵字如 Python: Select Interpreter、Git: Commit 等。
- 下拉選單會即時列出符合指令。
- 使用上下方向鍵選擇，Enter 執行。

小技巧：

- 輸入「>」可列出所有可用命令，這也是預設。
- 輸入「檔案名稱」附加「@」可跳至程式中某個函數或變數。

3-2-2　工作區（Workspace）與資料夾管理

VS Code 的開發方式是以「資料夾」為單位，將整個專案當成一個工作區（workspace）。點選檔案總管，在執行「開啟資料夾」，選擇你的專案資料夾後，左側檔案總管工作區會顯示完整結構的資料夾。以下是用讀者資源的「ch3/ch3_1」資料夾為例的示範畫面：

3-2 命令面板、工作區與檔案管理

```
檔案總管         ...    ch3_1.py  ×                      ▷ ∨
∨ CH3_1                1  # ch3_1.py
  ch3_1.py             2  # 導入模組makefood.py的make_icecream和make_drink函數
  makefood.py          3  from makefood import make_icecream, make_drink
                       4
         工作區         5  make_icecream('草莓醬')
       (Workspace)     6  make_icecream('草莓醬', '葡萄乾', '巧克力碎片')
                       7  make_drink('large', 'coke')
                       8
                       9
  > 大綱
  > 時間表
  ⊗ 0 ⚠ 0                                    第 1 行, 第 1 欄  空格: 4
```

在上述工作區下方有：

❑ **大綱**

在左側側邊欄中，開啟檔案總管後，下方會出現「大綱」欄位（英文為 Outline）。功能說明：

- 自動顯示目前開啟中的檔案結構，例如：
  - Python 的類別（class）、函數（function）、變數（variable）。
  - JavaScript 的函數與常數。
  - Markdown 的標題階層（#、##）。
- 點擊項目可快速跳轉至程式碼對應位置。

適用場景：

- 程式碼很多時快速定位函數位置。
- 建立多函數或類別的專案時整理結構用。
- 撰寫教學文件（如 Markdown）時看章節層級。

此例，如果點選 ch3_1.py，再點選「大綱」，展開「大綱」時將看到下列畫面：

```
檔案總管          ...    ch3_1.py  ×                      ▷ ∨
∨ CH3_1                  ch3_1.py
  ch3_1.py             1  # ch3_1.py
  makefood.py          2  # 導入模組makefood.py的make_icecream和make_drink函數
                       3  from makefood import make_icecream, make_drink
                       4
                       5  make_icecream('草莓醬')
                       6  make_icecream('草莓醬', '葡萄乾', '巧克力碎片')
                       7  make_drink('large', 'coke')
                       8
  ∨ 大綱                 9
  在文件 "ch3_1.py" 中找
  不到任何符號
  ...
```

3-9

第 3 章　VS Code 基本操作快速上手

VS Code 側邊欄的「大綱（Outline）」區塊將看到訊息：「在文件 ch3_1.py 中找不到任何符號」，這是代表系統試圖分析該檔案的程式結構，但找不到能被辨識的大綱項目。

這句話的意義，也可以解釋為 VS Code 嘗試為 ch3_1.py 這個 Python 檔案建立大綱時，找不到以下這些「可辨識符號（symbol）」：

- 函式定義：「def 函式名稱 ()」。
- 類別定義：「class 類別名稱」。
- 變數定義（在某些語言可辨識）。
- 匿名函式或區塊（通常不會出現在大綱中）。

此例，如果點選 makefood.py，大綱可以得到下列結果。

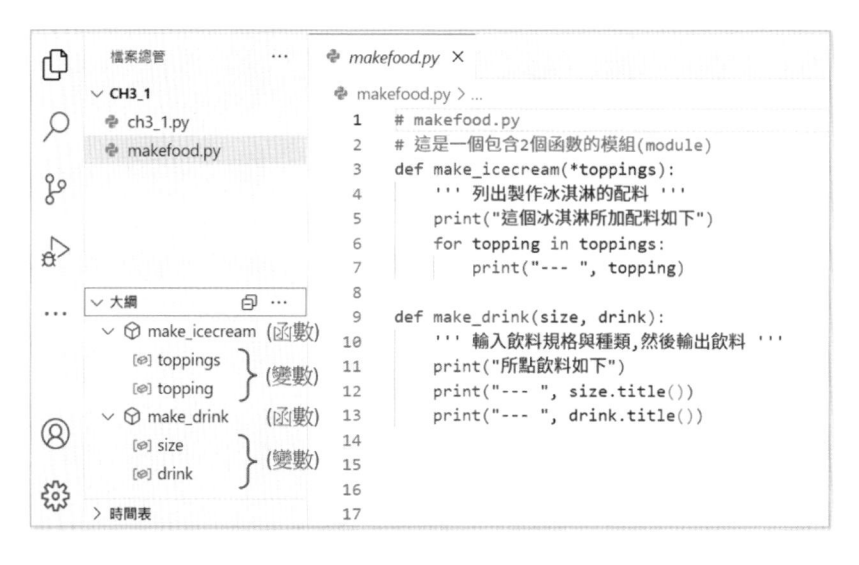

以這個實例而言，VS Code 列出了程式的函數與變數名稱。

❏ 時間表

「時間表」是 Visual Studio Code 提供的一項實用功能，能夠顯示目前所選檔案的歷史變更紀錄。或是說此功能就像是你為每個檔案建立的個別「變更日記」，不論你有沒有使用 Git，它都能幫你記住檔案在不同時間點的樣貌。對初學者而言，它是「不小心改壞程式時的救命繩」，對開發者而言，它是「快速檢視修改歷程」的強大助手。時間表的紀錄可以來自：

3-2 命令面板、工作區與檔案管理

- 本機歷程（Local History）：每次儲存檔案時的快照。
- 版本控制系統（如 Git）：提交（commit）紀錄。
- 其他擴充模組的變更紀錄（如 GitHub 提交、協作工具）。

時間表的功能摘要，可以參考下表：

功能類別	說明
本機儲存歷程	儲存檔案時，自動記錄快照，不需安裝 Git
版本控制紀錄	顯示 Git 的每次 commit，包括訊息、作者與差異比對
快速版本回顧	可點擊任一歷史紀錄查看該時間點的內容
差異比較（Diff）	可與目前版本進行比較，查看修改內容
外掛來源整合	支援多種來源紀錄（如 GitHub、Live Share 等）

時間表的用法？

- 在 VS Code 檔案總管中點選一個檔案。
- 左下方會出現一個頁籤：「時間表（Timeline）」。
- 點選即可展開歷史列表，內容依時間排序。
- 點選某一筆歷史項目，可檢視舊版本內容或進行差異比較。

此例，請點選 ch3_1.py，將看到下列畫面：

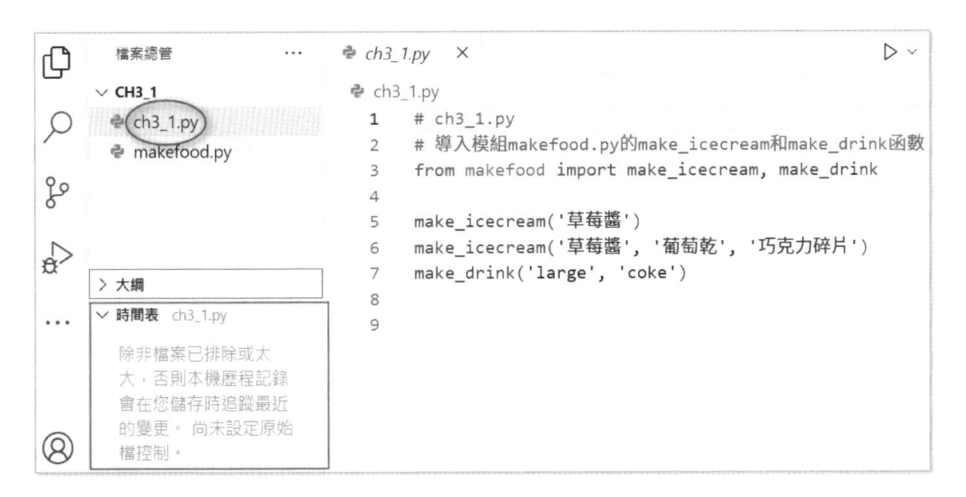

```
# ch3_1.py
# 導入模組makefood.py的make_icecream和make_drink函數
from makefood import make_icecream, make_drink

make_icecream('草莓醬')
make_icecream('草莓醬', '葡萄乾', '巧克力碎片')
make_drink('large', 'coke')
```

上述顯示：「除非檔案已排除或太大，否則本機歷程記錄會在您儲存時追蹤最近的變更。尚未設定原始檔控制」。下列將分成兩段解釋說明文字：

1. 上述「除非檔案已排除或太大，否則本機歷程記錄會在您儲存時追蹤最近的變更」，意思是：
   - 即使你沒有使用 Git 或其他版本控制工具，VS Code 還是會使用「本機歷程記錄（Local History）」來記錄你每次儲存檔案時的狀態。
   - 除非：
     ◆ 該檔案被設定為忽略（排除）。
     ◆ 檔案太大（超過某個上限，例如數 MB 以上）。
   - 否則 VS Code 會「自動保留最近幾次的儲存快照」，讓你可以回頭檢視。

   此功能類似於「暫時的自動備份」。

2. 「尚未設定原始檔控制」，意思是：
   - VS Code 偵測到目前的工作資料夾尚未初始化 Git 倉庫（也就是沒執行過 git init）。
   - 所以目前「時間表」中無法顯示 Git 的提交記錄（commits），只能看到本地儲存歷史。

   若您執行 git init 或開啟一個已連結 Git 的資料夾（例如 GitHub 專案），時間表會顯示：
   - 每次 Git commit 的變更內容。
   - 作者、日期、訊息。
   - 可比較差異（diff）。

   當你點選「時間表」時，如果 VS Code 顯示「尚未設定原始檔控制」，代表目前的資料夾並未使用 Git 等版本控制工具。此時你仍可使用 VS Code 的「本機歷程」功能檢視每次儲存檔案的快照，但無法看到 Git 的提交記錄與差異比較。若要啟用完整版本控制，只需執行 git init 即可開始追蹤。下列是測試此功能的步驟：

   1. 請建立新的檔案，然後執行功能表列的「檔案 / 儲存」，將看到下列畫面。

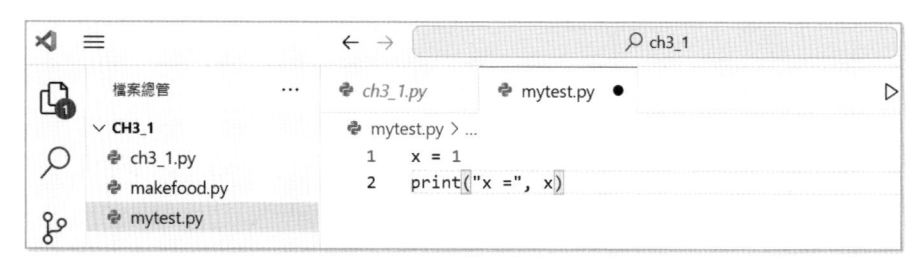

2. 增加撰寫指令，執行功能表列的「檔案 / 儲存」，將看到下列畫面。

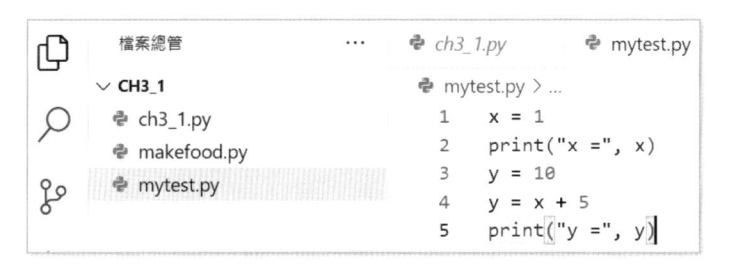

3. 點選「時間表」，可以看到不同時間儲存的檔案，下列是將滑鼠游標移到上方檔案的畫面，可以看到儲存檔案的時間。

4. 點選下方檔案，可以得到原先檔案儲存時間，同時看到當時檔案內容，有底色程式碼是後來新增內容。

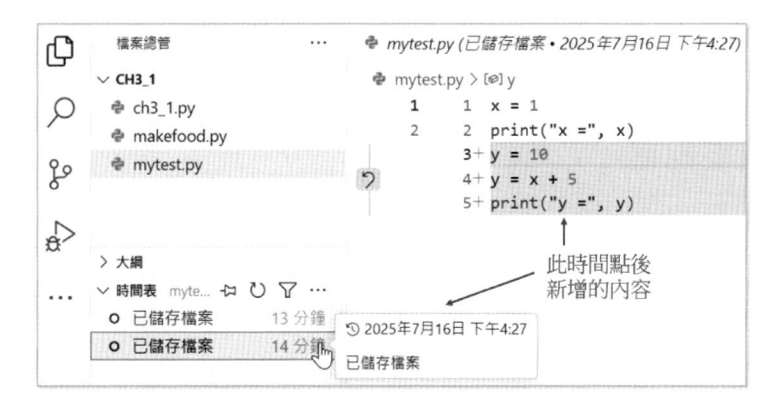

3-3 快捷鍵實用技巧與視窗配置最佳化

熟悉 VS Code 的快捷鍵與視窗配置技巧，能大幅提升開發效率與操作流暢度。本節將介紹常用快捷鍵、快速選單呼叫方式，以及如何依照開發需求進行畫面區塊分割與排列。無論是單一檔案編輯、多視窗同步觀察，還是自訂顯示區域位置，都能透過靈活配置讓 VS Code 成為最貼手的程式設計工具。

3-3-1 常用快捷鍵整理

以下是 Python 開發常用的 VS Code 快捷鍵（Windows / macOS 通用）：

功能	Windows / Linux	macOS
開啟命令面板	Ctrl + Shift + P	Cmd + Shift + P
開啟終端機	Ctrl + `	Cmd + `
儲存檔案	Ctrl + S	Cmd + S
格式化程式碼	Shift + Alt + F	Shift + Option + F
切換分頁	Ctrl + Tab	Cmd + Tab
關閉目前分頁	Ctrl + W	Cmd + W
分割畫面（垂直）	Ctrl + \	Cmd + \
切換分割畫面焦點	Ctrl + 1 / 2 / 3	Cmd + 1 / 2 / 3
多重游標選取	Alt + Click	Option + Click
搜尋專案檔案內容	Ctrl + Shift + F	Cmd + Shift + F
找檔案（快速開啟）	Ctrl + P	Cmd + P

建議讀者可從常用指令開始熟悉，逐漸養成「鍵盤操作優先」的習慣，大幅減少滑鼠操作時間。

3-3-2 視窗配置

目前看到的視窗配置是系統預設配置，視窗上方有功能鈕可以更改配置設定。

❏ 切換主要提要欄位 ▐

可以「顯示」或是「隱藏」編輯區左側的「檔案總管工作區」，此圖示左側是實心黑方塊，表示預設是顯示。這時視窗畫面如下：

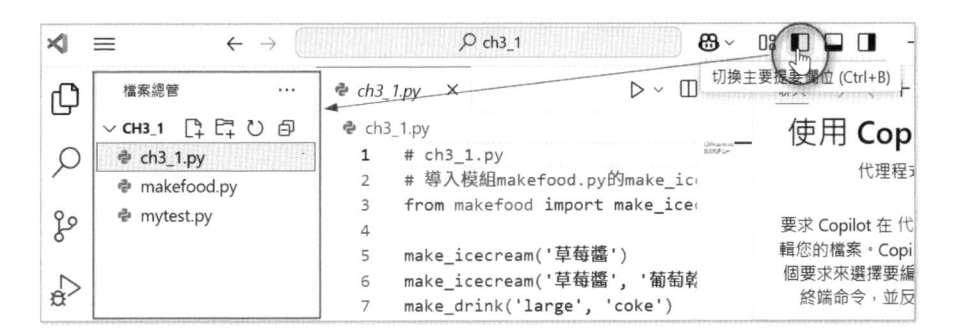

點選圖示 ▐ 後，可以得到下列結果，左側「檔案總管工作區」已經隱藏了。

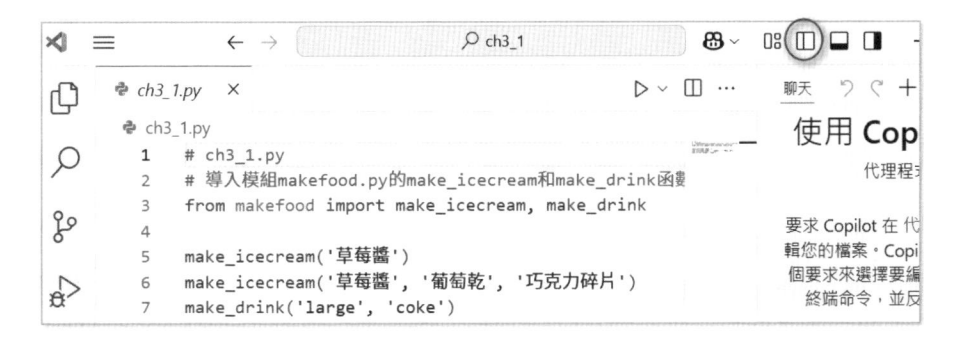

此時原先圖示 ▐ 變成圖示 ▐，點選此圖示 ▐ 可以復原顯示左側的「檔案總管工作區」。

❏ 切換面板 ▬

可以顯示或是隱藏下方的「終端機工作區」，此圖是下方是實心黑方塊，表示預設是顯示「終端機工作區」。這時視窗畫面如下：

3-15

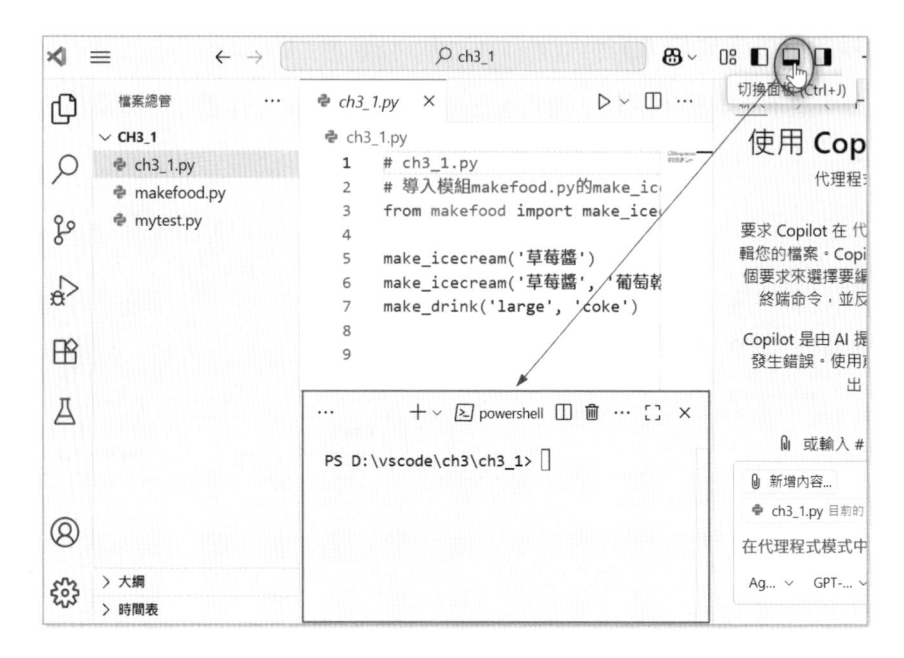

第 3 章　VS Code 基本操作快速上手

點選圖示▭後，可以得到下列結果，下方「終端機工作區」已經隱藏了。

此時原先圖示▭變成圖示▭，點選此圖示▭可以復原顯示下方「終端機工作區」。

3-3 快捷鍵實用技巧與視窗配置最佳化

❑ 切換次要提要欄位 ▐█

可以「顯示」或是「隱藏」編輯區右側的「Copilot 編輯區」，此圖示右側是實心黑方塊，表示預設是顯示。這時視窗畫面如下：

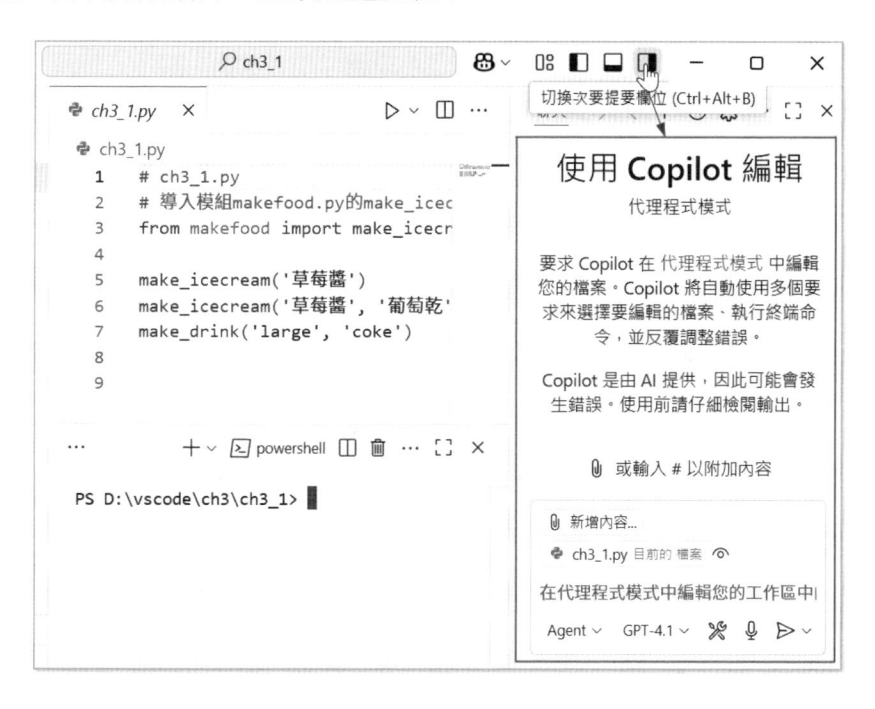

點選圖示 ▐█ 後，可以得到下列結果，右側「Copilot 編輯區」已經隱藏了。

第 3 章　VS Code 基本操作快速上手

此時原先圖示⬚變成圖示⬚，點選此圖示⬚可以復原顯示右側的「Copilot 編輯區」。

❏ **自訂版面配置 ⬚**

VS Code 的自訂面板配置鈕⬚，主要是用來讓你快速調整、顯示或隱藏工作視窗中的各種 UI 元素，並根據自己需求靈活設定介面的版面配置，提升工作效率。點選後可以看到「自訂面板配置」選單框，如下所示：

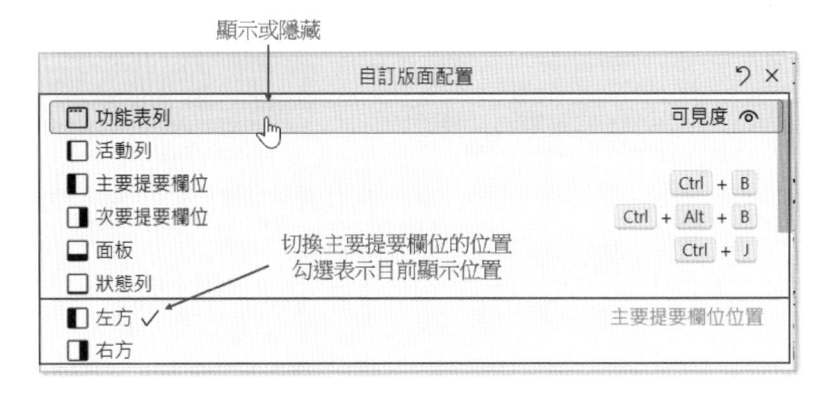

上述適度捲動可以看到下列畫面：

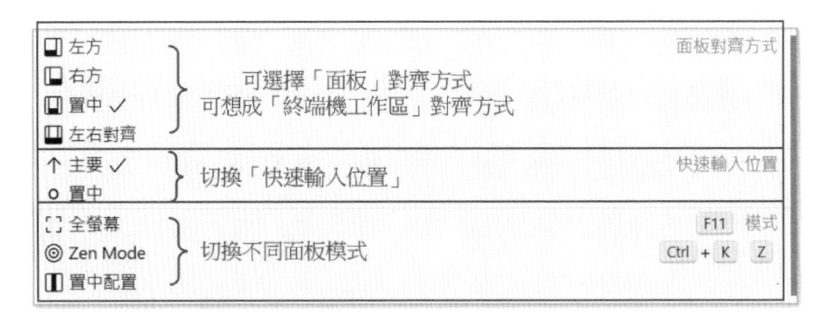

整體而言，從上往下可以將自訂面板分成 5 大類：

- **顯示 / 隱藏**：你可以透過這個鈕來顯示或隱藏「功能表列」、「活動列（側邊欄）」「主要提要欄位（檔案總管）」、「次要提要欄位（Copilot 編輯區）」、「面板（終端機工作區）」、「狀態列」等。

- **主要提要欄位位置**：可想成可以設定「檔案總管」的位置，預設是在左邊，可以選擇右邊。

- **面板對齊方式**：可以選擇面板（終端機工作區）的位置，預設是在置中。
- **快速輸入位置**：這是用來決定當你開啟某些面板（如搜尋、輸出、問題或終端機），或者透過鍵盤快捷操作時，「輸入焦點」自動落在哪一個地方。其「主要」與「集中」兩個預設選項的意義分別如下：
    - 主要
        ◆ 表示輸入焦點會預設落在主要的編輯區。
        ◆ 當你快速呼叫輸入功能（例如在搜尋時、啟動命令列等），系統會讓你在編輯器本體直接輸入。
        ◆ 適用於希望大部分輸入行為發生在程式碼區、編輯文件為主的用戶。
    - 集中
        ◆ 表示輸入焦點會被導向於「集中面板」區塊。
        ◆ 一些情境下，例如你操作的是底部或側邊面板（像終端機、問題、輸出、除錯控制台），快速輸入行為會直接在這些面板內發生。
        ◆ 適合經常操作面板區、需要快速在面板輸入或互動的使用方式。
    - 功能對照表

選項	焦點落點	情境適用
主要	編輯器主視窗	程式 / 文件撰寫、主工作流
集中	集中（面板）區域	終端機、搜尋、問題等操作

    - 總結：這兩種設定讓你能夠更有效率地根據個人習慣設計 VS Code 的工作流，無論是以程式編輯為主、還是面板操作為主，都能調整輸入焦點行為以提升體驗。
- **切換不同面板模式**：內建多種版面配置模式，常見的有：
    - 全螢幕：只顯示程式碼編輯區。
    - Zen（禪模式）：極簡介面，移除干擾。
    - 置中配置：編輯器內容置中顯示。

3-3-3 主題與配色

VS Code 有提供視窗主題與配色選項,可以用「Theme(主題)」描述整體的外觀套件,可以說是 VS Code 視窗環境視覺風格選擇,它包含:

- 程式碼區的背景與文字顏色。
- 編輯區與工具列配色。
- 語法高亮的色系組合。

讀者可以執行功能表列的「檔案 / 喜好設定 / 佈景主題 / 色彩佈景主題」指令:

執行後將看到:

上述「現代淺色 Default Light Modern」是筆者所選擇的「色彩佈景主題」,讀者可以依自己喜好選擇。

第 4 章

在 VS Code 中寫 Python 程式

4-1　輸出、輸入與變數的操作

4-2　主控或工具人 - if __name__ == "__main__"

第 4 章　在 VS Code 中寫 Python 程式

完成開發環境的安裝與設定後，現在是時候實際動手撰寫程式了！本章將帶你一步步透過 VS Code 撰寫並執行 Python 程式，從建立簡單的 Python 程式開始，學習如何輸出訊息、接收使用者輸入，並操作變數。透過簡單、易懂的範例，你將不再只是看程式，而是能親自寫出可以執行的 Python 程式，邁出開發之路的第一步。

4-1 輸出、輸入與變數的操作

Python 使用 print( ) 輸出資料，使用 input( ) 讀取使用者輸入，再透過變數儲存與運算。

程式實例 ch4_1.py：輸入與變數範例，讀者可以體會如何在 VS Code 輸入變數。

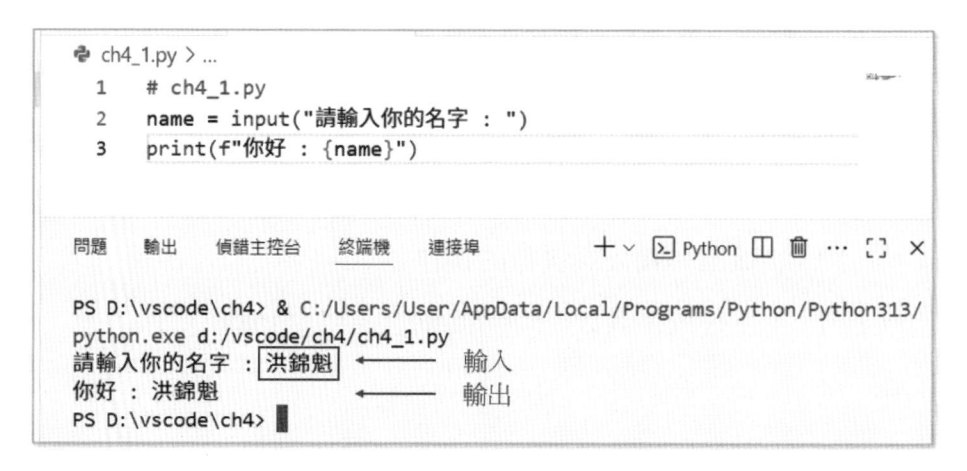

```
# ch4_1.py
name = input("請輸入你的名字 : ")
print(f"你好 : {name}")
```

```
PS D:\vscode\ch4> & C:/Users/User/AppData/Local/Programs/Python/Python313/python.exe d:/vscode/ch4/ch4_1.py
請輸入你的名字 : 洪錦魁        ← 輸入
你好 : 洪錦魁                  ← 輸出
PS D:\vscode\ch4>
```

上述如果增加一列，即使是空白列，可以在程式碼標籤看到「程式名稱」右邊有「●」，如下：

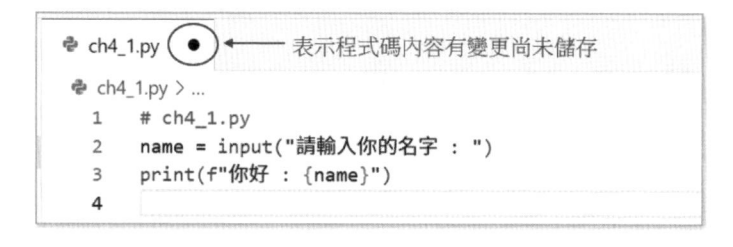

ch4_1.py ● ← 表示程式碼內容有變更尚未儲存

```
# ch4_1.py
name = input("請輸入你的名字 : ")
print(f"你好 : {name}")

```

這代表程式碼內容有變更，尚未儲存。

程式實例 ch4_2.py：變數與數值運算。

```
# ch4_2.py
x = 10
y = 5
z = x + y
print(f"總和為 : {z}")
```

```
PS D:\vscode\ch4> & C:/Users/User/AppData/Local/Programs/Python/Python313/python.exe d:/vscode/ch4/ch4_2.py
總和為 : 15
PS D:\vscode\ch4>
```

Python 是動態語言，不需事先宣告變數型別，會自動推斷。

4-2 主控或工具人 - if __name__ == "__main__"

在 Python 程式開發中，「if __name__ == "__main__"」是一個幾乎每個專案都會用到的重要語法。它不只是語法上的慣例，更是區分主程式與模組、確保程式結構清晰與重用性的重要基石。本節將以「主控」與「工具人」的趣味比喻，深入說明這個語法的原理、特色、常見應用與潛在陷阱，並透過實際範例，讓讀者清楚理解如何讓一個 Python 檔案既能自我執行，也能安全地被其他程式引用與呼叫。掌握這個主控判斷式，將讓你的 Python 專案更模組化、可維護性大幅提升，同時打下專業開發的堅實基礎

4-2-1 基礎觀念

「if __name__ == "__main__"」是一段 Python 慣用語法，用來判斷目前這個 .py 檔案是不是直接被執行（而不是被其他檔案引用）。

其語法格式如下：

❑ 語法格式

```
def main():
    print("Hello, Python!")
if __name__ == "__main__":
    main()
```

❏ 它的作用是什麼？

這句話的意思是：

「只有當這個檔案是被 直接執行 時，才會執行 main() 函數。如果這個檔案是被其他 Python 模組 import 進去，就不會執行 main()。」

❏ 優點與特色

優點／特色	說明
支援模組重複使用	一個檔案既可以當成「可執行程式」，也可以被「其他程式 import」重複使用
增加程式結構清晰性	可明確區分「主程式流程」與「模組定義區」
適合進行單元測試	測試框架或其他模組引用此檔案時，不會自動執行 main 流程
是 Python 社群公認的慣例	幾乎所有專業 Python 專案都會使用這個語法

❏ 缺點或限制（少數情況）

缺點／限制	說明
初學者較難理解	需要先了解 __name__ 是 Python 的特殊變數
多檔案協作時若未注意，可能造成程式未執行	忘記寫 if __name__ == "__main__": 會讓主程式沒被觸發
與互動式 Notebook (.ipynb) 結構不同	在 Jupyter 中通常不使用這個結構，初學者轉換時會混淆

❏ 什麼是 __name__？

- __name__ 是 Python 內建的特殊變數。
- 如果這個檔案是主程式執行，__name__ 就會是 "__main__"。
- 如果這個檔案是被別的模組 import，__name__ 就會是檔案名稱（例如 ch4_module）。

4-2-2 創意實例 - 我是主控，還是工具人？

我們將在 ch4_3 資料夾內建立兩個角色：

- 工具人 ToolBot：專門處理邏輯運算與招呼功能（模組 toolbot.py）。
- 主控是 MainBot：發號施令，決定整個程式流程（主程式 mainbot.py）。

4-2 主控或工具人 - if __name__ == "__main__"

程式實例 ch4_3 之 toolbot.py：「我是工具人，我聽主控的話！」。

```
1   # toolbot.py
2   def greet(name):
3       print(f"ToolBot：哈囉, {name}！今天準備寫程式了嗎？")
4
5   def add(x, y):
6       return x + y
7
8   if __name__ == "__main__":
9       print("ToolBot 啟動中... 正在自我測試。")
10      greet("自測者")
11      print("3 + 7 =", add(3, 7))
```

執行結果
```
ToolBot 啟動中... 正在自我測試。
ToolBot：哈囉，自測者！今天準備寫程式了嗎？
3 + 7 = 10
```

當它自己被執行，就會進入 if __name__ == "__main__" 區塊，執行測試任務。

程式實例 ch4_3 之 mainbot.py：「我是主控，我來調用工具人！」。

```
1   # mainbot.py
2   import toolbot
3
4   def main():
5       print("MainBot 啟動！我需要 ToolBot 協助處理任務！")
6       name = input("請輸入你的名字：")
7       toolbot.greet(name)
8       result = toolbot.add(100, 250)
9       print("MainBot：你幫我算的結果是", result)
10
11  if __name__ == "__main__":
12      main()
```

執行結果
```
MainBot 啟動！我需要 ToolBot 協助處理任務！
請輸入你的名字：洪錦魁
ToolBot：哈囉，洪錦魁！今天準備寫程式了嗎？
MainBot：你幫我算的結果是 350
```

toolbot.py 中的 __main__ 區塊不會被執行，只會使用其中的函數功能。

4-2-3 VS Code 視窗看主控和工具人專案

在 VS Code 視窗，要啟動 toolbot.py 時，需選擇「toolbot.py」程式標籤，點選「執行 Python 檔案」圖示 ▷ 後，讀者看到的畫面將如下：

第 4 章　在 VS Code 中寫 Python 程式

```
# toolbot.py
def greet(name):
    print(f"ToolBot：哈囉，{name}！今天準備寫程式了嗎？")

def add(x, y):
    return x + y

if __name__ == "__main__":
    print("ToolBot 啟動中... 正在自我測試。")
    greet("自測者")
    print("3 + 7 =", add(3, 7))
```

```
Python313/python.exe d:/vscode/ch4/ch4_3/toolbot.py
ToolBot 啟動中... 正在自我測試。
ToolBot：哈囉，自測者！今天準備寫程式了嗎？
3 + 7 = 10
PS D:\vscode\ch4\ch4_3>
```

在 VS Code 視窗，要啟動 mainbot.py 時，需選擇「mainbot.py」程式標籤，點選「執行 Python 檔案」圖示 ▷ 後，讀者看到的畫面將如下：

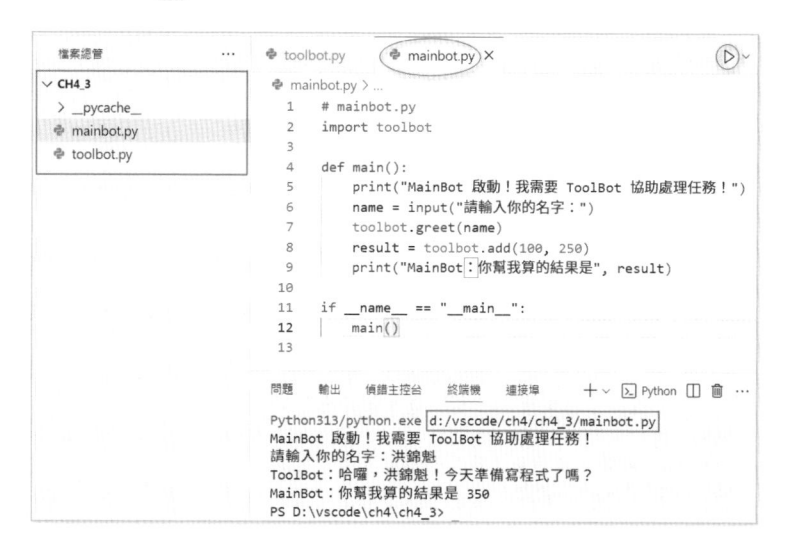

```
# mainbot.py
import toolbot

def main():
    print("MainBot 啟動！我需要 ToolBot 協助處理任務！")
    name = input("請輸入你的名字：")
    toolbot.greet(name)
    result = toolbot.add(100, 250)
    print("MainBot：你幫我算的結果是", result)

if __name__ == "__main__":
    main()
```

```
Python313/python.exe d:/vscode/ch4/ch4_3/mainbot.py
MainBot 啟動！我需要 ToolBot 協助處理任務！
請輸入你的名字：洪錦魁
ToolBot：哈囉，洪錦魁！今天準備寫程式了嗎？
MainBot：你幫我算的結果是 350
PS D:\vscode\ch4\ch4_3>
```

這個「主控」和「工具人」範例易於理解，還能幫助初學者建立「模組可重用、主控可調用」的清楚概念。

4-2-4　主控和工具人學習重點

問題	對應解釋
為何工具人不自己亂動？	因為有 if __name__ == "__main__"，只有主控叫它時才動作
工具人可以自己測試嗎？	可以！當他自己被執行，就會跑出自測功能
這樣做有什麼好處？	能讓模組既能重複利用，又不會干擾其他主程式的執行流程

第 5 章

VS Code 中的互動練功場
用 REPL 模式即時學 Python

5-1　什麼是 REPL？為什麼學 Python 要學它？

5-2　用終端機啟動 Python REPL

5-3　使用 Python REPL 標籤頁（Start REPL）

5-4　終端機 REPL 與 REPL 標籤頁的差異與應用場景

第 5 章　VS Code 中的互動練功場

寫程式就像學武功，不是只看書、抄範例就會，還要實際出招、當場見招拆招。本章將帶你進入 Python 的「互動練功場」- REPL 模式（Read-Eval-Printl-Loop）。這是一種能「輸入一列、執行一列、立即回饋」的對話式環境，讓你可以快速嘗試語法、練習邏輯，甚至與 GitHub Copilot 協作測試片段。透過 VS Code 的終端機與互動式視窗，我們將展開一場即時的程式對話訓練，幫助你建立語法直覺、強化實作能力，打下紮實的 Python 基礎。

5-1　什麼是 REPL？為什麼學 Python 要學它？

對初學者來說，寫程式最難的是什麼？不是語法複雜，而是「我寫這樣到底對不對？」這時，REPL（Read-Eval-Printl-Loop）就是最好的學習拍檔。REPL 是 Python 內建的互動模式，一列一列輸入、一列一列執行，是最快速測試、修正與學習語法的方式。本節將介紹 REPL 的概念與特色，並說明為什麼它是初學 Python 的絕佳起點。

5-1-1　解釋 Read - Eval - Print - Loop 的概念

REPL 是「Read - Eval - Print - Loop」的縮寫，翻譯為：

- Read：讀取你輸入的一列程式碼。
- Eval：立即評估（執行）這段程式碼。
- Print：印出執行結果。
- Loop：回到等待輸入，持續下一列互動。

簡單來說，就是「你輸入，我執行，你馬上看到結果」。

實例 1：VS Code 視窗 Python 的 REPL 互動畫面。

❏　系統安裝單一套 Python

VS Code 視窗開啟終端機後，請輸入「python」。

❏　系統安裝多套 Python

VS Code 視窗開啟終端機後，請輸入「py -version」，version 是最新版的 Python，就可以啟動最新版的 Python。筆者系統安裝的最新版是 Python 3.13，所以輸入如下：

```
py -3.13
```

上述輸入後可以看到，VS Code 啟動 Python 3.13 了。

```
PS C:\Users\User> py -3.13
Python 3.13.3 (tags/v3.13.3:6280bb5, Apr  8 2025, 14:47:33) [MSC v.1943 64 bit (AMD64
)] on win32
Type "help", "copyright", "credits" or "license" for more information.
>>>
```

當出現「>>>」提示符號，表示已進入 REPL 模式。下列是系列實例畫面：

```
>>> 2 + 3
5
>>> print("Hello, REPL!")
Hello, REPL!
>>> len("VS Code")
7
>>>
```

每輸入一列，Python 會立即讀取、執行並輸出結果，再讓你繼續輸入下一列，進入「學中做，做中學」的循環。

❑ REPL 與一般程式開發的差異

類型	操作方式	適用情境
REPL	一列一列輸入即時執行	快速測試語法、練手感、即時實驗
.py 檔案	撰寫整個程式 → 儲存 → 執行一次	完整專案撰寫、實作邏輯與結構

5-1-2 初學者「練習邏輯與語法」的最佳入口

REPL 就像是程式語言的「語言實驗室」，以下是它成為初學者最佳起點的原因：

1. 立即看到成果，有學習動力

不像寫一整段程式再執行，REPL 能一列一列試，馬上得到回饋。例如：

```
>>> x = 10
>>> x * 2
20
```

錯了馬上改，不需等待，也不會中斷整個流程。

2. 試錯練習，風險低、收穫高

你可以大膽嘗試各種語法與變數錯誤，不會「壞掉」或影響其他程式，錯了只是重打。例如：

```
>>> int("abc")
Traceback (most recent call last):
  File "<python-input-5>", line 1, in <module>
    int("abc")
    ~~~^^^^^^^
ValueError: invalid literal for int() with base 10: 'abc'
```

錯誤訊息清楚可讀，反而是學習除錯思維的好機會。

3. 強化對語法與資料型態的直覺

REPL 是熟悉 Python 資料型態（如 str, int, list, dict）的絕佳方式：

```
>>> type(3.14159)
<class 'float'>
>>> len([1,2,3,4,5])
5
>>> {"a":1, "b":2}["b"]
2
```

這些「即問即答」式的練習，有助於建立語法直覺與邏輯思維。

4. 無需建檔，進入門檻低

只要開啟終端機輸入「python」或「py -3.13」就能開始練習，對初學者來說比 .py 檔案更直接，也不會因為檔名、儲存等問題而卡關。

❏ 總結

REPL 是 Python 給新手最好的「互動教練」，不怕錯、不怕亂，只怕你不練。

透過一列一列地測試與觀察，你將更快理解語法、更早建立信心，為未來寫完整程式打下紮實基礎。

5-2 用終端機啟動 Python REPL

REPL 模式最大的好處，就是無需寫整支程式，只要打開終端機，輸入 python 指令就能即時練習。你可以一列一列輸入 Python 語法、立即得到結果，非常適合用來練習「變數」、「運算」與「函數」定義等基礎概念。本節將帶你實際啟動 Python REPL 模式，逐步嘗試基本操作，並介紹幾個對初學者非常有幫助的內建工具函數。

註 5-1 節所述就是終端機啟動 REPL。

5-2-1 嘗試基本語法、變數、運算、函數定義

你可以直接輸入程式碼，馬上看到結果。

❏ 基本數學運算

```
>>> 5 + 3
8
>>> 10 / 2
5.0
>>> 2 ** 4
16
```

❏ 使用變數

```
>>> x = 7
>>> y = x + 3
>>> y
10
```

❏ 定義函數

```
>>> def square(n):
...     return n * n
...
>>> square(5)
25
```

註 1：定義函數時按 Enter 不會馬上執行，要輸入空白列結束定義（和寫多列程式一樣）。

註 2：在 REPL 模式中定義的變數與函數，會保留在記憶體中直到你離開會話。若要離開 REPL，請輸入：

```
exit( )
```

或按下 Ctrl + Z（Windows）或 Ctrl + D（macOS / Linux）再按 Enter

5-2-2 介紹內建函數如 type()、help()、dir() 的應用

Python REPL 也支援許多方便查詢與學習的內建工具函數，幫助你理解物件型別與功能。

❑ type() 查資料型態

```
>>> type(123)
<class 'int'>
>>> type("Hello!")
<class 'str'>
>>> type([1, 2, 3])
<class 'list'>
```

用來了解變數或值的資料型別，非常實用！

❑ help() 查說明文件

```
>>> help(str)
Help on class str in module builtins:

class str(object)
 |  str(object='') -> str
 |  str(bytes_or_buffer[, encoding[, errors]]) -> str
 |
 |  Create a new string object from the given object. If encoding or
 |  errors is specified, then the object must expose a data buffer
```

會顯示該函數或物件的說明文件（按 q 可退出）。也可查特定方法：

```
>>> help(str.upper)
Help on method_descriptor:

upper(self, /) unbound builtins.str method
    Return a copy of the string converted to uppercase.
```

❑ dir() 查可用的方法或屬性

```
>>> dir("hello")
['__add__', '__class__', '__contains__', '__delattr__', '__dir__', '__doc__', '__eq__', '__format__', '__ge__', '__getattribute__', '__getitem__', '__getnewargs__', '__getstate__', '__gt__', '__hash__', '__init__', '__init_subclass__', '__iter__', '__le__'
```

這會列出所有你可以對該物件使用的功能，例如字串的 .upper()、.replace() 等。

5-3 使用 Python REPL 標籤頁（Start REPL）

除了終端機模式，VS Code 也提供一種更簡潔、輕量化的互動方式：Python REPL 標籤頁（Start REPL）。這種模式以標籤頁的形式開啟互動視窗，讓你像在對話框中輸入程式碼，一列一列立即執行。它特別適合初學者快速測試語法、操作變數與函數，是一種「即開即用」的練習工具。本節將介紹如何啟動這個功能，以及它的使用方式與適合的應用情境。

5-3-1 如何開啟 Python REPL 標籤頁

開啟 Python REPL 標籤頁步驟如下：

1. 同時按 Ctrl + Shift + P 鍵。
2. 輸入「Python: 啟動原生 Python REPL」。

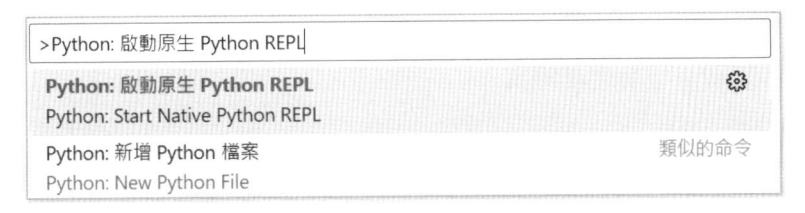

3. 執行後畫面會開啟一個新的 Python REPL 標籤頁。

這個標籤頁類似一個「對話輸入框」，可以一列一列輸入程式碼，即時執行。上述幾個欄位說明如下：

- **中斷**：「中斷（Interrupt）」功能，這是一個非常實用的功能，尤其當您不小心執行了無窮迴圈、卡住的輸入、或長時間運算時，它可以讓您即時中止執行，而不用關閉整個 REPL。這讓你能保留變數與狀態，繼續下一段實驗，是開發與學習過程中非常重要的救援機制。

- **變數**：當您在 Python REPL 標籤頁中點選右上角的「變數（Variables）」圖示時，VS Code 會自動切換左側側邊欄為「執行與偵錯（Run and Debug）」工作區，並在其中顯示一個專屬的「REPL Variables」區塊。這其實是 VS Code 利用它的「執行與偵錯面板」功能，來呈現 Python REPL 當下的變數狀態。

5-3-2 變數 - 執行與偵錯

當您在 Python REPL 標籤頁中點選左上角的「變數（Variables）」圖示時，VS Code 會自動切換左側側邊欄為「執行與偵錯（Run and Debug）」工作區，並在其中顯示一個專屬的「REPL Variables」區塊。

這其實是 VS Code 利用它的「執行與偵錯面板」功能，來呈現 Python REPL 當下的變數狀態。

❏ 點選「變數」後發生什麼事

動作	系統反應
點擊 REPL 標籤頁右上的「變數」圖示	VS Code 切換右側側邊欄為「執行與偵錯」
顯示面板名稱	REPL Variables（位於執行與偵錯視窗中）
顯示內容	當前 REPL 中的變數名稱、型別、值
可手動關閉	點選其他面板或再次點選圖示即可關閉

❏ 為什麼這個面板歸在「執行與偵錯」中

因為 VS Code 的變數檢視功能最初是設計給「除錯（debug）」使用的，例如當你使用斷點時可以看到：

- call stack（呼叫堆疊）
- watch（觀察變數）
- variables（區域變數與全域變數）

Python REPL 標籤頁只是借用了這個功能區塊，以更直觀的方式顯示目前互動會話中的變數，因此它自動顯示在「執行與偵錯」工作區中。

5-3-3 REPL 標籤頁的操作特性

功能	說明
單列執行	每次輸入一列 Python 程式碼，按 Enter 即可執行並顯示結果
自動保留歷程	可以往上查看先前輸入與輸出的指令記錄
輸入區與輸出區分明	像聊天室一樣，一列輸入對應一列輸出，清爽易讀
變數與記憶體保留	執行過的變數、函數仍然存在，可重複使用
支援內建函數	如 type()、dir()、help() 皆可使用
可隨時關閉，不影響原始碼編輯區	適合用來「快測快練」，不必建立 .py 檔案

5-3-4 實用示範操作

接下來我們將透過一連串的操作，逐步建立與修改變數，觀察它們在面板中的類型、值與狀態變化。

❏ 建立基本變數

下列是輸入基本變數，在 REPL 變數面板可以看到變數與內容。

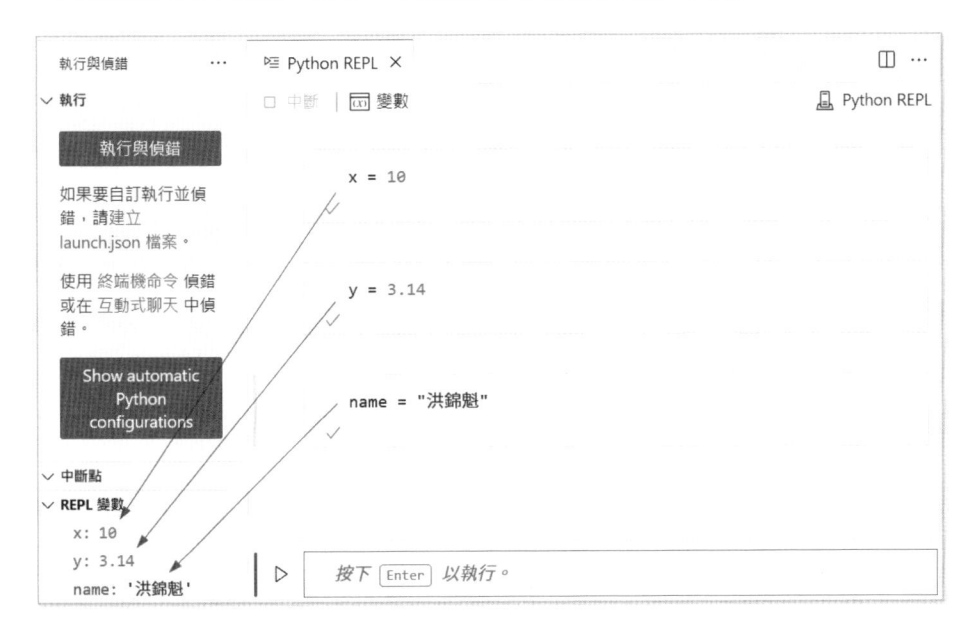

第 5 章　VS Code 中的互動練功場

❑　**重新賦值（觀察變數值變化）**

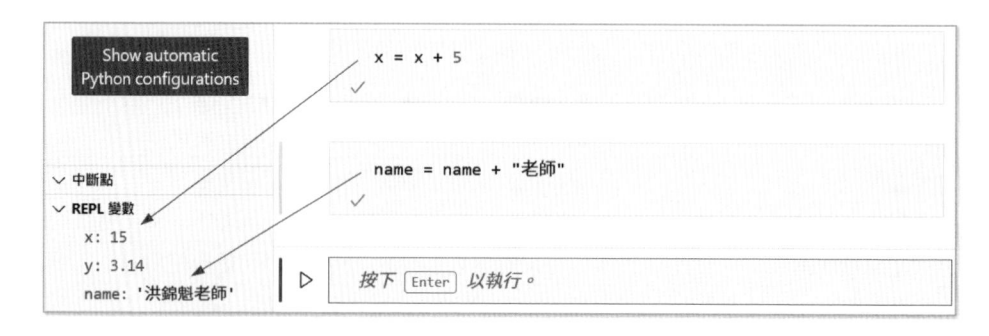

```
x = x + 5
```

```
name = name + "老師"
```

中斷點
REPL 變數
　x: 15
　y: 3.14
　name: '洪錦魁老師'

❑　**建立函數並產生新變數**

函數 double 雖然在面板中不會列出（函數物件通常不會列在變數面板），但它的執行結果 result 會即時顯示。

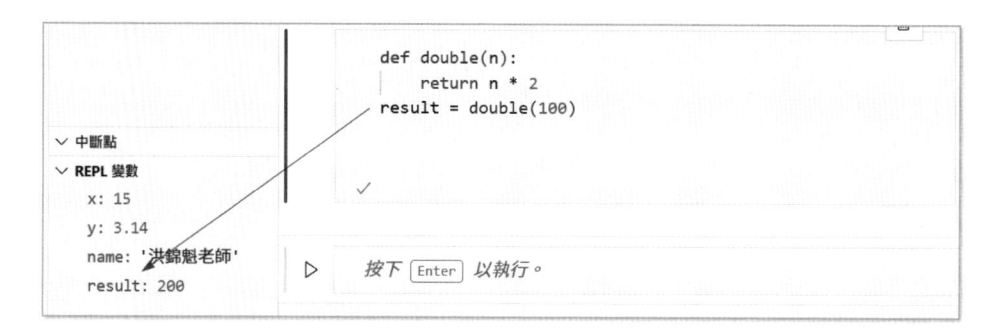

```
def double(n):
    return n * 2
result = double(100)
```

中斷點
REPL 變數
　x: 15
　y: 3.14
　name: '洪錦魁老師'
　result: 200

❑　**刪除變數（驗證動態記憶體）**

輸入「del y」，這是刪除變數。在變數面板中，變數「y」將會立即消失，因為該變數已被移除。

```
del y
```

中斷點
REPL 變數
　x: 15
　name: '洪錦魁老師'
　result: 200

利用 Python REPL 的變數面板，可以直觀觀察每個變數的值與型態，對於初學者理解「變數如何變化」、「記憶體如何更新」特別有幫助。透過這個面板來我們可以掌握每一步的執行結果，讓程式世界變得更透明、更可視化。

5-4 終端機 REPL 與 REPL 標籤頁的差異與應用場景

在 VS Code 中使用 Python 進行互動式開發，有兩種常見方式可以進入 REPL 模式：

- 終端機 REPL：在終端機輸入 python（或 py -3.x）
- REPL 標籤頁：透過命令面板啟動 Python: Start REPL

雖然它們都提供 REPL（Read – Eval – Print - Loop）互動功能，但在使用體驗與適合情境上有明顯差異。

項目	終端機 REPL	REPL 標籤頁（Start REPL）
啟動方式	在終端機輸入「python 或 py -3.x」	命令面板 Python: Start REPL
顯示位置	終端機底部面板	頁籤區開啟獨立「REPL」編輯器
顯示格式	傳統 CLI 顯示	對話式輸入 + 彩色輸出區塊
多列輸入支援	支援完整多列結構	支援函數等多列，但格式較簡單
支援 input()	完整支援互動輸入	通常支援，極少數情況下可能卡住
可搭配快捷鍵 / 指令使用	完全等同於一般 CLI	支援，但圖形介面設計為主
變數視覺化	無內建變數視窗	可搭配「REPL 變數」面板即時顯示
支援中斷	Ctrl+C 中斷，需手動重啟	提供內建「中斷」
適合對象	傳統 Python 使用者、進階操作	初學者、教學示範、需要視覺化變數的使用者

❏ 應用場景建議

情境	推薦使用方式
想快速試語法、資料型別、錯誤實驗	終端機 REPL
練習變數、函數、觀察變化	REPL 標籤頁 + 變數面板
撰寫多列邏輯或嘗試 input 輸入互動	終端機 REPL
教學或學習：強調視覺清楚與回饋	REPL 標籤頁

第 5 章　VS Code 中的互動練功場

　　雖然終端機 REPL 和 REPL 標籤頁都屬於 Python 的互動執行環境，但它們各有特色。若你追求簡潔與快速，終端機 REPL 是最佳選擇；若你希望視覺化地學習變數運作、保留互動歷程並搭配 VS Code 的變數面板，則 REPL 標籤頁更為適合。

第 6 章

讓 AI 幫你寫程式 GitHub Copilot 入門

6-1　使用註解觸發 Copilot 寫出函數

6-2　補全語法、參數與錯誤提示

6-3　AI 幫忙完成你腦海中的程式邏輯

第 6 章　讓 AI 幫你寫程式 GitHub Copilot 入門

　　寫程式不再是孤軍奮戰，現在你有一位 AI 搭檔：「GitHub Copilot」。它能根據你的註解、函數名稱，甚至是你打出的一半程式，自動幫你補完整段邏輯，就像一位隨時待命的程式助理。本章將帶你從安裝 Copilot 開始，學習如何用自然語言指令生成函數、自動補全參數、修正錯誤，並進一步讓 Copilot 協助你完成腦中尚未寫出的程式藍圖。讓我們用 AI 提升效率、打開創意，進入「人機協作寫程式」的新時代！

　　2-7 節筆者已經介紹「安裝與啟用 GitHub Copilot」，這一章將直接解說。

6-1　使用註解觸發 Copilot 寫出函數

　　GitHub Copilot 最強大的特點之一，就是它能夠根據你的自然語言註解自動撰寫出整個函數。這意味著，就算你還沒完全掌握語法，只要清楚描述想做的事情，Copilot 就能幫你寫出可執行的程式邏輯。本節將帶你學會如何撰寫提示註解（支援中英文），觀察 Copilot 的自動產生能力，並進一步介紹結合自然語言與程式語言的混用技巧，讓 AI 更精準理解你的需求。

6-1-1　教學如何使用自然語言註解讓 Copilot 自動產生對應函數

程式實例 ch6_1.py：生成計算費式數列函數。

1：　開啟 ch6 資料夾，建立空的 ch6_1.py 檔案。

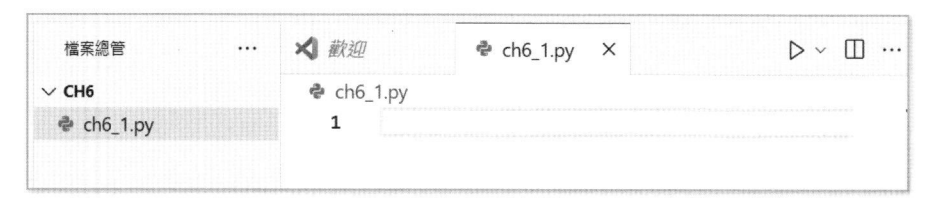

2：　請輸入一段描述「# 計算費氏數列的第 n 項」。約 1 ~ 2 秒，可以看到自動生成的程式碼。

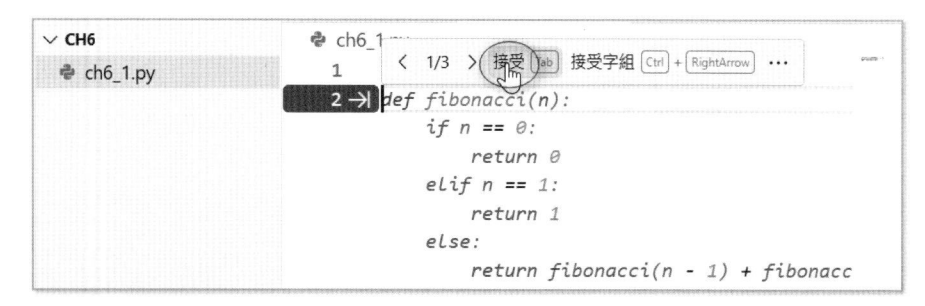

3： 你可以點選「接受」或是直接按 Tab 鍵，可以得到所設計的程式碼結果。

```python
# ch6_1.py > fibonacci
# 計算費氏數列的第 n 項
def fibonacci(n):
    if n == 0:
        return 0
    elif n == 1:
        return 1
    else:
        return fibonacci(n - 1) + fibonacci(n - 2)
```

Copilot 不只會寫出函數，還會依照註解自動推測參數名稱、結構與回傳值。完成後，可以執行功能表列的「檔案 / 儲存」指令，保存執行結果。

6-1-2 示範常見註解語法類型（中英文皆可）

Copilot 支援中英文提示，關鍵是讓語意簡單明確。以下是幾種常見的註解寫法：

註解內容（提示語言）	預期產生的函數名稱與邏輯
# 計算費氏數列的第 n 項	def fibonacci(n): ...
# 判斷一個數是否為質數	def is_prime(n): ...
# 回傳串列中最大的數字	def find_max(lst): ...
# return the factorial of a number	def factorial(n): ...
# check if a string is palindrome	def is_palindrome(s): ...
# calculate the average of a list	def average(lst): return sum(lst)/len(lst)

註 Copilot 甚至能根據參數名稱、輸入內容來優化預測結果。

6-1-3 強調「提示語言」與「程式語言」混用的有效策略

要讓 Copilot 更聰明地理解你要寫什麼，除了自然語言，也可以搭配部分程式語言元素，形成所謂的「混合提示語法」。這種策略特別適合有點程式基礎的使用者。

程式實例 ch6_2.py：自然語言 + 函數開頭。

1： 請輸入。

```python
# 判斷是否為偶數
def is_even(n):
```

第 6 章　讓 AI 幫你寫程式 GitHub Copilot 入門

2：　出現程式碼，請按 Tab 鍵。

```
ch6_2.py > is_even
1  # 判斷是否為偶數
2  def is_even(n):
3      if n % 2 == 0:
4          return True
5      else:
6          return False
```

程式實例 ch6_3.py：分步驟提示。

1：　請輸入下列內容，當輸入特定列時 Copilot 會有建議程式碼，請忽略繼續輸入下一列，下列是完整的輸入。

   # 計算平均值
   # 輸入一個串列 nums
   # 回傳總和除以長度

2：　出現程式碼，請按 Tab 鍵。

```
ch6_3.py > calculate_average
1  # 計算平均值
2  # 輸入一個串列 nums
3  # 回應總和除以長度
4  def calculate_average(nums):
5      if not nums:
6          return 0
7      total = sum(nums)
8      return total / len(nums)
```

撰寫提示註解的建議技巧：

技巧類別	說明與範例
動詞開頭	如「計算」「回傳」「判斷」明確表達動作意圖
說明參數	指出要處理的變數名稱（例如 一個串列 nums）
步驟分列	將複雜邏輯拆成多個註解句，幫助 Copilot 組合成完整邏輯
中英文皆可	若用英文更精準（如 # sort a list of strings by length）
留白讓 AI 發揮	不一定要句句具體，保留空間讓 Copilot 自主發想

6-4

善用註解作為提示語言,是與 Copilot 合作寫程式最簡單卻最強大的方法之一。你不需要一開始就知道程式碼怎麼寫,只要先「寫出你想做的事」,讓 Copilot 幫你轉化為程式。透過中英文註解、程式開頭與步驟拆解,你就能讓 AI 準確地實現你腦中的邏輯。

6-1-4 讀者可以練習的註解基礎提示

編號	註解內容(可直接貼入)	預期產生的程式邏輯
1	# 計算費氏數列的第 n 項	遞迴函數 fibonacci(n)
2	# 判斷一個數是否為質數	回傳 True 或 False 的 is_prime(n)
3	# 回傳串列中最大的數字	使用 max() 或迴圈找最大值
4	# 將一段文字轉為大寫	字串處理:return text.upper()
5	# 檢查一個字串是否為回文	is_palindrome(s),首尾比對或反轉比較
6	# 計算串列中所有數字的平均值	使用 sum() 與 len() 計算平均
7	# 傳回一個數字的階乘	factorial(n),遞迴或迴圈計算
8	# 將串列中的偶數數字提取出來	filter() 或 list comprehension
9	# 將攝氏溫度轉換為華氏溫度	溫度轉換公式:F = C * 9/5 + 32

6-1-5 讀者可以練習的註解進階提示

- # 寫一個函數將兩個字典合併
- # 判斷一個年份是否為閏年
- # 傳回清單中最常出現的數字
- # 將一段英文依單字長度排序
- # 找出串列中出現次數超過一次的元素

6-2 補全語法、參數與錯誤提示

除了依註解產生整段程式碼,GitHub Copilot 也能在你輸入變數名稱、函數開頭甚至是不完整的程式時,自動補齊語法與結構。這種「語境感知補全」能力,不但提升輸入效率,更能在你不確定下一行怎麼寫時,給出準確的參數、資料結構建議。本節將示範 Copilot 如何從你輸入的線索中推斷內容,並說明它如何在面對不完整或錯誤輸入時仍提供有用的修正提示。

6-2-1　示範如何從變數、函數名稱的開頭讓 Copilot 自動補完內容

Copilot 能在你輸入函數或變數的前幾個字時，即時顯示預測內容。這種「鍵入式補全（inline suggestion）」可加快輸入流程，常見情況如下：

程式實例 ch6_4.py：函數名稱開頭。

1： 請輸入下列內容。

```
def is_prim
```

2： Copilot 會推測與補成下列內容。

```
ch6_4.py > ◎ is_prime
1  def is_prime(n):
2      if n <= 1:
3          return False
4      for i in range(2, int(n**0.5) + 1):
5          if n % i == 0:
6              return False
7      return True
```

程式實例 ch6_5.py：變數名加等號。

1： 假設有一段敘述如下：

```
numbers = [1, 2, 3, 4, 5]
```

2： 輸入下列內容。

```
total
```

3： Copilot 會推測與補成下列內容。

```
ch6_5.py > ...
1  numbers = [1, 2, 3, 4, 5]
2  total = sum(numbers)
3  print("The total is:", total)
```

程式實例 ch6_6.py：可搭配註解後再寫函數名，提高命中率。

1： 請輸入下列內容。

```
# 判斷是否為偶數
def is_even
```

2： Copilot 會推測與補成下列內容。

```
ch6_6.py > is_even
1    # 判斷是否為偶數
2    def is_even(num):
3        return num % 2 == 0
```

6-2-2 說明 Copilot 如何根據上下文猜測資料結構與參數類型

Copilot 的補全能力來自於它對「上下文（context）」的分析，包括你目前的變數名稱、前面的程式邏輯、甚至同一檔案中其他函數的寫法。

程式實例 ch6_7.py：從上文推斷參數型別。

1： 請輸入下列內容。

```
users = [
    {"name": "Alice", "age": 30},
    {"name": "Bob", "age": 25}
]

def get_names
```

2： Copilot 會推測與補成下列內容。

```
ch6_7.py > get_names
1    users = [
2        {"name": "Alice", "age": 30},
3        {"name": "Bob", "age": 25}
4    ]
5
6    def get_names(users):
7        return [user["name"] for user in users]
```

第 6 章　讓 AI 幫你寫程式 GitHub Copilot 入門

它根據 users 的資料結構，自動產出符合邏輯的清單推導式。下列是程式設計時，Copilot 常見的判斷型別的技巧。

上下文變數	推論結果
data = [1, 2, 3]	推斷為 list，可推測 for 迴圈、sum 等操作
text = "hello"	推斷為 str，可推斷為字元處理或切割
student = {"id": 1}	推斷為 dict，可預測鍵值提取邏輯

6-2-3　輸入錯誤或不完整時 Copilot 的容錯行為與修正建議

即使輸入錯誤或不完整，Copilot 也能透過語境做出合理推測，這是它不同於一般 IDE 的智慧所在。

程式實例 ch6_8.py：拼錯函數名稱。

1：　請輸入下列內容。

```
def chekc_palindrome(s):
```

2：　Copilot 會推測與補成下列內容，同時協助修正拼錯的字串。

```
ch6_8.py > chekc_palindrome
1 ✓ def chekc_palindrome(s):
2        check == s[::-1]
3
```

3：　點正確的字串「check」，可以得到正確的結果。

```
ch6_8.py > check_palindrome
1    def check_palindrome(s):
2        return s == s[::-1]
```

它「猜」你是要寫 check_palindrome，並完成合理內容。

程式實例 ch6_9.py：語法不完整。

1：　請輸入下列內容。

```
for i in
```

2： Copilot 會推測與補成下列標準範例內容。

```
ch6_9.py > ...
1  for i in range(10):
2      print(i)
```

下列是程式設計時，Copilot 常見的推論建議。

行為	Copilot 常見回應
拼錯但意圖清楚	Copilot 自動修正並補全正確內容
語法不完整（忘記括號或結尾）	補上缺少的語法，結構自動對齊
資料結構不清但變數命名合理	從變數名推測合理邏輯（如 students, user_list）

　　GitHub Copilot 不只是輔助寫程式，它還能根據你正在輸入的內容「預測你要做什麼」。從函數開頭補全，到理解資料結構、修正拼字錯誤，它像一位能看懂你思路的助手。多利用命名語意、上下文結構與段落提示，能讓 Copilot 給出更準確、更完整的建議。

6-3　AI 幫忙完成你腦海中的程式邏輯

　　寫程式最常見的情況不是完全不會，而是「知道自己想完成什麼，但不知道怎麼寫出來」。GitHub Copilot 不只能補完語法或從註解產生函數，更可以根據你輸入的一部分邏輯、變數與流程片段，幫你「接下去寫下去」。本節將透過實戰示範，教你如何與 Copilot 協作，從片段推導完整邏輯、透過範例加強理解、並善用反覆提示與微調策略，真正實現 AI 輔助的邏輯建構。

6-3-1　實戰情境 - 你知道你「想做什麼」，但不知道怎麼寫

常見情境：

- 你想把「一個文字轉換成每個單字首字母大寫」。
- 或想讓「使用者輸入一段話，輸出單字數」。
- 又或是你要「找出串列中重複出現的數字」。

這些邏輯你「懂得用中文描述」，但用程式語法卻卡住。

Copilot 的強項就是：「你說一半，它寫一半」。你不用什麼都懂，只要勇敢「寫出你知道的部分」，Copilot 就能補完剩下的。

6-3-2　使用部分函數、流程片段，讓 Copilot 幫你「接下去寫」

你可以只輸入：

- 函數名稱
- 參數
- 流程開頭（例如 for、if）
- 變數與初步邏輯

Copilot 就能根據這些線索，預測你想做什麼。

程式實例 ch6_10.py：找出串列中出現兩次以上的數字。

1： 你輸入以下開頭。

```
def find_duplicates(nums):
    counts = { }
    for n in nums:
```

2： Copilot 接續產生。

```
def find_duplicates(nums):
    counts = {}
    for n in nums:
        if n in counts:
            counts[n] += 1
        else:
            counts[n] = 1
    return [n for n, count in counts.items() if count > 1]
```

你只提供一點流程邏輯，它就能自動完成整段實用的資料處理。

6-3-3　結合測試、範例輸入、輸出提示來強化 Copilot 的回應品質

Copilot 會觀察你在函數後方寫的測試內容，來推論你要的行為。

程式實例 ch6_11.py：想寫一個 is_even 函數。

1： 輸入以下內容：

    def is_even(n):

    is_even(4)   # True
    is_even(3)   # False

2： 將插入點游標放在第 2 列內縮位置，可以自動生成下列程式碼。

```
ch6_11.py > ◯ is_even
1    def is_even(n):
2        """Check if a number is even."""
3        return n % 2 == 0
4    is_even(4)  # True
5    is_even(3)  # False
```

補充提示強化建議。

提示方式	效果
加入測試輸入 / 輸出列	Copilot 會模仿預期行為產生主程式邏輯
使用明確參數命名	如 price, discount, total 有助 AI 推理關係
範例回傳值註解	# return True if x is even else False 增強語意

6-3-4　示範如何反覆提示、調整指令，與 AI 互動式協作

Copilot 並非「一次產出就完美」，實際開發中，你可能需要反覆微調輸入內容，讓它理解你真正的意圖。

程式實例 ch6_12.py：設計單字首字母大寫。

1： 第一次輸入。

    def convert_case(text):

2： Copilot 產出整段字串轉大寫的程式。

3： 你覺得不是你要的效果（你要的是每個單字首字母大寫），改寫提示。

    # 將句子中每個單字的首字母轉為大寫
    def convert_case(text):

第 6 章　讓 AI 幫你寫程式 GitHub Copilot 入門

4： Copilot 接下來產出。

```python
# 將句子中每個單字的首字母轉為大寫
def convert_case(text):
    """Convert the first letter of each word in a sentence to uppercase."""
    return ' '.join(word.capitalize() for word in text.split())
```

　　上述實例就是人機互動式寫程式的精髓：「你給語意 + 修正引導，Copilot 逐步學會你的想法。」

　　Copilot 不只是語法補全工具，更是「程式邏輯協作者」。當你腦中有想法、但程式還沒寫出來時，讓 Copilot 根據你輸入的片段幫你「接下去」，甚至從測試輸入與回傳提示中推理邏輯。搭配反覆嘗試與精細提示，你將能真正體驗「我說一半，AI 寫一半」的高效程式開發方式。

第 7 章

用 Copilot 幫你除錯、解釋與重構程式

7-1　Copilot 協助程式開發的雙模式運作 - 自動補全與互動審查
7-2　利用 Copilot 改寫與最佳化程式
7-3　將錯誤訊息變成修正建議
7-4　協助理解陌生程式片段與資料流程

第 7 章　用 Copilot 幫你除錯、解釋與重構程式

GitHub Copilot 不只能幫你「寫」程式，它也能幫你「看懂」與「改好」程式。不論是改善冗長的寫法、找出潛在錯誤、還是讀懂陌生片段的資料流，Copilot 都能即時給出提示或改寫建議。本章將示範如何利用 Copilot 進行程式重構、錯誤修正與語意解釋，讓它成為你除錯與學習過程中的最佳 AI 導師。

7-1 Copilot 協助程式開發的雙模式運作 自動補全與互動審查

在現代 Python 開發環境中，GitHub Copilot 已成為不可或缺的 AI 編程夥伴。特別是在 VS Code 中，Copilot 能根據開發者註解自動補全程式碼，也能結合互動審查功能，針對選取的程式碼區塊給出優化或除錯建議。本節將說明 Copilot 如何靈活結合自動與半自動模式，協助開發者提升效率，實現更高品質的程式設計。

❏　自動生成／修訂

當你在程式區塊寫下明確的註解（如「# 輸出質數」、「# 下載網頁內容」），Copilot 能自動讀懂語意，並即時提出完整的程式補全建議，你只需按 Tab 或確認，就能直接插入。這種屬於「自動」模式。例如：7-2-1 節的實例 ch7_1.py。

❏　半自動修訂／審查

有時 Copilot 無法從註解自動生成完整你要的內容（或你已經有現成程式碼想請 AI 幫你檢查、優化），這時你需要：

1. 選取「註解內容」或是「程式碼區塊」。
2. 如果 Copilot 列出修改建議，則半自動修訂完成。

　　否則往下執行：
3. 點選旁邊的「生成圖示」或 Copilot 相關小按鈕。
4. 再選擇「Review using Copilot」（請 Copilot 幫你審查、給建議）。
5. Copilot 會列出修改建議或解釋，讓你選擇要不要套用。

這屬於「半自動」協作，需要你主動操作和決策。例如：7-2-2 節實例 ch7_3.py。

❑ 讀者需要了解

在使用 Copilot 協助 Python 程式開發時，常見到兩種情境：有時 Copilot 能根據我們撰寫的註解，主動自動修訂或補全程式碼，大幅簡化編輯流程。

但有時即使是相同的程式內容，Copilot 並不會自動提出建議，這時就需要我們選取特定程式區塊，手動啟用「Review using Copilot」功能，由 Copilot 分析並提出優化或修訂建議。

7-2-1 節的程式實例 ch7_1.py，筆者就是碰到上述狀況，第一次撰寫時，Copilot 自動修訂。相同的程式第二次應用時，發生需要選取特定程式區塊，手動啟用「Review using Copilot」功能，由 Copilot 分析並提出優化或修訂建議。

7-2 利用 Copilot 改寫與最佳化程式

寫得出程式不難，寫得好才是真功夫。GitHub Copilot 不僅能幫你產生新程式碼，也能根據你現有的寫法進行重構與最佳化。從簡化邏輯、改進語法到提升命名可讀性，Copilot 都能根據簡單註解給出改寫建議。本節將示範如何引導 Copilot 改寫舊程式，觀察它使用如 list comprehension、lambda、語法糖等技巧，並進一步比較重構前後的程式差異與優劣。

讀者操作時需留意，如果碰上 Copilot 沒有自動改寫，讀者可以用下列半自動方式任一種方式改寫。

- 選取程式前面的註解。
- 選取要改寫的程式碼。

有時可以看到 Copilot 自動改寫，有時需手動啟用「Review using Copilot」，最後點「套用」鈕。或是 Copilot 提出建議時，點選「接受」或是直接按「Tab」鍵。

7-2-1 讓 Copilot 調整命名與格式提升可讀性

命名不良是初學者常見問題，變數若寫成 a, b, c，久了會看不懂在做什麼。Copilot 可根據註解自動替你改寫更語意清楚的名稱。常見的應用有：

- 使用更具意義的變數名稱。
- 格式化這段程式。

第 7 章　用 Copilot 幫你除錯、解釋與重構程式

程式實例 ch7_1.py：用「格式調整」提示詞，Copilot 可能會將不一致的縮排、過長的程式碼進行整理，使程式更易讀。

1： 原始程式碼如下：

```
# 格式化這段程式
def add(a,b):return a+b
```

2： Copilot 改寫如下。

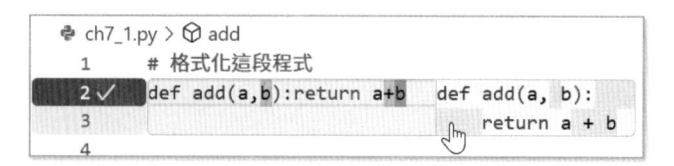

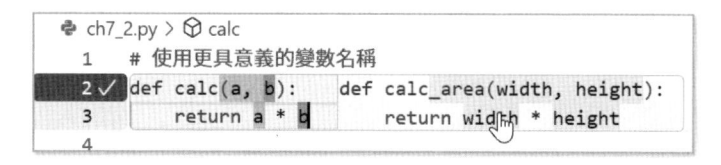

```
 ch7_1.py >  add
 1    # 格式化這段程式
 2 ✓  def add(a,b):return a+b    def add(a, b):
 3                                    return a + b
 4
```

3： 請按 Tab 鍵或是點選上述右邊改寫結果，可以得到下列結果。

```
# 格式化這段程式
def add(a, b):
    return a + b
```

程式實例 ch7_2.py：用註解讓 Copilot 用「更具意義的變數名稱」。

1： 原始程式碼如下：

```
# 使用更具意義的變數名稱
def calc(a, b):
    return a * b
```

2： Copilot 改寫如下。

```
 ch7_2.py >  calc
 1    # 使用更具意義的變數名稱
 2 ✓  def calc(a, b):          def calc_area(width, height):
 3        return a * b             return width * height
 4
```

3： 請按 Tab 鍵或是點選上述右邊改寫結果，可以得到下列結果。

```
# 使用更具意義的變數名稱
def calc_area(width, height):
    return width * height
```

❏　為什麼註解要放在一開始？

　　因為 Copilot 的預測行為高度仰賴「你剛剛寫的那一列註解，與緊接而來的程式碼上下文」，它會把註解當作「你的開發意圖」，因此：

- 註解必須放在函數開頭上方
- 不能放在函數後面或太遠處
- 最好緊貼目標區塊

Copilot 最常使用的最佳化手法包括：

技術	範例說明
List comprehension	用一列完成 for + append 的清單處理
Lambda 表達式	將 def 改為簡潔的匿名函數，例如：lambda x: x * 2
內建函數優化	用 sum()、map()、filter() 取代手動迴圈

這些重構技巧不僅讓程式更簡潔，也更具 Pythonic 風格。

7-2-2 用簡單註解提示 Copilot 改寫現有程式

有時你寫得出正確的程式，卻總覺得還可以更簡潔。這節將教你如何透過一句註解，讓 Copilot 自動幫你重構、改寫既有程式碼，讓寫法更符合 Python 的最佳實踐。

程式實例 ch7_3.py：將這段程式重構為更簡潔的寫法，例如：在現有程式區塊上方加入提示註解，引導 Copilot 改寫。

1: 在一段程式碼前面加上註解。

```python
# 將這段程式重構為更簡潔的寫法
def square_numbers(numbers):
    result = []
    for n in numbers:
        result.append(n * n)
    return result
```

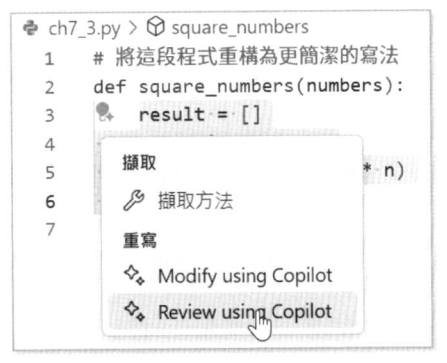

2: 如果 Copilot 沒有主動改寫程式，只好用手動。請選取要修訂的程式碼，可以參考下方左圖。

第 7 章　用 Copilot 幫你除錯、解釋與重構程式

3： 請點選「圖示 💡」，然後執行「Review using Copilot」。

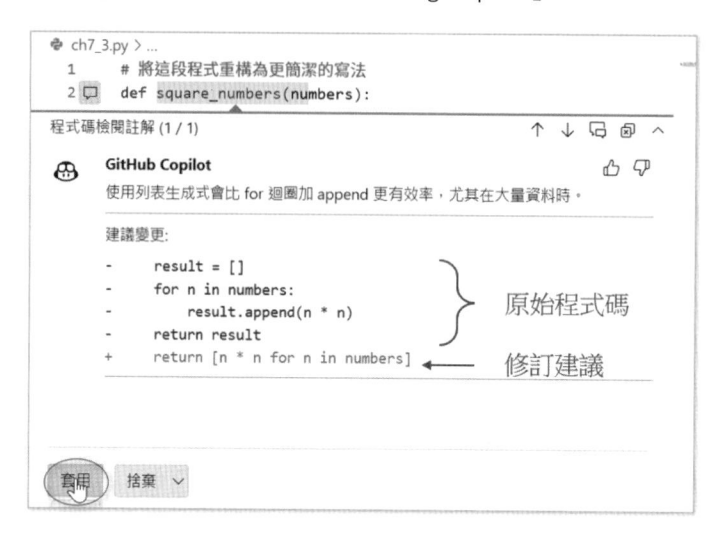

```
ch7_3.py > ...
  1    # 將這段程式重構為更簡潔的寫法
  2    def square_numbers(numbers):
```

程式碼檢閱註解 (1 / 1)

GitHub Copilot

使用列表生成式會比 for 迴圈加 append 更有效率，尤其在大量資料時。

建議變更：
```
-    result = []
-    for n in numbers:
-        result.append(n * n)
-    return result          ← 原始程式碼
+    return [n * n for n in numbers]  ← 修訂建議
```

[套用] [捨棄] ⌄

4： 請點選「套用」鈕，可以得到下列結果。

```
# 將這段程式重構為更簡潔的寫法
def square_numbers(numbers):
    return [n * n for n in numbers]
```

❑ **VS Code 視窗的「圖示 💡」**

這是「AI 智慧輔助的快速修正」，代表此修正（重構、最佳化、除錯等）建議是 AI 幫你想的，而不是傳統靜態提示。

你在什麼時候會看到它？

- 在程式碼有潛在錯誤、可重構機會、或可以最佳化時，AI 會主動建議你一鍵修正。

- 滑鼠移到這個圖示上，通常會跳出「由 Copilot AI 建議的快速修正」的選單。這時可以看到「Modify using Copilot」和「Review using Copilot」指令。本節筆者用「Review using Copilot」指令，讓 AI 幫我們想程式碼。

功能選單（context menu），提供與 AI（如 Copilot）互動的操作：

- Modify using Copilot：點選這個選項後，AI 會根據當前的程式片段、註解或你的需求，自動產生一份「修改建議」或直接優化這段程式碼。
    - 例如：優化語法、修正錯誤、加上註解、重構程式碼等。

7-2 利用 Copilot 改寫與最佳化程式

- Review using Copilot：選擇這個功能，Copilot 會針對當前程式碼段進行審查 / 回饋，這是筆者愛用的方法。
  - 通常會回饋可能的錯誤、風險、可改善的地方，或直接給你一個「建議清單」。
  - 有時候也能產生註解，或幫你解釋這段程式碼的功能與設計邏輯。

❏ VS Code 視窗的「圖示 ✦ 」

當你看到這個圖示時，通常代表「這裡有 AI 智能生成的內容、建議或補全」，點選後一樣可以看到「Modify using Copilot」和「Review using Copilot」指令，筆者通常用「Review using Copilot」指令。

❏ 選取註解

有時選取程式註解，Copilot 會自動給改寫建議，可參考下列說明。

1： 請選取程式註解。

2： Copilot 會用淺紅色底標記要修訂的內容，原程式碼下方產生預期的改寫版本。

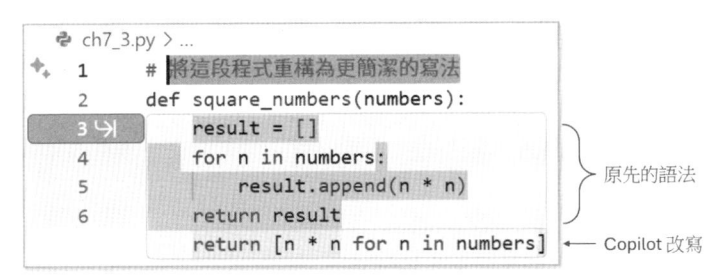

3： 請按「Tab」鍵或是滑鼠游標移至「標記 ↪ 」再點選「移至 / 接受」指令。

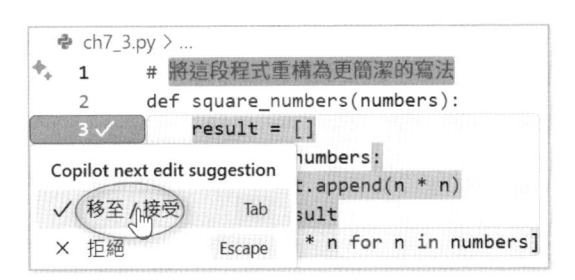

註 上述可以看到「Copilot next edit suggestion」，點選此字串可以看到 Copilot 的下一個改寫建議。

第 7 章　用 Copilot 幫你除錯、解釋與重構程式

4：可以得到下列改寫結果。

```python
# 將這段程式重構為更簡潔的寫法
def square_numbers(numbers):
    return [n * n for n in numbers]
```

7-2-3　比較 Copilot 重構前後版本的優劣（搭配註解說明）

Copilot 給出的重構建議不一定完美，我們要學會判斷、吸收、微調。以下透過對照比較，說明重構效果。

程式實例 ch7_4.py：計算總價與稅金。

1：原始程式碼如下：

```python
# 將這段程式改成總價與稅金具體語意的寫法
def calc(x, y):
    return x * y + x * 0.05
```

2：Copilot 改寫後可以得到。

```python
# 將這段程式改成總價與稅金具體語意的寫法
def calc(x, y):
    total_price = x * y
    tax = total_price * 0.05
    return total_price + tax
```

程式實例 ch7_5.py：搭配註解，調整程式設計。

1：原始程式碼如下：

```python
# 計算稅後總價，稅率為 5%
def calculate_total_with_tax(price, quantity):
```

2：Copilot 改寫後可以得到。

```python
# 計算稅後總價，稅率為 5%
def calculate_total_with_tax(price, quantity):
    total_price = price * quantity   # 計算總價
    tax = total_price * 0.05         # 計算稅金
    return total_price + tax         # 返回總價加稅金的結果
```

7-2-4　Copilot 常見重構註解句型清單

可貼在程式碼區塊上方作為提示的清單表。

註解句型	用途與效果
# 將這段程式重構為更簡潔的寫法	請 Copilot 用 list comprehension、內建函數等簡化邏輯
# 請使用更具語意的變數名稱	協助變數從 a, b 改為 name, total 等有意義的名稱
# 改寫為 Pythonic 的寫法	使用語法糖，如 sum()、any()、enumerate() 等
# 使用 lambda 改寫此函數	提示用匿名函數取代傳統 def 結構
# 用 list comprehension 改寫	指定 Copilot 將迴圈轉成一行清單推導式
# 加入錯誤處理機制	提示加入 try-except 區塊或 if 檢查
# 將這段程式分成多個函數	提示模組化，讓程式更結構化與可重用
# 將重複的程式邏輯抽出成函數	提示抽離共用邏輯，提升可維護性
# 格式化這段程式讓它更易讀	調整縮排、空格與換行，改善排版與可讀性
# 移除冗餘的程式碼	提示 Copilot 檢查是否有多餘變數或不必要邏輯

7-2-5　系列重構實例

程式實例 ch7_6.py：簡化迴圈。

1： 原始程式碼如下：

```python
def square_list(lst):
    result = []
    for i in lst:
        result.append(i * i)
    return result
```

2： 在函數上方加入註解：

```
# 用 list comprehension 改寫
```

3： Copilot 改寫後可以得到。

```python
# 用 list comprehension 改寫
def square_list(lst):
    return [i * i for i in lst]
```

程式實例 ch7_7.py：改善命名與排版。

1： 原始程式碼如下：

```python
def calc(x,y):return x*y+0.05*x*y
```

2： 在函數上方加入 2 列註解：

```
# 請使用更具語意的變數名稱
# 格式化這段程式讓它更易讀
```

第 7 章　用 Copilot 幫你除錯、解釋與重構程式

3： Copilot 改寫後可以得到。

```
# 請使用更具語意的變數名稱
# 格式化這段程式讓它更易讀
def calc(price, quantity):
    total_price = price * quantity
    tax = total_price * 0.05
    return total_price + tax
```

程式實例 ch7_8.py：重構重複邏輯。

1： 原始程式碼如下：

```
print("Hello")
print("Welcome")
print("Hello")
print("Goodbye")
print("Hello")
```

2： 在函數上方加入 2 列註解：

```
# 將重複的程式邏輯抽出成函數
# 同時修改原程式
```

3： Copilot 改寫後可以得到。

```
# 將重複的程式邏輯抽出成函式
# 同時修改原程式碼
def greet(message):
    print(message)

greet("Hello")
greet("Welcome")
greet("Hello")
greet("Goodbye")
greet("Hello")
```

程式實例 ch7_9.py：分段處理 + 錯誤處理。

1： 原始程式碼如下：

```
total = price * qty
tax = total * 0.05
final = total + tax
```

2： 在函數上方加入 2 列註解：

```
# 將這段程式分成多個函數
# 加入錯誤處理機制避免 price 或 qty 為 None
```

3： Copilot 改寫後可以得到。

```python
# 將這段程式分成多個函式
# 加入錯誤處理機制避免 price 或 qty 為 None

def calculate_total(price, quantity):
    if price is None or quantity is None:
        raise ValueError("Price and quantity must not be None")
    total_price = price * quantity
    tax = total_price * 0.05
    return total_price + tax

# 範例呼叫
result = calculate_total(100, 2)
print(result)
```

7-3 將錯誤訊息變成修正建議

程式錯誤是每位開發者都會遇到的日常。與其害怕錯誤，不如學會如何利用它。Copilot 可以根據錯誤訊息自動判斷錯誤類型、補出可能的修正建議，甚至主動改善程式邏輯與防錯機制。本節將教你如何將錯誤訊息貼進編輯器，觀察 Copilot 的反應，學會與 AI 合作進行除錯與強化。從錯誤學習，從錯誤成長，這是寫程式最有效的方式之一。

7-3-1 將錯誤訊息貼回編輯器，觀察 Copilot 修正方式

當你執行程式時遇到錯誤，例如：

IndexError: list index out of range

請依下列方式操作：

1. 將錯誤訊息以註解形式貼回原始程式碼上方。
2. 觀察 Copilot 是否產生新的修正建議。
3. 按 Tab 接受修正，或進一步修改微調。

程式實例 ch7_10.py：處理 IndexError。

1： 原始程式碼如下：

```python
# IndexError: list index out of range
def get_first_item(lst):
    return lst[0]
```

第 7 章　用 Copilot 幫你除錯、解釋與重構程式

2： 上述輸入 Copilot 後，需半自動修訂，首先選取程式碼，然後請點選「圖示✦」，請點選「Review using Copilot」。

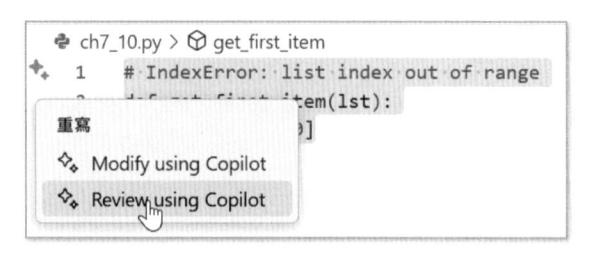

> **註** 本節末端會解釋上述 Modify using Copilot 和 Review using Copilot 指令。

3： 可以看到 Copilot 建議變更，增加例外處理程式碼。

4： 點選「套用」鈕，Copilot 改寫後可以得到。

```
# IndexError: list index out of range
def get_first_item(lst):
    if lst:
        return lst[0]
    else:
        return None
```

7-12

7-3 將錯誤訊息變成修正建議

程式實例 ch7_11.py：處理 NameError。

1： 原始程式碼如下：

```python
# NameError: name 'total' is not defined
def add_price(price):
    return total + price
```

2： 上述輸入 Copilot 後，需半自動修訂，首先選取程式碼，此例是出現「解釋圖示」💡，然後請點選圖示💡，請點選「使用 Copilot 修正」。

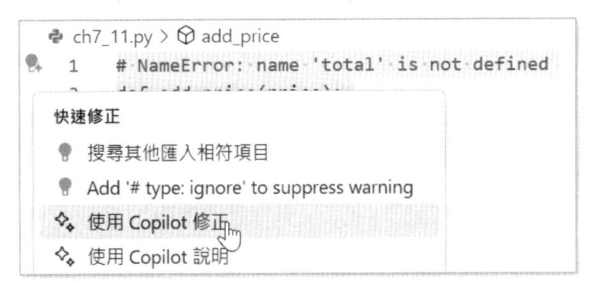

3： 可以看到 Copilot 建議變更。

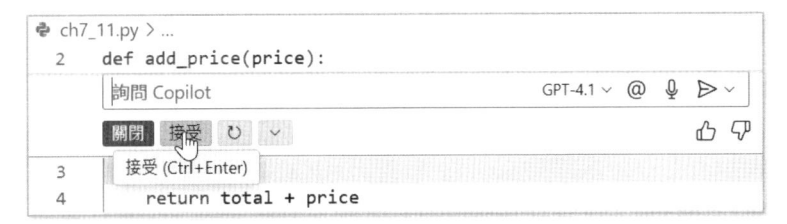

4： 請點選「接受」鈕，最後可以得到 Copilot 建議的程式。

```python
# NameError: name 'total' is not defined
def add_price(price):
    total = 0
    return total + price
```

程式實例 ch7_12.py：處理 TypeError。

1： 原始程式碼如下：

```python
# TypeError: can only concatenate str (not "int") to str
def greet(age):
    return "You are " + age
```

2： Copilot 改寫後可以得到。

```python
# TypeError: can only concatenate str (not "int") to str
def greet(age):
    return "You are " + str(age)
```

7-3-2 解釋 Modify using Copilot 和 Review using Copilot

- Modify using Copilot（使用 Copilot 修改）

    Modify using Copilot 是一個可以請 Copilot 根據你的描述，修改你選取的程式碼區塊的功能。

    適用於：

    - 你希望 Copilot 幫你「重構」、「優化」、「加註解」、「轉換語法」、「加功能」等。
    - 你只需要選取一段程式碼，右鍵選單或快捷按鈕選「Modify using Copilot」，然後輸入你要 Copilot 幫你改什麼。

    Copilot 會產生新的程式碼建議，你可以選擇「套用」或「忽略」。

    範例情境：

    - 選取一段 for 迴圈，執行「Modify using Copilot」並輸入：「請改寫成 while 迴圈」。
    - 選取一個 function，輸入：「請加上詳細註解」。
    - 選取程式碼，輸入：「請將這段轉換成 Python 3.13 的新語法」。

- Review using Copilot（使用 Copilot 審查 / 檢閱）

    作用說明：

    - Review using Copilot 是請 Copilot 幫你「審查」或「檢閱」選取的程式碼區塊。
    - 會根據你的選擇，幫你做：
        - 找錯誤（語法 / 邏輯 / 潛在 bug）。
        - 給優化建議。
        - 解釋這段程式在做什麼。
        - 回覆 code review 問題。

    使用方式：

    - 選取程式碼，右鍵選「Review using Copilot」或點按鈕。
    - 可輸入你想讓 Copilot 審查的重點（例如：「有沒有潛在安全漏洞？」、「有沒有最佳化空間？」）。

- Copilot 會自動產生檢查報告、建議或說明。

範例情境：

- 選取一段資料處理 code，執行「Review using Copilot」，輸入：「請檢查效率是否可以提升」。
- 選取一個 function，請 Copilot 解釋：「這段程式有沒有錯誤？如果有要怎麼改？」

❏ 總結

指令名稱	功能重點	使用時機
Modify using Copilot	讓 Copilot 幫你修改 / 重構 / 優化程式碼	你想讓 AI 幫你自動改 code 時
Review using Copilot	讓 Copilot 幫你審查 / 檢查 / 解釋程式碼	你想讓 AI 幫你 code review 時

這兩個功能都大大加速程式開發、提升 code review 效率，讓 Copilot 成為你的智慧助理和程式品質把關員！

7-3-3 Copilot 如何自動補出可能的修正範例

Copilot 並不只是機械地修復錯誤訊息，它會「看上下文」來猜出你的意圖，並主動產出合理的替代方案。以下是「人工修正」與「AI 修正」的可能差異。有一段錯誤的程式碼如下：

```
def get_value(d, key):
    return d[key]
```

錯誤訊息如下：

```
KeyError: 'name'
```

- 人工修正版本

```
if key in d:
    return d[key]
else:
    return None
```

- AI 修正版

```
return d.get(key)
```

第 7 章　用 Copilot 幫你除錯、解釋與重構程式

❏　常見錯誤 → 修正策略對照表

錯誤類型	Copilot 可能採用的修正方式
IndexError	加入 if len(lst) > 0: 或 try-except
TypeError	補上 str() / int() / float()
KeyError	使用 dict.get() 替代直接索引
NameError	自動定義變數初始值或補全拼錯名稱
ValueError	包含條件判斷 if value not in range(...)

7-3-4　Copilot 如何根據錯誤行上下文補出防錯邏輯

有時即使你沒有貼錯誤訊息，只要你寫的程式看起來有潛在風險，Copilot 也會主動提供「容錯式補全」。

程式實例 ch7_13.py：主動防止空字串錯誤。

1：　原始程式碼如下：

```
def first_letter(text):
    return text[0]
```

2：　若是輸入。

```
first_letter("")
```

3：　上述輸入 Copilot 後，需半自動修訂，首先選取函數 first_letter()，然後請點選「生成圖示」 ✦ ，請點選「Review using Copilot」。

4：　將看到下列建議。

7-3 將錯誤訊息變成修正建議

```
ch7_13.py > ⊗ first_letter
1    def first_letter(text):
2        return text[0]
```

程式碼檢閱註解 (1 / 1)

GitHub Copilot

如果 text 是空字串，text[0] 會引發 IndexError。建議先檢查 text 是否為空。

建議變更：

```
-    return text[0]
+    if text:
+        return text[0]
+    else:
+        return None
```

套用　捨棄

5： 點選「套用」鈕，Copilot 改寫後可以得到。

```
def first_letter(text):
    if text:
        return text[0]
    else:
        return None
first_letter("")
```

Copilot 的常見防錯模式表。

防錯類型	生成語法範例
判斷空值	if x:、if not x:
型別判斷	if isinstance(x, str):
例外處理	try: ... except:
安全索引	d.get(key)、lst[i] if i < len(lst) else None

❏ 總結

Copilot 不只是寫程式的助手，更是你的除錯副駕駛。當你遇到錯誤訊息，不妨將它貼回程式碼上方，加上一行註解。Copilot 不僅會協助修正，還可能自動補出更 Pythonic 的寫法與錯誤預防機制。學會「把錯誤變成提示」，你就會越寫越準、越寫越穩。

7-17

7-3-5 錯誤修正任務 - 讓 Copilot 幫你從錯誤中成長！

❏ 任務 1：修正 IndexError

情境描述：你寫了一個函數用來取出串列的第一項，但有時傳入的串列是空的。原始程式碼：

```
def get_first(lst):
    return lst[0]
```

錯誤訊息：

IndexError: list index out of range

操作指引：

1. 將錯誤訊息貼為註解，放在函數上方。
2. 觀察 Copilot 的自動修正建議。
3. 接受建議，並測試 get_first([]) 是否不再出錯。

❏ 任務 2：修正 TypeError

情境描述：你想把年齡加到歡迎訊息中，但出現型別錯誤。原始程式碼：

```
def greet(age):
    return "You are " + age
```

錯誤訊息：

TypeError: can only concatenate str (not "int") to str

操作指引：

1. 貼上錯誤訊息作為註解。
2. 讓 Copilot 自動修正型別不符問題。
3. 測試 greet(25) 是否成功輸出。

❏ 任務 3：修正 KeyError

情境描述：你試圖從字典中取得鍵值，但有時鍵不存在。原始程式碼：

```
def get_price(d):
    return d["price"]
```

錯誤訊息：

```
KeyError: 'price'
```

操作指引：

1. 加上註解，提示錯誤訊息。
2. 看 Copilot 是否使用 .get() 或加上 if 判斷。
3. 測試使用空字典 get_price({}) 是否不再報錯。

❑ 任務 4：修正 NameError

情境描述：你引用了一個尚未定義的變數。原始程式碼：

```
def add_tax(price):
    return price + tax
```

錯誤訊息：

```
NameError: name 'tax' is not defined
```

操作指引：

1. 將錯誤訊息加為註解。
2. 觀察 Copilot 是否補上 tax = ... 定義。
3. 測試完整運算流程。

❑ 總結

- 將錯誤訊息當成 Copilot 的提示語言。
- 記得錯誤訊息放在程式上方，並用 # 註解開頭。
- 觀察 Copilot 的修正語法是否符合邏輯。
- 若不理想可微調原始碼或再加說明註解強化引導。

第 7 章　用 Copilot 幫你除錯、解釋與重構程式

7-4　協助理解陌生程式片段與資料流程

閱讀陌生的程式碼片段，對新手來說可能比寫程式還困難。但 GitHub Copilot 不只是寫程式的 AI，它也能成為解釋與翻譯程式邏輯的最佳助手。不論你想知道一段函數的用途、分析資料處理流程，或是把舊版 Python 語法轉換為現代風格，只要透過簡單註解提示，Copilot 就能幫你補上註解、解析結構，甚至自動轉譯。本節將分三個面向，教你如何善用 Copilot 來「讀懂」程式，而不只是「產出」程式。

7-4-1　在函數上方輸入「# 解釋這段程式碼」讓 Copilot 加入註解

看不懂別人寫的程式？Copilot 可以幫你解釋。只要在程式上方輸入簡單註解，然後執行下列動作之一，Copilot 就能自動補出說明，讓陌生邏輯變得一目了然。

- 選取「註解列」，然後請點選「生成圖示」✦，請點選「Review using Copilot」
- 滑鼠游標放在註解列。

Copilot 也可以自動回應註解功能。

程式實例 ch7_14.py：Copilot 註解功能實例，當你在閱讀一段陌生或複雜的函數時，不需要逐行分析。只需在函數上方輸入提示註解。

1: 原始程式碼如下：

```python
# 解釋這段程式碼
def get_average(scores):
    return sum(scores) / len(scores)
```

2: 上述已經在程式上方增加註解「解釋這段程式碼」。

3: 這個功能需手工處理，請選取「# 解釋這段程式碼」，然後請點選「生成圖示」✦，請點選「Review using Copilot」。

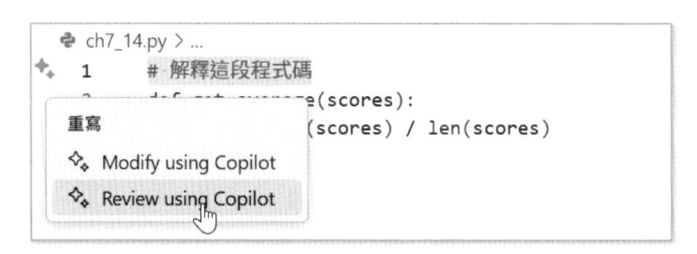

7-4 協助理解陌生程式片段與資料流程

4： 將看到程式註解。

```
 ch7_14.py > ...
程式碼檢閱註解 (1 / 1)                              ↑ ↓ ⌂ ⌂ ∧
    GitHub Copilot                                 👍 👎
    應補充更詳細的註解，說明 get_average 函式的用途、參數型態與
    回傳值，方便他人維護與理解。

建議變更：

+     """
+     計算並回傳分數列表的平均值。
+
+     參數：
+         scores (list of numbers): 包含分數的數值列表。
+
+     回傳值：
+         float: 分數的平均值。
+     """

  套用   捨棄  ∨
```

5： 請點選「套用」鈕，可以得到下列結果。

```python
# 解釋這段程式碼
def get_average(scores):
    """
    計算並回傳分數列表的平均值。

    參數：
        scores (list of numbers): 包含分數的數值列表。

    回傳值：
        float: 分數的平均值。
    """
    return sum(scores) / len(scores)
```

此外，也可以將滑鼠游標放在「註解列」，Copilot 也可以自動回應註解功能。

程式實例 ch7_15.py：基本加註功能實例。

1： 原始程式碼如下：

```python
# 解釋這段程式碼
def reverse_string(text):
    return text[::-1]
```

7-21

第 7 章　用 Copilot 幫你除錯、解釋與重構程式

2： 請將滑鼠游標放在註解列「# 解釋這段程式碼」，將看到。

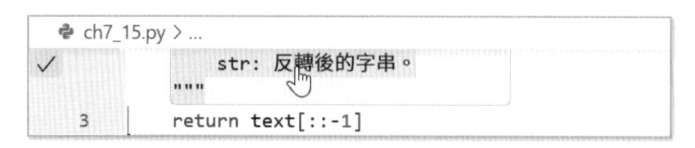

```
ch7_15.py > ...
        str: 反轉後的字串。
    """
3   return text[::-1]
```

3： 請點選，可以得到下列結果。

```
# 解釋這段程式碼
def reverse_string(text):
    """
    反轉字串。

    參數：
        text (str): 要反轉的字串。

    回傳值：
        str: 反轉後的字串。
    """
    return text[::-1]
```

Copilot 也可以對陌生或他人寫的程式，自動產生逐行中文或英文註解

程式實例 ch7_16.py：逐行註解功能實例。

1： 原始程式碼如下：

```
# 逐行說明這段程式在做什麼
def count_words(text):
    words = text.split()
    return len(words)
```

2： 請選取「# 逐行說明這段程式在做什麼」，然後請點選「生成圖示」✦，請點選「Review using Copilot」。

3： 將看到程式逐行註解，請點選「套用」鈕，可以得到下列結果。

```
# 逐行說明這段程式在做什麼
# 定義一個函式，用來計算文字中的單字數量
def count_words(text):
    # 使用 split() 方法將文字分割成單字列表
    words = text.split()
    # 回傳單字列表的長度，即單字數量
    return len(words)
```

上述實例的實用場景有：

● 開源專案或工作中接手別人寫的程式碼。

7-22

- 讀不懂 AI 或套件自動產出的程式碼。
- 教學過程中需要輔助說明邏輯。
- 想快速補上註解但懶得手寫。

Copilot 不只能幫你寫程式，還能幫你「讀懂」程式。透過一句註解，你就能請它加上說明與分析，讓閱讀陌生邏輯變得直觀易懂，是學習與維護他人程式碼的絕佳利器。

7-4-2 分析資料處理流程與資料結構使用

資料結構處理是 Python 的核心。Copilot 不只能寫程式，還能幫你看懂 list、dict、set 等操作邏輯，甚至幫你還原複雜 JSON 的結構與意圖。

當你面對一段資料處理邏輯，但不確定它在操作什麼結構、流程為何時，可以請 Copilot 幫你分析該段程式碼的資料流、邏輯條件與資料結構應用方式。只需在上方加入提示註解，例如：

```
# 解釋這段資料處理流程
```

Copilot 就會根據程式邏輯自動補出說明，幫助你快速理解整體資料的來源、過濾條件、轉換方式與輸出結果。

程式實例 ch7_17.py：解析 list + dict 結構。

1: 原始程式碼如下：

```
# 解釋這段資料處理流程
def get_top_students(students):
    return [s["name"] for s in students if s["score"] > 90]
```

2: Copilot 補出註解。

```
# 解釋這段資料處理流程
def get_top_students(students):
    return [s["name"] for s in students if s["score"] > 90]
# 這個函式會從學生資料中篩選出成績大於90的學生，並回傳他們的名字列表
```

這裡 Copilot 理解 students 是 list，每個元素是 dict，推論篩選條件與資料提取結構。註：繁體中文一般來說將「list 翻譯成『串列』」，上述 Copilot 將「list 翻譯成『列表』」。

第 7 章　用 Copilot 幫你除錯、解釋與重構程式

程式實例 ch7_18.py：分析 set 用法。

1：　原始程式碼如下：

```
# 解釋這段 set 操作的邏輯
def get_unique_tags(tags):
    return list(set(tags))
```

2：　請選取整個程式碼，然後點選「生成圖示」✦，請點選「Review using Copilot」。

3：　將看到程式分析，請點選「套用」鈕，可以得到下列結果。

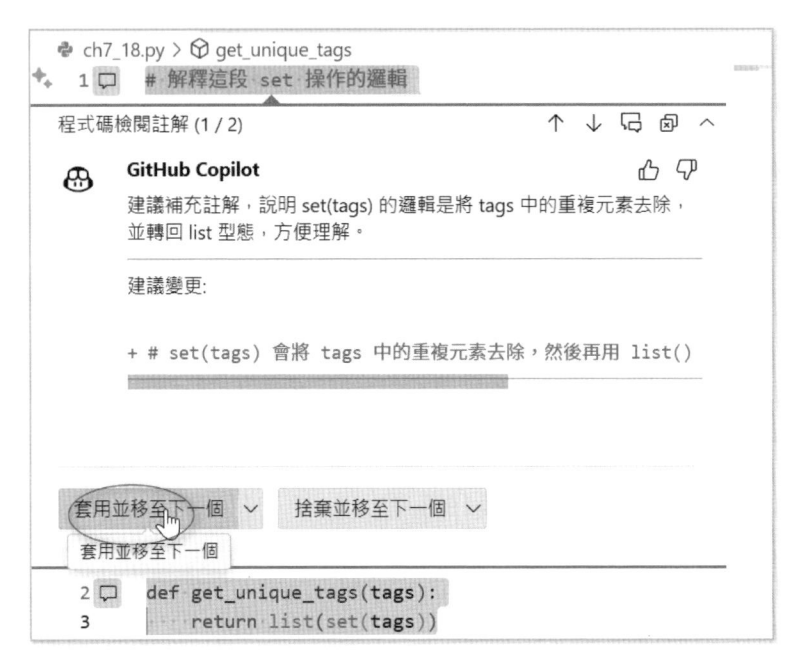

4：　請點選「套用並移至下一個」鈕，下一個可以不必理會。

5：　可以得到下列結果。

```
# 解釋這段 set 操作的邏輯
# set(tags) 會將 tags 中的重複元素去除，然後再用 list() 轉回 list 型態，方便後續操作
def get_unique_tags(tags):
    return list(set(tags))
```

從上述可以知道，Copilot 能辨識 set 去重複元素、再包裝成 list 的資料清理邏輯。

7-4 協助理解陌生程式片段與資料流程

程式實例 ch7_19.py：複雜 JSON 結構解析。

1：原始程式碼如下：

```
# 解釋這段 JSON 資料處理邏輯
def extract_titles(data):
    return [post["title"] for post in data["response"]["posts"]]
```

2：Copilot 補出註解。

```
# 解釋這段 JSON 資料處理邏輯
def extract_titles(data):
    return [post["title"] for post in data["response"]["posts"]]
# 這段程式碼從 JSON 資料中提取所有文章的標題，並返回一個包含這些標題的列表
```

對於 JSON 結構分析的建議技巧，例如：在面對多層 JSON 結構時，可以加入更具體的提示：

- # 這段程式如何處理 JSON 中的 posts 資料？

或是

- # 解釋這段巢狀字典處理邏輯

這樣 Copilot 更容易辨識 data["response"]["posts"] 是典型的多層 dict 結構。

❑ 對照分析 - 資料結構 + 函數用法

資料結構	常見操作語法	Copilot 解釋重點
list	.append()、[i for i in ...]	過濾條件、迴圈產生、排序邏輯
dict	key 取值、.get()、.items()	資料提取、判斷 key 是否存在、組合資料
set	set()、交集、去重	去除重複、計算唯一值、集合運算
JSON (dict)	巢狀 data["x"]["y"]	對 API 回傳資料的結構辨識與資訊萃取

❑ 總結

當你看不懂一段資料處理流程時，與其硬猜邏輯，不如讓 Copilot 幫你解析它在「從哪裡抓資料」、「經過哪些條件處理」、「輸出什麼內容」。這對掌握 API 結果、資料清洗流程與複雜清單操作特別有用，也是養成資料結構敏感度的好方法。

7-4-3　用 Copilot 幫忙「翻譯」舊程式碼、過時寫法

程式語言會不斷演進，舊的寫法可能在新版中不再支援。你可以用簡單註解請 Copilot 幫忙「翻譯」過時語法，快速更新為符合 Python 3.13 的寫法。

當你在維護舊專案、學習舊教學範例或處理來自 Python 2 或早期 Python 3 的程式碼時，可能會遇到一些過時語法，例如：

- dict.has_key()
- print 語句無括號
- 裸 except: 例外處理
- xrange()、舊式 class 定義
- 不使用 f-string 的字串格式化

這些寫法在 Python 3.10 之後都逐漸被淘汰，甚至在 3.13 中完全移除。

❏ Copilot 翻譯舊語法的方法

在過時語法上方加入註解，例如：

- # 將這段程式更新為 Python 3.13 寫法

Copilot 會自動補出現代語法的改寫版本，並保留原有邏輯。

程式實例 ch7_20.py：「.has_key() → in」。

1：有一段舊語法的原始程式碼如下：

```
# 將這段程式更新為 Python 3.13 寫法
if my_dict.has_key("id"):
    print my_dict["id"]
```

2：Copilot 逐步驟分析過程，可以得到。

```
ch7_20.py
1  # 將這段程式更新為 Python 3.13 寫法
2  if my_dict.has_key("id"):
3      print my_dict["id"]
4  # 在 Python 3.13 中，has_key 方法已被移除，應使用 in 關鍵字來檢查鍵是否存在
5  if "id" in my_dict:
6      print(my_dict["id"])
```

3： 刪除前 3 列舊語法與註解，就可以得到下列結果。

```
# 在 Python 3.13 中, has_key 方法已被移除, 應使用 in 關鍵字來檢查鍵是否存在
if "id" in my_dict:
    print(my_dict["id"])
```

註 has_key() 已在 Python 3.0 被移除，Copilot 正確取代為 in 運算子，並同步加上 print() 括號。

程式實例 ch7_21.py：裸 except 改為具體例外類型。

1： 有一段舊語法的原始程式碼如下：

```
# 將這段程式更新為 Python 3.13 寫法
try:
    risky_operation()
except:
    print "Something went wrong"
```

2： Copilot 逐步驟分析過程，可以得到。

```
ch7_21.py > ...
 1   # 將這段程式更新為 Python 3.13 寫法
 2   try:
 3       risky_operation()
 4   except:
 5       print "Something went wrong"
 6   # 在 Python 3.13 中，except 語句需要指定異常類型或使用 as 關鍵字來捕獲異常
 7   try:
 8       risky_operation()
 9   except Exception as e:
10       print("Something went wrong:", e)
```

3： 刪除前 5 列舊語法與註解，就可以得到下列結果。

```
# 在 Python 3.13 中, except 語句需要指定異常類型或使用 as 關鍵字來捕獲異常
try:
    risky_operation()
except Exception as e:
    print("Something went wrong:", e)
```

這格實例不但使用 f-string 格式化錯誤訊息，也將裸 except: 改為安全的 Exception as e。

第 7 章　用 Copilot 幫你除錯、解釋與重構程式

程式實例 ch7_22.py：舊式除法處理。

1：　有一段舊語法的原始程式碼如下：

```
# 更新為 Python 3.13 寫法
print 5 / 2
```

2：　Copilot 逐步驟分析過程，可以得到。

```
● ch7_22.py
2 → print 5 / 2
    print(5 / 2)
  3   # 將這段程式更新為 Python 3.13 寫法
  4   print(5 / 2)  # 使用括號來呼叫 print 函數
```

3：　刪除前 2 列舊語法與註解，就可以得到下列結果。

```
# 將這段程式更新為 Python 3.13 寫法
print(5 / 2)   # 使用括號來呼叫 print 函數
```

❏　延伸應用 - Copilot 可自動更新的語法特性

舊語法／技巧	建議新寫法	說明
dict.has_key(k)	k in dict	Python 3.0 之後已移除
print "text"	print("text")	Python 3 強制使用括號
xrange()	range()	Python 3 合併兩者
except:	except Exception as e:	建議明確捕捉例外
"%s" % name	f"{name}"	f-string 是 Python 3.6+ 標準格式化方式

❏　提示語句推薦

提示語句範例	使用目的
# 將這段程式更新為 Python 3.13 寫法	主動觸發語法翻新補全
# 轉為 f-string 格式化寫法	協助轉換舊的 % 或 .format()
# 請改寫為現代 Python 語法	一般用語，也能達成更新效果
# 幫我移除過時語法	用於除錯、升級或維護時使用

❏　總結

　　Copilot 不只能補全新程式，也能「翻譯」舊程式。透過一句註解，你可以讓它幫你找出不符合 Python 3.13 的語法，自動改寫為現代、安全、易讀的版本。這不但讓維護老專案更輕鬆，也讓你學會如何與語言的進化同步成長。

第 8 章

用 Copilot Chat 和 AI 對話寫程式

8-1　認識 Copilot Chat 對話式編程介面

8-2　用自然語言請 AI 解釋程式

8-3　用對話方式除錯與修正錯誤

8-4　請 AI 幫你重構與優化程式

8-5　跨檔案提問與整體架構理解

8-6　生成測試、文件與範例輸入

第 8 章　用 Copilot Chat 和 AI 對話寫程式

本章將介紹 GitHub Copilot Chat 的使用方式、功能特點,以及與傳統 Copilot 補全的不同。你將學會如何使用自然語言直接與 AI 對話,進行程式解釋、重構、除錯、測試甚至文件產生,是進一步解鎖「AI 程式助理」潛力的關鍵章節。

8-1 認識 Copilot Chat 對話式編程介面

GitHub Copilot 不再只是補全程式碼的工具,它現在也能像 ChatGPT 一樣「與你對話」協助開發。Copilot Chat 是 VS Code 中的對話式 AI 助理,你可以直接用自然語言請它解釋程式、修改語法、除錯、產生測試,甚至跨檔案理解整體邏輯。本節將帶你了解 Copilot Chat 的基本功能、啟用方式與操作介面,開啟人機協作寫程式的新篇章。

8-1-1　Copilot Chat 是什麼?與傳統 Copilot 有何不同?

Copilot 不再只是「寫一列、補一列」的程式輔助工具。Copilot Chat 更進一步,讓你能用自然語言直接與 AI 對話解決程式問題,是更靈活、更智慧的開發助手。

❏ **Copilot Chat 是什麼?**

GitHub Copilot Chat 是一個整合在 VS Code 裡的「對話式 AI 協作功能」,你可以用自然語言(中英文皆可)向它提出問題,Copilot Chat 會回應你清楚的解說、建議或程式碼片段。它不只會寫程式,更能「聽得懂問題、給得出答案」。

舉例:你可以這樣對它說:

- 「請解釋這段程式碼在做什麼?」
- 「請幫我將這段函數重構成更簡潔的寫法」
- 「這段錯在哪裡?我該怎麼修?」
- 「請產生一段測試這個函數的程式碼」

Copilot Chat 會根據你當下開啟的檔案、自選的程式碼區塊與上下文內容,生成符合邏輯的回覆。

8-1 認識 Copilot Chat 對話式編程介面

❑ Copilot Chat 與傳統 Copilot 的差異比較

功能比較	傳統 GitHub Copilot（補全型）	GitHub Copilot Chat（對話型）
操作方式	在編輯器中打字、註解、函數開頭	在聊天窗中用自然語言提出需求
顯示位置	程式碼區內灰色提示、按 Tab 接受	對話區顯示完整文字與程式碼建議
補全行為	單列或區塊補全	依需求產生整段邏輯、說明、測試、重構等
回應形式	無聲自動補出	回覆說明 + 程式碼 + 選項 + 可複製區塊
適合用於	已知道「要寫什麼」的情境	還在思考「怎麼寫」、「寫得好不好」的情境
是否具備多步互動	否（只能寫一段）	支援連續對話與上下文記憶

總結一句話，傳統 Copilot 是「你寫一半，它幫你補完」。Copilot Chat 是「你問清楚，它幫你搞定整段」。兩者可以搭配使用，讓你從寫程式變成真正的 AI 協同開發者。

8-1-2 如何啟用 Copilot Chat

可以同時按 Ctrl + Alt + I 開啟聊天，或是點選 VS Code 上方右邊的圖示 🤖，直接開啟 Copilot Chat 視窗聊天。但是如果點選圖示 🤖 右邊的圖示 ⌄，可以開啟 Copilot Chat 的功能選單。

❑ 認識 Copilot 功能表單

- 開啟聊天（Open Chat）：等同於「正式開啟 Copilot Chat 模式」，進行完整提問、解說、產生程式的任務。

第 8 章　用 Copilot Chat 和 AI 對話寫程式

- ■ 用途：開啟 GitHub Copilot Chat 對話面板。
- ■ 效果：在側邊欄或底部開啟 AI 對話框，可與 Copilot 進行自然語言對話。
● 編輯器內嵌聊天（Inline Chat）：適合針對一小段程式碼快速問「這行有錯嗎？」、「可否幫我重構這一段？」。
  - ■ 用途：在程式碼編輯器中「直接對特定程式段落提問」。
  - ■ 效果：開啟一個小型對話框浮在程式碼區中（而不是側邊欄）。
● 快速聊天（Quick Chat）：適合快速查語法、問一句話，不想進入完整對話流程時使用。
  - ■ 用途：使用小視窗快速詢問 Copilot，而不開啟完整聊天面板。
  - ■ 效果：跳出一個迷你對話框，可即時提問並顯示單次回覆。
● 設定程式代碼完成（Configure Code Completions）：若你覺得 Copilot 補全干擾、建議太多或想限制特定語言，可在這裡設定。
  - ■ 用途：開啟 Copilot 的自動補全設定頁面。
  - ■ 效果：調整 Copilot 何時出現補全建議、是否顯示多個建議、語言適用範圍等。
● 管理 Copilot（Manage Copilot）：可用來確認 Copilot 是否啟用、變更帳號、查看 Copilot Chat 功能權限。
  - ■ 用途：開啟 GitHub Copilot 的帳號授權與使用狀態總覽。
  - ■ 效果：檢視是否登入 GitHub、帳號是否啟用 Copilot 付費授權或試用。

8-1-3　認識 Copilot Chat 視窗

在 VS Code 開啟 Copilot Chat 視窗時，預設是在 VS Code 右邊顯示，此視窗畫面與重要功能如下：

8-1 認識 Copilot Chat 對話式編程介面

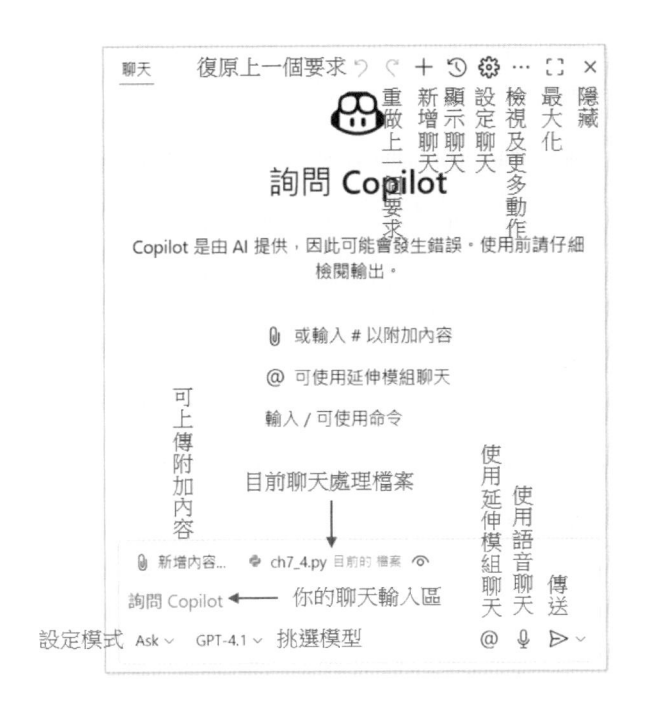

```
聊天    復原上一個要求  ↻ ↺   ＋ ⟳ ⚙ ⋯ ⛶ ✕
        重  新 顯 設 檢 最     隱
        做  增 示 定 視 大     藏
        上  聊 聊 聊 及 化
        一  天 天 天 更
        要           多
        求           動
                    作
                    
            詢問 Copilot
     Copilot 是由 AI 提供，因此可能會發生錯誤。使用前請仔細
                    檢閱輸出。
     
            🔗 或輸入 # 以附加內容
            @ 可使用延伸模組聊天
            輸入 / 可使用命令
可
上                                      使  使
傳          目前聊天處理檔案               用  用
附               ↓                      延  語
加                                       伸  音
內                                       模  聊    傳
容                                       組  天    送
                                         聊
    🔗 新增內容...  ⚪ ch7_4.py 目前的 檔案 👁   天
    詢問 Copilot ← 你的聊天輸入區
   設定模式 Ask ∨  GPT-4.1 ∨  挑選模型    @ 🎤 ➤
```

- ❏ **詢問視窗（Copilot Chat）解釋**
  - ● 復原上一個要求：撤銷上一筆對話輸入（你的提問）。
    - ■ 用途：若你不小心輸入錯誤、提問不清楚或想重來，可以復原上一步操作。
    - ■ 效果：讓你重新編輯問題，再發送一次更清楚的版本。
  - ● 重做上一個要求：讓 Copilot 重新產生同一個問題的回答。
    - ■ 用途：你覺得第一次回答不滿意，可以點此讓 AI「換個方式回答」。
    - ■ 特點：每次重做的回覆都可能不同，適合尋找更合你需求的版本。
  - ● 新增聊天：像是開啟一個新的聊天室，從零開始一個不同主題的提問流程。
    - ■ 用途：建立一個全新的 Copilot Chat 對話視窗，不延續前一段的上下文。
    - ■ 對應情境：
      - ◆ 想切換另一段程式或功能的討論。
      - ◆ 不希望前一次對話影響現在的答案。
      - ◆ 測試不同寫法、語言、任務，但保持紀錄分開。

第 8 章　用 Copilot Chat 和 AI 對話寫程式

- 顯示聊天：重新打開或切換到目前的 Copilot Chat 對話視窗。
  - 用途：當你關閉或移到其他編輯畫面時，用此快速切回對話內容。
- 設定聊天：含系列設定項目，這些設定項目可協助使用者自訂 Copilot Chat 的對話方式、任務焦點與回應風格。下方會有更完整解釋。
- 檢視及更多動作：展開其他輔助選單，例如：
  - 在編輯器中開啟聊天：可以再開啟一個聊天視窗。
  - 在新視窗中開啟聊天：可以開一個新的獨立視窗聊天。
- 最大化：將 Copilot Chat 對話區放大為完整工作區寬度。
  - 用途：適合長篇對話或多段程式碼檢視編輯時使用
- 隱藏：可以隱藏目前聊天的 Copilot Chat。
- 設定模式（Set Mode）：有三種對話模式，Agent、Ask 和 Edit。這些模式會影響 Copilot Chat 回應問題的語氣、任務傾向與處理方式，可依不同需求靈活切換。下方會有更完整解釋。
- 挑選模型：手動選擇你要使用的 AI 模型（如 GPT-4 或 GitHub 自家模型），筆者環境預設是 GPT-4.1。
  - 用途：當你想提升回覆品質、速度或特定語言支援時，可以選擇不同模型。
  - 注意：此功能可能依 GitHub Copilot 方案或權限不同而異。
- 使用延伸模組聊天：與已安裝的特定 VS Code 擴充功能進行整合對話。
  - 用途：例如與 Python extension 對話查詢模組功能、與 ESLint 模組整合修正建議
- 使用語音聊天：啟用語音輸入，讓你用講的方式與 Copilot Chat 對話。
  - 用途：無需打字即可提問，支援語音辨識輸入文字（目前屬測試或特定版本功能）
- 附加內容：將特定檔案、選取區塊或額外資料夾內容附加到提問上下文中。
  - 用途：例如請 Copilot 依據 main.py 與 config.json 同時回答跨檔問題。

8-1　認識 Copilot Chat 對話式編程介面

❑　**設定聊天 - 系列指令解釋**

此功能底下包括「提示檔案」、「指示」、「工具集」、「模式」、「MCP 伺服器」、「產生指示」子項目。這些設定項目可協助使用者自訂 Copilot Chat 的對話方式、任務焦點與回應風格。

1. 提示檔案

指定某些檔案作為 AI 回答的上下文依據,類似「手動餵資料給 AI」,非常適合大型專案或需要指定參考來源的情境。

- 功能說明
    - 你可以選擇一個或多個 .py、.json、.md 等檔案。
    - Copilot Chat 將根據這些檔案中的內容,來理解你的問題並產生更相關的回覆。
- 常見應用
    - ◆ 想請 AI 根據某個程式檔案的內容提供建議。
    - ◆ 跨檔案互動:如「根據 main.py 和 utils.py 的函數,幫我產生測試碼」。

2. 指示

為這次的 Copilot Chat 對話設定全局指令(類似系統提示),適合針對語言風格、命名風格、回答邏輯做全局微調。

- 功能說明
    - 你可以輸入像是「請用中文回答所有問題」、「請簡潔回覆」等語言或風格上的要求。

第 8 章　用 Copilot Chat 和 AI 對話寫程式

- ■ Copilot Chat 將依據這個「指示」調整每一則回覆的語氣與行為。
- ● 範例用法
  - ■ 請將回應中的變數命名改為 snake_case。
  - ■ 請先解釋再給出程式碼。

3. 工具集

指定 Copilot Chat 可使用的特定開發工具或 API 功能，屬於進階使用者導向功能，可能會根據 VS Code 擴充模組有所不同。

- ● 功能說明
  - ■ 工具集可能包含如「Python 分析器」、「OpenAPI 文件」、「Markdown 轉換器」等。
  - ■ 可擴展 Copilot Chat 的回應能力，如分析型別、生成 docstring、評估複雜結構。
- ● 應用情境
  - ■ 當你希望 Copilot Chat 使用某種「知識模組」或內建能力時。
  - ■ 例如使用工具集來幫你整理函數清單、分類變數、模擬輸出。

4. 模式

選擇本次聊天的任務模式（會影響 AI 回覆的任務傾向），非常適合針對不同任務場景「切換 AI 的人格與任務導向」。

- ● 功能說明
  - ■ 例如「除錯模式」、「文件撰寫模式」、「教學解說模式」、「生成模式」等。
  - ■ 選擇不同模式，Copilot Chat 會優先使用不同的提示結構與語氣策略。
- ● 範例模式
  - ■ Debug Mode：強化錯誤分析與修復建議。
  - ■ Doc Mode：著重註解與文件產生。
  - ■ Teach Mode：更細緻的逐步教學風格。

5. MCP 伺服器

設定 Chat 背後連接的推理伺服器來源，對一般使用者來說多為預設即可；對大型團隊可優化效能與模型版本控制。

- 功能說明
    - MCP 是 GitHub Copilot 背後的 Model Control Point 架構（即伺服器路由與模型管理）。
    - 開發者或企業用戶可指定自有伺服器或特定模型路由器。
- 使用對象
    - 多為企業帳號、進階用戶或 Copilot Enterprise 專案部署情境。
    - 例如設定 GPT-4 Turbo 伺服器、微調模型伺服器。

6. 產生指示

由 Copilot Chat 自動生成「指示」，你可套用、編輯或強化該聊天的控制規則。這個功能將「一次指令 → 多次應用」的概念導入聊天過程中，非常適合習慣 AI 開發流程的使用者。

- 功能說明
    - 例如根據你剛才提問與語氣，Chat 自動建議：
        - 指示：請簡潔回應、變數採 camelCase 命名。
    - 你可以直接套用，讓後續回應依此風格回答。
- 使用好處
    - 節省每次重複輸入格式要求。
    - 可建立一致性聊天風格與語法結構。

❏ 設定模式

設定模式（Set Mode）」底下有的三種對話模式，Agent、Ask 和 Edit，這些模式會影響 Copilot Chat 回應問題的語氣、任務傾向與處理方式，可依不同需求靈活切換。

1. Agent（代理人模式）（預設模式）

預設就是 Agent 模式，大多數使用者可直接使用這個模式完成 90% 的任務。

- 定位與用途
    - Copilot Chat 以綜合 AI 助理的身分回答你的一切問題。
    - 可執行說明、產生程式碼、重構、除錯、文件撰寫等多種任務。
    - 反應靈活、語氣自然、內容全面。
- 適合情境

使用者狀態	與 AI 對話內容範例
正在寫一段新功能	請幫我寫一個讀 CSV 並計算平均的函數
想理解錯誤原因	為什麼這段程式會出現 IndexError？
想優化寫法	請將這段 for 迴圈改成 list comprehension

2. Ask（問答模式）

回覆通常比較短、有結構、無多餘程式碼，適合學習與快速查詢。

- 定位與用途
    - 專注於「精簡的知識性回答」，像是在 ChatGPT 裡提問「什麼是…」、「怎麼用…」。
    - Copilot 不會主動產出大量程式碼，而是更像資料庫查詢助理。
    - 回應重點會落在「觀念解釋」、「定義說明」上。
- 適合情境

使用者目的	問題範例
想查語法 / 語意	Python 的 map() 怎麼用？
想問資料結構	dict 和 defaultdict 有什麼差別？
想問 AI 工具用法	Copilot Chat 能產出測試碼嗎？怎麼操作？

3. Edit（編輯模式）

若你選取了一段程式碼再詢問，Edit 模式會給出更直接的「建議修改版本」。

- 定位與用途
    - 針對選取的程式碼區塊進行「直接編輯建議與重寫」。
    - 偏重「重構、最佳化、格式化、修正錯誤」任務。
    - 回應會像是一個 AI 編輯器對你說：「你這樣寫可以更好，我幫你改成這樣…」。
- 適合情境

任務類型	提問或指令範例
重構	請將這段程式拆成兩個函數並加上註解
語法最佳化	這段 for 迴圈可以改成 list comprehension 嗎？
修正錯誤	這段程式會報錯，幫我修一下

模式對照表

模式名稱	角色風格	回應傾向	適合任務類型
Agent	萬用型 AI 助理	綜合回答、程式產生、除錯	全面開發輔助（預設）
Ask	解釋型知識回答者	簡潔說明、語法查詢	查概念、查語法、教學
Edit	程式碼編輯顧問	重構建議、最佳化、修正	改寫、重構、除錯

8-1-4 聊天輸入基礎知識

❑ 輸入區

輸入區的用法與其他聊天機器人，例如：ChatGPT、Gemini … 等一樣。

第 8 章　用 Copilot Chat 和 AI 對話寫程式

- 位於畫面最下方，類似訊息對話框。
- 可輸入自然語言問題或指令，支援中英文。
- 輸入後按 Enter 即可提交，AI 會立即回應。

下列是輸入範例：

- 請解釋目前這段函數的用途。
- 這段程式會報錯嗎？幫我修正。
- 幫我將這段程式改成 list comprehension。

若有選取特定程式碼，Chat 輸入會以該段作為上下文來源。

❏　**對話歷史**

聊天區會保留和顯示與 Copilot Chat 的過去對話紀錄。

- 每一則提問與回覆都會保留，方便複查與複用。
- 每次互動的上下文都會延續，可建立多輪對話。

支援上下追問：

- 剛剛那段函數可以再加上錯誤處理嗎？
- 請加上中文註解再幫我重新產生。

若覺得回答不理想，可直接輸入「請重新產生」或重新描述需求。

❏　**程式連結與原始碼關聯**

- 若有選取特定程式碼段落，Copilot Chat 會自動顯示該段作為上下文。
- 在 Chat 回應中產生的程式碼片段，可直接點選「插入」或「複製」。
- AI 也會根據你開啟的 .py 檔案內容，進行推論與補充。

你也可以：

- 右鍵選取程式碼 → 選擇「在 Copilot Chat 中詢問」。
- 或輸入 /select 指令將選取區段送入聊天上下文。

❑ 進階小技巧

操作行為	對應效果與建議
按住 Shift + Enter	可在輸入框中換行，撰寫多行問題
輸入 Ctrl + A 再刪除	快速清除輸入框內容
對話紀錄過多時，可點選「清除歷史」	重置對話，避免過多上下文干擾
點選程式碼框右上角的「插入到編輯器」	將 AI 回覆直接貼入目前開啟的程式碼檔案
點擊 Chat 回覆旁邊的「… 更多」選單	可以「複製程式碼」、「重新產生」、「提供回饋」等

8-2 用自然語言請 AI 解釋程式

不懂的程式碼，不用硬猜。透過 Copilot Chat，你只要用自然語言提問，就能請 AI 幫你解釋整個檔案的邏輯、分析特定函數，甚至將英文註解自動翻譯為中文。本節將示範如何用直覺的方式與 AI 對話，快速掌握陌生程式內容，無論是複習、學習還是接手他人專案，都能更有信心地閱讀與理解程式。

8-2-1 示範輸入 - 檔案程式摘要分析

Copilot Chat 能夠根據你開啟的檔案，自動分析內容並產生摘要。只要用一句自然語言提問，就能請它解釋所有函數用途與邏輯流程，非常適合閱讀整份原始碼時使用。

檔案分析的操作步驟：

1. 開啟你想分析的 .py 檔案（如 main.py 或 data_utils.py）。
2. 打開 Copilot Chat 對話視窗。
3. 輸入以下自然語言指令：
   - 請幫我解釋目前檔案的所有函數。

   或是
   - 幫我摘要目前這份程式碼的功能與邏輯。
4. 按下 Enter，Copilot Chat 就會開始逐一解釋檔案內每個函數與其用途。

第 8 章　用 Copilot Chat 和 AI 對話寫程式

程式實例 ch8_1.py：簡單邏輯函數檔案。

1：　有一個 Python 檔案如下：

```python
def add(a, b):
    return a + b

def greet(name):
    print(f"Hello, {name}!")

def square(n):
    return n * n
```

2：　Copilot Chat 輸入「請幫我解釋目前檔案的所有函數」。

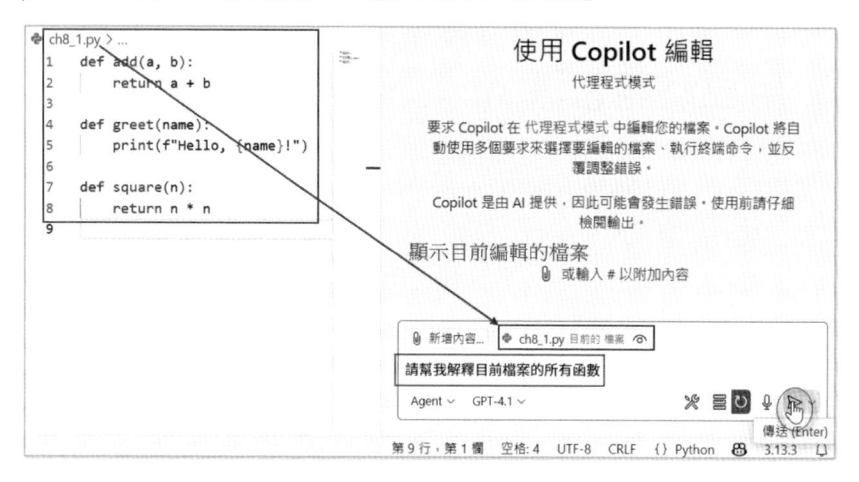

3：　Copilot Chat 視窗可以得到下列解釋函數的結果。

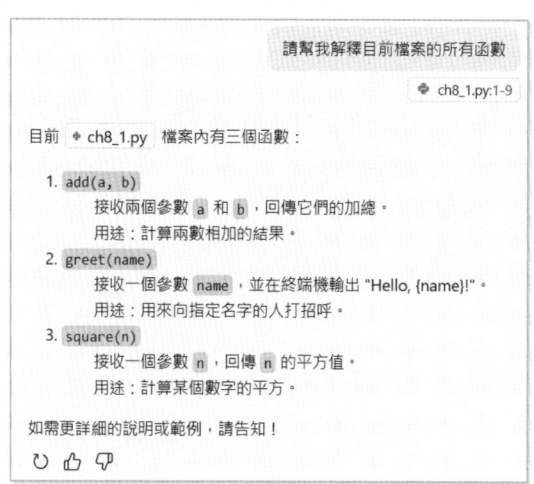

　　　由上述回應，我們可以快速掌握每個函數的命名、用途與輸入參數設計。

8-2 用自然語言請 AI 解釋程式

程式實例 ch8_2.py：資料處理邏輯檔案。

1： 有一個 Python 檔案如下：
```python
def clean_data(data):
    return [x.strip().lower() for x in data if x]

def get_top_scores(students):
    return [s["name"] for s in students if s["score"] > 90]

def summarize(data):
    total = sum(data)
    avg = total / len(data)
    return {"total": total, "average": avg}
```

2： Copilot Chat 輸入「請幫我摘要這份程式碼的功能與每個函數的邏輯」。

3： Copilot Chat 視窗可以得到下列解釋函數的結果。

> 請幫我摘要這份程式碼的功能與每個函式的邏輯
>
> ◆ ch8_2.py:1-11
>
> 這份 ◆ ch8_2.py 程式碼主要提供資料處理相關的三個函式：
>
> 1. 檔案功能摘要：
>   用於資料清理、篩選高分學生、以及計算資料總和與平均。
> 2. 各函式邏輯說明：
> - clean_data(data)
>   將輸入的 data（通常是字串列表）中每個非空元素去除前後空白並轉成小寫，回傳處理後的新列表。
> - get_top_scores(students)
>   從 students（每個元素為含有 "name" 和 "score" 的字典）中，篩選出分數大於 90 的學生名字，回傳名字列表。
> - summarize(data)
>   計算 data（數值列表）的總和與平均，並以字典形式回傳：
>   {"total": 總和, "average": 平均}。
>
> 如需範例或更詳細說明，請告知！

應用場景：

使用情境	為何適合使用此功能
接手別人寫的 .py 檔	快速理解每個函數用途與整體邏輯架構
自己回顧過往專案	幫助快速回憶當初的設計意圖
複製他人程式片段學習	先理解再修改，避免照抄卻錯用
整合大型模組功能	知道各函數彼此關聯，便於分工或測試

第 8 章　用 Copilot Chat 和 AI 對話寫程式

提示語句建議清單：

語句	用途
請幫我解釋目前檔案的所有函數	全檔函數摘要
這個檔案的邏輯流程是什麼？	整體結構導覽
幫我分析每個函數的功能和參數用途	函數功能 + 傳入參數說明
請列出每段程式在做什麼	條列式解說
請使用中文說明目前這份程式的功能	強制回覆使用中文

從上述實例可以知道，想快速讀懂一份 .py 檔案，不用從第一列慢慢看。用自然語言請 Copilot Chat 幫你解釋整檔函數，它會依照邏輯、變數與結構，給出清楚又簡潔的摘要，幫你有效掌握程式內容，是閱讀與學習的最佳助力。

8-2-2 解釋特定段落

除了整份檔案，Copilot Chat 也能針對你選取或貼上的特定程式碼段落進行局部解釋。本節將示範如何使用「/select 指令」或「複製貼上」的方式，取得更聚焦的 AI 回應。

❑ 使用 /select 指令

Copilot Chat 支援一種名為「/select」的特別指令，用來引用你在編輯器中選取的程式碼片段，作為提問的上下文依據。操作步驟：

1. 在編輯器中選取你想要 AI 解釋的程式碼。
2. 打開 Copilot Chat 對話視窗。
3. 在輸入框中輸入指令。
   - /select 請幫我解釋這段程式碼
4. 按下 Enter，Copilot Chat 會針對該段程式碼進行解釋。

系統會自動將你選取的區段「嵌入」進提問上下文中，讓回答更準確。

程式實例 ch8_3.py：解釋選取特定的程式碼。

1: 有一個 Python 檔如下：

```
def greet(name):
    print(f"Hello, {name}!")

def filter_even(numbers):
    return [n for n in numbers if n % 2 == 0]
```

2： 你選取的程式碼為「def filter_even(numbers): 函數」。

3： 輸入指令「/select 幫我解釋這段程式碼在做什麼」。

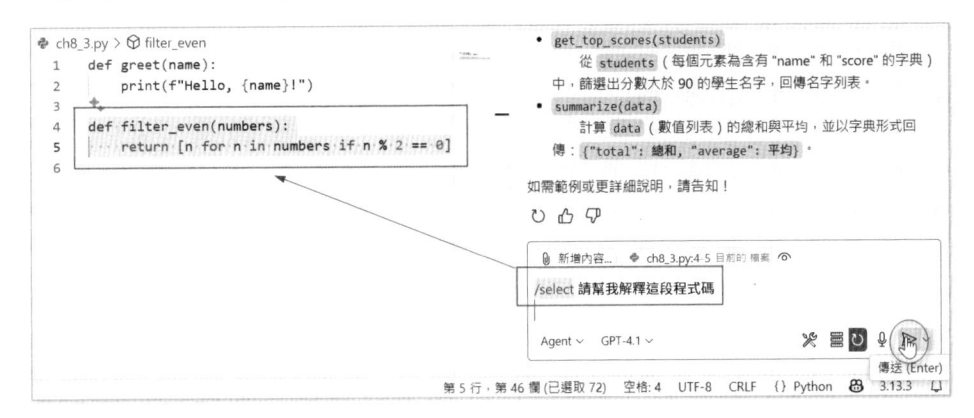

4： Copilot Chat 視窗可以得到下列解釋所選函數的結果。

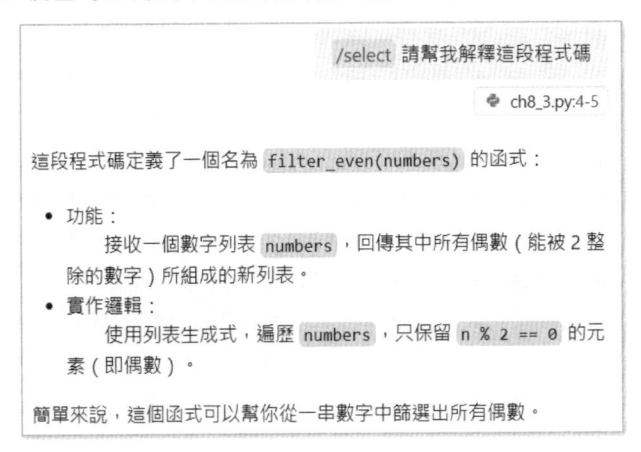

❑ 複製貼上 + 提問

如果你不想使用 /select，也可以直接複製程式碼貼進 Copilot Chat 輸入框中，再加上提示語句。

程式實例 ch8_4.py：解釋選取特定的程式碼。

1： 有一個 Python 檔案如下：
```
def greet(name):
    print(f"Hello, {name}!")

def calculate_discount(price, percent):
    return price * (1 - percent / 100)
```

8-17

第 8 章　用 Copilot Chat 和 AI 對話寫程式

2： Copilot Chat 輸入區輸入「請解釋這段程式碼：」。
3： 選取程式碼然後貼到 Copilot Chat 輸入區。

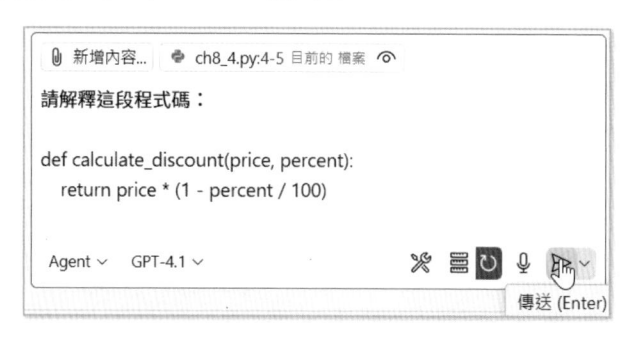

4： Copilot Chat 視窗可以得到下列解釋所選函數的結果。

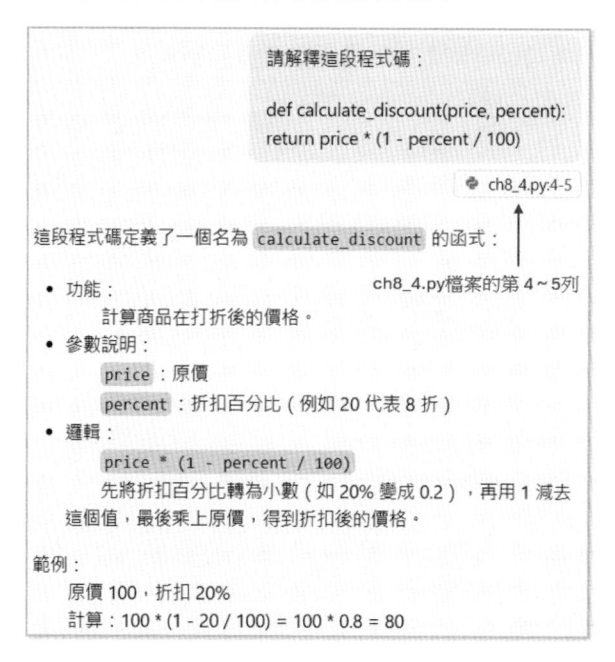

使用複製貼上的方法適合在跨檔案解說、快速試驗時操作，也不需事先選取。下列是比較兩種方法的差異：

方法	操作方式	優點
/select	編輯器選取 + 指令提問	不需複製、支援即時選取
貼上程式碼	手動複製 + 提問	可跨檔案或貼入其他來源內容

總之當你只想理解某段程式碼，不需整檔提問，只要使用 /select 或將程式碼貼進聊天欄，再加上自然語言的提示，Copilot Chat 就能為你提供快速、聚焦的說明。這對學習、除錯或修改單一功能段落特別實用。

8-2-3　自動翻譯英文註解成中文 - 雙語學習應用

程式碼中常見英文註解，對初學者或中文開發者來說閱讀不易。Copilot Chat 可將英文註解即時翻譯為中文，協助理解邏輯，同時也是學習程式英文的好幫手。其使用方式是，可以將含有英文註解的程式碼貼到 Copilot Chat 視窗中，並輸入指令要求翻譯，例如：

- 請將下列程式碼中的英文註解翻譯成中文

或直接說：

- 幫我把這段註解翻譯成中文

程式實例 ch8_5.py：英文註解轉中文註解。

1： 有一個 Python 檔案如下：

```python
def get_max(nums):
    # Check if the list is empty
    if not nums:
        return None
    # Return the maximum value
    return max(nums)
```

2： 在 Copilot Chat 輸入「請將這段程式碼的註解翻譯為中文」。

第 8 章　用 Copilot Chat 和 AI 對話寫程式

3：　執行後將看到下列畫面。

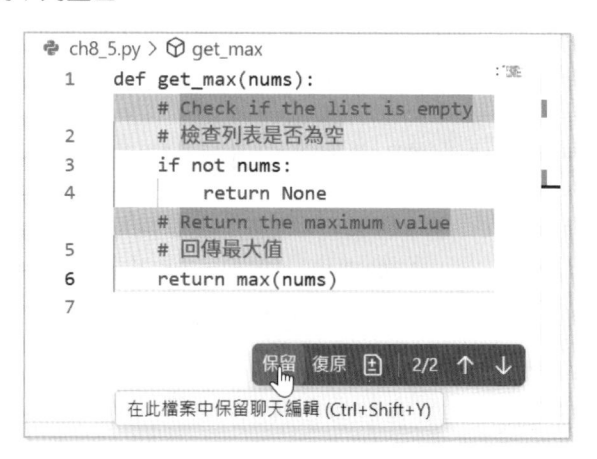

```
ch8_5.py > get_max
1   def get_max(nums):
2       # Check if the list is empty
        # 檢查列表是否為空
3       if not nums:
4           return None
        # Return the maximum value
5       # 回傳最大值
6       return max(nums)
7
```

保留　復原　2/2　↑　↓
在此檔案中保留聊天編輯 (Ctrl+Shift+Y)

4：　請點選保留，可以得到下列結果。

```
def get_max(nums):
    # 檢查列表是否為空
    if not nums:
        return None
    # 回傳最大值
    return max(nums)
```

從上述可以得到，Copilot 不會動到原本程式邏輯，只會翻譯註解內容，保持原始功能正確。

應用場景：

使用情境	適用理由
閱讀開源專案程式碼	多數開源專案註解為英文，幫助理解意圖
學習原文教材的程式範例	雙語註解能輔助語言學習與技術吸收
程式教學與講解	可自動產生中文註解供學生閱讀理解
國際合作程式碼在地化	將團隊英文註解轉換為中文說明

提示語句範例：

提示語句	功能
請將英文註解翻譯成中文	翻譯程式中的英文註解文字
幫我加上中文註解，保留原英文註解	產生雙語對照註解（中英並列）
這段註解我看不懂，請用中文解釋	適合針對複雜的註解做單列轉換

延伸技巧：學習雙語程式註解，你也可以請 Copilot Chat「幫我補上中文註解並保留原英文」，讓註解變成如下格式：

- # Check if the list is empty
- # 檢查清單是否為空

這對正在學習英文技術術語的使用者尤其有幫助。

總之 Copilot Chat 不只會寫程式，也能幫你讀懂程式。透過註解翻譯功能，你能快速理解英文說明、提升程式閱讀能力，同時增進語言與技術的雙向學習，是寫程式時的語言助理。

8-3 用對話方式除錯與修正錯誤

當程式出現錯誤時，不必急著自己查資料、試錯。透過 Copilot Chat，你可以直接貼上錯誤訊息，請 AI 解釋原因、提出修正建議，甚至給出更好的寫法。本節將示範如何透過自然語言與 Copilot 進行多步除錯對話，從簡單的 IndexError、KeyError 到複雜邏輯問題，讓 AI 成為你寫程式時最可靠的除錯夥伴。

8-3-1 將錯誤訊息貼入 Chat 請求修正建議

當你遇到錯誤訊息時，不必自己猜。只要將錯誤內容貼入 Copilot Chat，AI 就能幫你分析錯在哪裡、為什麼錯，並給出對應的修正建議與寫法。下列是操作方式：

1：在執行程式後出現錯誤訊息，例如：
- IndexError: list index out of range

2：開啟 Copilot Chat，輸入對話提示，例如：
- 這是我遇到的錯誤：IndexError: list index out of range，請問我該怎麼修正？

3：AI 將會根據錯誤類型、自動分析可能的問題來源，並提供修正建議或重寫程式碼。

實例 1：處理 IndexError。

1： 錯誤程式碼：
```
def get_item(lst):
    return lst[5]
```

第 8 章　用 Copilot Chat 和 AI 對話寫程式

2： 錯誤訊息：

　　IndexError: list index out of range

3： 在 Copilot Chat 輸入：

　　我遇到 IndexError: list index out of range，請幫我改正這段程式

4： 預期 Copilot 回覆：

　　這段錯誤代表你嘗試存取的索引超出了清單長度。
　　你可以這樣修正：

```python
def get_item(lst):
    if len(lst) > 5:
        return lst[5]
    return None
```

實例 2：處理 KeyError。

1： 錯誤程式碼：

```python
def get_price(product):
    return product["price"]
```

2： 錯誤訊息：

　　KeyError: 'price'

3： 在 Copilot Chat 輸入：

　　這段程式發生 KeyError: 'price'，請給我修改建議

4： 預期 Copilot 回覆：

　　建議使用 dict.get() 方法：

```python
def get_price(product):
    return product.get("price", 0)
```

實例 3：處理 TypeError。

1： 錯誤程式碼：

```python
def greet(age):
    return "你今年 " + age + " 歲"
```

8-22

2： 錯誤訊息：

   TypeError: can only concatenate str (not "int") to str

3： 在 Copilot Chat 輸入：

   請幫我修正 TypeError: str 與 int 無法串接的問題

4： 預期 Copilot 回覆：

   你可以將數字轉成字串：

   ```
   def greet(age):
       return "你今年 " + str(age) + " 歲"
   ```

提問語句建議：

提問語句	功能
請幫我解釋這段錯誤訊息是什麼意思？	AI 會解釋錯誤類型與成因
這個錯誤我該怎麼修？	給出修正建議
這段程式會錯嗎？能幫我檢查一下？	主動檢查程式中是否有錯誤
有沒有更好的寫法來避免這個錯誤？	提出最佳化解決方案

總之錯誤訊息不再是障礙，而是 AI 協助的入口。只要貼上錯誤內容並用自然語言詢問，Copilot Chat 就能即時提供修正建議，幫助你快速理解錯誤並改善程式邏輯，是學習與除錯的最佳助手。

8-3-2　錯誤說明：IndexError, KeyError, TypeError

初學者常見的錯誤像是 IndexError、KeyError 和 TypeError，看似難懂，其實可以交給 Copilot Chat 來協助分析與修正。這節將透過實例示範如何處理這些錯誤。

錯誤 1：IndexError – 索引超出範圍。

1： 錯誤情境：
   ```
   def get_element(lst):
       return lst[3]
   ```

2： 當清單長度不足 4 時，會出現錯誤：

   IndexError: list index out of range

第 8 章　用 Copilot Chat 和 AI 對話寫程式

3： 在 Copilot Chat 可用提問範例：

這段程式會出現 IndexError，請幫我修正。

4： 預期 Copilot 回覆：

```
def get_element(lst):
    if len(lst) > 3:
        return lst[3]
    return None
```

Copilot 自動加入索引防護條件，避免程式中斷。

錯誤 2：KeyError – 字典中找不到指定鍵。

1： 錯誤情境：

```
def get_price(item):
    return item["price"]
```

2： 當 item 中沒有 "price" 鍵時：

KeyError: 'price'

3： 在 Copilot Chat 可用提問範例：

這段程式出現 KeyError，要怎麼避免？

4： 預期 Copilot 回覆：

```
def get_price(item):
    return item.get("price", 0)
```

使用 .get() 方法可在鍵不存在時提供預設值。

錯誤 3：TypeError – 資料型態不相容。

1： 錯誤情境：

```
def greet(age):
    return "你今年 " + age + " 歲"
```

2： 當 age 為整數時，會出現：

TypeError: can only concatenate str (not "int") to str

3： 在 Copilot Chat 可用提問範例：

我這段程式有 TypeError，可以幫我修正嗎？

4： 預期 Copilot 回覆：
```
def greet(age):
    return "你今年 " + str(age) + " 歲"
```

將整數轉為字串，即可避免型別錯誤。下列是錯誤類型與 Copilot 解法對照表。

錯誤類型	常見原因	Copilot 解法
IndexError	清單長度不足	加上 if len(lst) > n: 或使用 try-except
KeyError	字典中沒有對應的鍵	改用 dict.get()，並加預設值
TypeError	不同型別間運算或串接	使用 str()、int() 等函數轉換型別

Copilot Chat 對常見錯誤有良好的理解與修正能力。只要清楚描述錯誤訊息或貼上程式碼，它就能給你正確、合理且符合 Python 習慣的修正建議，幫助你快速避開初學者陷阱。

8-3-3 多步驟對話修正流程

Copilot Chat 的強大不只在於回答一次問題，而是在你反覆詢問的過程中持續理解上下文，協助你逐步修正與優化程式。本節將示範從錯誤訊息開始，透過多輪對話完成完整的 AI 協作除錯流程。下列是多步驟對話情境：

這段程式會錯 → 為什麼？ → 怎麼修？ → 有更好的寫法嗎？

程式實例 ch8_6.py：從錯誤訊息出發，一步步對話解決實戰範例。

第 1 步驟：出現錯誤了。

1： 有一個 Python 檔案如下：
```
def get_discount_price(price, discount):
    return price - price * discount

print(get_discount_price(100, "20%"))
```

2： 結果出現錯誤。

TypeError: unsupported operand type(s) for *: 'int' and 'str'

第 2 步驟：提問錯誤原因。

3： 在 Copilot Chat 可用提問範例：

我這段程式出現 TypeError，可以幫我找出錯誤原因嗎？

第 8 章　用 Copilot Chat 和 AI 對話寫程式

4： Copilot 回覆：

> 我這段程式出現 TypeError，可以幫我找出錯誤原因嗎？
>
> ch8_6.py:1-5
>
> 錯誤原因是你在呼叫 `get_discount_price(100, "20%")` 時，第二個參數 `"20%"` 是字串型態，但函式內部需要的是數值型態（如 0.2 或 20）。
>
> 在 `price - price * discount` 這行，`discount` 應該是數字，否則會出現 TypeError（無法將字串和數字做乘法運算）。
>
> 修正方式：
> 請將 `"20%"` 改為 0.2（代表 20% 折扣），或在函式內加上字串轉換的邏輯。
> 例如：`get_discount_price(100, 0.2)`

第 3 步驟：請求修正建議。

5： 你繼續提問：

　　請幫我修改這段程式，讓它可以處理字串格式的折扣值，例如：'20%'。

6： Copilot 回覆，請點選「接受」。

```python
def get_discount_price(price, discount):
    # 如果折扣是字串格式（如 '20%'），先轉換為小數
    if isinstance(discount, str) and discount.endswith('%'):
        discount = float(discount.rstrip('%')) / 100
    return price - price * discount

print(get_discount_price(100, "20%"))
```

　　AI 不只修正錯誤，還考慮了通用性與容錯處理。

第 4 步驟：請求最佳化或簡化寫法。

7： 你再追問：

　　這段程式可以寫得更簡潔一點嗎？

8： Copilot 回覆，請點選「接受」。

```python
def get_discount_price(price, discount):
    discount = float(discount.rstrip('%')) / 100 if isinstance(discount, str) and discount.endswith('%') else discount
    return price - price * discount

print(get_discount_price(100, "20%"))
```

　　最佳化邏輯結構，減少多層條件判斷，並改善可讀性。

第 5 步驟：確認用途與測試情境

9： 你再問：

請幫我產生幾組測試資料，確認這段函數能正確運作

10：Copilot 回覆，請點選「接受」。

```
print(get_discount_price(100, "20%"))      # 預期 80.0
print(get_discount_price(200, "50%"))      # 預期 100.0
print(get_discount_price(150, 0.1))        # 預期 135.0
print(get_discount_price(80, 0.25))        # 預期 60.0
print(get_discount_price(120, "0%"))       # 預期 120.0
print(get_discount_price(120, "100%"))     # 預期 0.0
```

多步驟除錯對話流程圖：

階段	提問內容	AI 回應方向
錯誤	出現 TypeError	分析錯誤類型與發生位置
詢問原因	為什麼這段會錯？	解釋資料型別不符問題
請求修正	幫我修改這段讓它能處理字串折扣	補上型別判斷與轉換
請求最佳化	可以讓它寫得更精簡嗎？	用三元運算式簡化邏輯結構
擴展應用	幫我產生測試資料	提供有效呼叫範例與預期結果

「小提示」：對話不需要一次問完，你可以像和人類對話一樣分段提問，不需要一開始就寫出完整需求。Copilot Chat 會記得上下文，並根據你的每一段提問持續微調回答。總之 Copilot Chat 是你除錯的對話夥伴。從錯誤訊息出發，透過多輪自然語言提問，你可以與 AI 一起逐步釐清問題根源、修正邏輯、重構語法，甚至產出測試範例。這種互動式流程不僅解決錯誤，更強化你的思考與寫作能力。

8-4 請 AI 幫你重構與優化程式

寫得出程式是基本功，寫得好才是進階力。透過 Copilot Chat，你可以用一句話請 AI 幫你重構程式，讓它更簡潔、更具可讀性，甚至符合最新的 Python 3.13 語法標準。本節將示範如何用自然語言請求 Copilot Chat 進行語法優化、變數重新命名、結構拆解與防錯補強，讓 AI 成為你提升程式品質的最佳助手。

第 8 章　用 Copilot Chat 和 AI 對話寫程式

8-4-1　自然語言提示範例

想讓程式更好讀、更現代？不必自己重寫，只要用自然語言提示 Copilot Chat，它就能幫你重構結構、更新語法，甚至改成符合最新 Python 標準的寫法。

你可以在 Copilot Chat 中用下列基本提示語句類型，輸入自然語言指令，請 AI 幫你重寫或最佳化指定程式碼：

提示語句範例	用途
請將這段程式改得更簡潔易讀	強調簡化結構、強化可讀性
請使用 Python 3.13 的標準語法重寫這段程式	將舊語法更新為符合 Python 最新版本
幫我把這段程式重構，讓它更具 Pythonic 風格	要求符合 Python 社群慣用寫法
這段變數名稱太亂，請重新命名並加註解	要求改善命名與加入解說
可以用 list comprehension 重寫這段迴圈嗎？	指定用某種語法糖取代傳統結構

程式實例 ch8_7.py：請將這段程式改得更簡潔易讀。

1： 有一個 Python 檔案如下：

```python
def square_numbers(numbers):
    result = []
    for n in numbers:
        result.append(n * n)
    return result
```

2： 在 Copilot Chat 輸入「請將這段程式改得更簡潔易讀」。

3： 執行後將看到下列畫面。

```
ch8_7.py > ۞ square_numbers
1   def square_numbers(numbers):
        result = []
        for n in numbers:
            result.append(n * n)
        return result
2       return [n * n for n in numbers]
```

4： 請點選保留，可以得到下列結果。

```python
def square_numbers(numbers):
    return [n * n for n in numbers]
```

Copilot 使用了 list comprehension，將 3 列程式簡化為 1 列，結構清楚又常見。

程式實例 ch8_8.py：請使用 Python 3.13 的標準語法重寫這段程式。

1： 有一個 Python 檔案如下：
```
if d.has_key("name"):
    print "Name exists"
```

2： 在 Copilot Chat 輸入「請使用 Python 3.13 的標準語法重寫這段程式」。

3： 執行後將看到下列畫面。

```
ch8_8.py
  if d.has_key("name"):
      print "Name exists"
1 if "name" in d:
2     print("Name exists")
```

4： 請按「Tab」鍵或是點選「保留」，可以得到下列結果。
```
if "name" in d:
    print("Name exists")
```

Copilot 會主動使用 in 取代 .has_key()，同時加上 Python 3 必備的 print() 括號格式。

延伸應用：可加入語氣控制，你也可以結合語氣、風格或條件限制來控制回覆內容：

- 請使用現代 Python 語法，並避免過長的巢狀結構。
- 幫我將這段邏輯轉成可讀性高、易除錯的寫法。
- 請將這段程式轉成使用 match-case 語法（Python 3.13）。

Copilot Chat 能理解你用自然語言描述的「最佳化需求」。只要你說得出「哪裡需要改善」，AI 就能幫你產生更短、更清晰、更現代的程式碼，讓你把心力放在邏輯設計，而不是語法轉換。

8-4-2 善用 Copilot Chat 自動拆解、重新命名、加入防錯

除了簡化語法，Copilot Chat 還能幫你重構邏輯結構、改善命名與加入防錯檢查。本節將示範如何透過自然語言請求，讓 AI 幫你提升程式的可讀性、穩定性與維護性。

程式實例 ch8_9.py：自動拆解複雜邏輯。當你寫了一段過長、過雜的函數，可以請 Copilot Chat 幫你拆成多個函數或步驟，讓結構更清楚。

8-29

第 8 章　用 Copilot Chat 和 AI 對話寫程式

1： 有一個 Python 檔案如下：
   ```
   def process(data):
       result = []
       for item in data:
           if isinstance(item, str) and item:
               result.append(item.strip().lower())
       return result
   ```

2： 在 Copilot Chat 輸入「請將這段函數拆解成多個函數以提升可讀性」。

3： 執行後將看到下列畫面。

   ```
   ch8_9.py > ✿ process
   1   def is_valid_string(item):
   2       return isinstance(item, str) and bool(item)
   3
   4   def clean_string(s):
   5       return s.strip().lower()
   6
   7   def process(data):
   8       result = []
   9       for item in data:
           if isinstance(item, str) and item:
               result.append(item.strip().lower())
   10          if is_valid_string(item):
   11              result.append(clean_string(item))
   12      return result
   13
   ```
   保留 復原 ⊟ | 2/2 ↑ ↓
   在此檔案中保留聊天編輯 (Ctrl+Shift+Y)

4： 請按「Tab」鍵或是點選「保留」，可以得到下列結果。
   ```
   def is_valid_string(item):
       return isinstance(item, str) and bool(item)

   def clean_string(s):
       return s.strip().lower()

   def process(data):
       result = []
       for item in data:
           if is_valid_string(item):
               result.append(clean_string(item))
       return result
   ```

   AI 拆出 clean_text() 作為重複邏輯的獨立單元，程式結構更清楚、易測試。同時在 Copilot Chat 視窗可以看到函數解釋。

8-30

> 已將原本的函式拆解為三個小函式：
> - is_valid_string(item)：判斷 item 是否為非空字串
> - clean_string(s)：將字串去除空白並轉小寫
> - process(data)：主流程，呼叫上述兩個函式處理資料

程式實例 ch8_10.py：加入基本防錯檢查（容錯處理）。你也可以請 Copilot 加入輸入檢查、例外處理或預設值機制。

1： 有一個 Python 檔案如下：

```python
def get_discount(price, rate):
    return price * (1 - rate)
```

2： 在 Copilot Chat 輸入「請加上輸入檢查，避免價格或折扣率為 None 或不合理的值」。

3： 執行後將看到下列畫面。

```python
def get_discount(price, rate):
    if not isinstance(price, (int, float)) or not isinstance(rate, (int, float)):
        raise ValueError("輸入必須為數字")
    if price < 0 or not (0 <= rate <= 1):
        raise ValueError("價格需為非負, 折扣率需介於 0 到 1")
    return price * (1 - rate)
```

除此，讀者可以自我練習，「變數重新命名提升語意」。很多初學者會寫出像 a, b, c 的變數名稱，難以維護。你可以用自然語言請 Copilot 改寫，例如：有一個程式如下：

```python
def calc(a, b):
    return a * b + a * 0.05
```

請用提示語句，「請將這段程式的變數改為更有意義的命名」。Copilot 回覆。

```python
def calculate_total(price, quantity):
    return price * quantity + price * 0.05
```

「a → price」，「b → quantity」，語意清晰，提升可讀性與團隊溝通效率。

下列是三大重構建議分類對照表。

重構項目	提示語句範例	改寫目標
結構拆解	請將這段邏輯拆解為多個函式	模組化、減少重複、提高可測試性
命名優化	請將變數與函數命名改為具語意的名稱	提升可讀性與團隊可維護性
錯誤處理強化	請加入防錯邏輯，例如 None 判斷與區間檢查	增強穩定性與錯誤預防能力

第 8 章　用 Copilot Chat 和 AI 對話寫程式

　　Copilot Chat 不僅能幫你「寫得出」，更能幫你「寫得好」。透過語意明確的自然語言提示，它能協助你拆解結構、改名優化與加入防錯機制，讓程式更清晰、更可靠、更適合長期維護，是學會「寫好程式」的重要一步。

8-5　跨檔案提問與整體架構理解

　　當專案越來越大，理解整體架構與檔案間的關聯就變得格外重要。Copilot Chat 不只能處理單一程式碼段，還能根據整個工作區的內容回答跨檔案的問題。本節將介紹如何查詢專案結構、分析主程式與模組的互動，並透過多步提示讓 AI 協助你掌握整體邏輯脈絡，是熟悉大型專案與維護團隊程式碼的重要利器。

8-5-1　查詢目前專案有哪些檔案

　　當你接手一個陌生的專案時，第一步通常是了解檔案結構。Copilot Chat 能幫你列出目前資料夾中的程式檔案與其用途，是快速掌握專案全貌的好方法。

❑　操作方式

　　打開 Copilot Chat，輸入以下提示語句之一：

- 請列出目前這個專案中有哪些重要的檔案？
- 目前專案有幾個 .py 檔？請簡要說明功能。
- 我接手這個資料夾，可以幫我分析檔案架構嗎？

　　Copilot Chat 將根據你目前開啟的工作區（workspace）內容，掃描並列出可識別的檔案清單，通常包括：

- Python 程式檔（.py）
- 組態檔（如 config.json, .env, settings.py）
- 測試檔（如 test_*.py）
- 資料處理模組（如 data_utils.py, loader.py）
- 主程式入口點（如 main.py, app.py）

8-5 跨檔案提問與整體架構理解

❑ **認識專案 my_project1 功能**

這是一個文字前處理與字數統計的小型應用程式。它會從一個文字檔中讀取內容，進行清理（如去除空白、換行、轉小寫），然後計算單字總數，並印出處理後的文字與統計結果。整個專案採用模組化設計，包含主程式、工具模組、設定與測試檔案，適合用於教學或展示 Copilot 的模組整合與自動化測試功能。請開啟 ch8/my_project1 資料夾，讀者將看到：

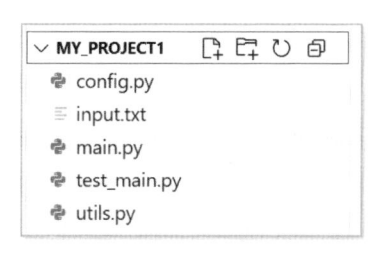

```
∨ MY_PROJECT1
  config.py
  input.txt
  main.py
  test_main.py
  utils.py
```

通常「資料夾名稱」就是「專案名稱」，分析專案時資料夾內的資料檔案 (*.txt)，不被視為專案檔案的一部分。下列筆者會列出此專案的內容，不過在分析時，不可選取任何專案，否則會被視為只分析該專案檔案。此專案組成如下：

1. main.py - 主程式控制中心

```python
from utils import clean_text, word_count
from config import DATA_FILE

def run():
    with open(DATA_FILE, "r", encoding="utf-8") as f:
        raw_text = f.read()

    text = clean_text(raw_text)
    count = word_count(text)

    print(f"已清理後的文字：\n{text}")
    print(f"單字數量：{count}")

if __name__ == "__main__":
    run()
```

功能是負責「整合流程」、「呼叫模組」、「顯示結果」。

- 讀取設定檔中指定的文字檔 input.txt。
- 呼叫 clean_text() 處理原始文字。
- 呼叫 word_count() 計算單字數量。

8-33

- 輸出結果到終端機。

- 使用 if __name__ == "__main__" 保證僅在直接執行時執行 run()。

2. utils.py - 工具模組（Library）

```python
def clean_text(text):
    """
    移除多餘空白與換行，並轉為小寫。
    """
    return text.strip().replace("\n", " ").lower()

def word_count(text):
    """
    計算文字中的單字數量。
    """
    return len(text.split())
```

功能是可重複使用的資料處理邏輯封裝。

- clean_text(text)：
    - 將文字移除前後空白。
    - 換行轉為空白。
    - 轉成全小寫。

- word_count(text)：
    - 將文字依空白分割成單字。
    - 計算單字數量。

3. config.py - 設定管理模組

```python
import os

# 取得目前檔案所在資料夾的絕對路徑
BASE_DIR = os.path.dirname(os.path.abspath(__file__))

# 指定 input.txt 的完整路徑
DATA_FILE = os.path.join(BASE_DIR, "input.txt")

# 其他設定（可擴充）
DEFAULT_LANGUAGE = "zh-TW"
ENABLE_LOGGING = True
```

功能是負責集中管理參數，避免硬寫在主程式中（利於維護與擴充）。

- 定義 DATA_FILE：資料來源路徑。

- 定義其他設定，如語言與是否啟用 logging。

4. test_main.py - 單元測試模組

```python
import unittest
from utils import clean_text, word_count

class TestUtils(unittest.TestCase):
    def test_clean_text(self):
        raw = "  Hello\nWorld!  "
        expected = "hello world!"
        self.assertEqual(clean_text(raw), expected)

    def test_word_count(self):
        text = "hello world this is a test"
        self.assertEqual(word_count(text), 6)

if __name__ == "__main__":
    unittest.main()
```

功能是負責確保程式碼邏輯正確、未來變動不會破壞功能。

- 使用 Python 標準 unittest 模組。
- 測試 utils.py 中的 clean_text() 和 word_count() 函數。
- 透過 assertEqual() 驗證回傳結果是否正確。

❏ Copilot 專案測試

1： 在 Copilot Chat 輸入「請幫我列出目前這個專案中有哪些 Python 檔案，並簡要說明用途」。

2： 可以得到下列結果。

> 請幫我列出目前這個專案中有哪些 Python 檔案，並簡要說明用途
>
> 目前專案中的 Python 檔案如下：
>
> 1. config.py
>   用途：通常用來存放設定參數，例如路徑、常數、環境變數等，方便主程式或其他模組引用。
> 2. main.py
>   用途：主要執行邏輯的入口點，負責整合各模組、讀取輸入、執行主要流程。
> 3. test_main.py
>   用途：用來測試主程式或其他模組的功能，通常包含單元測試或整合測試。
> 4. utils.py
>   用途：存放輔助函式或工具函式，供主程式或其他模組重複使用。
>
> 這些檔案共同組成專案的核心架構，分工明確，方便維護與擴充。

註 資料檔 input.txt 不會計算在專案檔案。

第 8 章　用 Copilot Chat 和 AI 對話寫程式

❑　應用場景

使用情境	為何實用
第一次接手團隊專案	快速掌握整體檔案結構與模組分工
想要重構或重新命名檔案	確認哪些檔案是主程式、哪些為工具或測試模組
開始寫測試或補說明文件	需要知道目前有哪些功能模組尚未測試或記錄

❑　提問語句建議

類型	提問範例
檔案結構查詢	目前專案有哪些檔案？請用清單列出來
模組功能查詢	每個 .py 檔大致負責什麼功能？能幫我摘要一下嗎？
專案全覽提示	請幫我分析目前這個資料夾的程式結構與邏輯角色

想了解一個程式專案的輪廓，不必自己翻每個檔案。只要請 Copilot Chat 幫你列出檔案清單與用途，它就能提供你一個結構清晰的專案概覽，幫助你快速進入狀況，是進行架構理解與後續開發的第一步。

8-5-2　請 Copilot 解釋 main.py 與 utils.py 的關係

理解不同檔案之間的互動關係是掌握專案架構的關鍵。透過 Copilot Chat，你可以請 AI 說明 main.py 如何使用 utils.py，快速掌握模組依賴與功能分工。

❑　操作方式

打開 Copilot Chat 並輸入下列自然語言指令之一：

- 請幫我解釋 main.py 和 utils.py 之間的關係。
- main.py 有引用 utils.py 的哪些函數？
- 請幫我整理 main.py 呼叫 utils.py 的情況。

Copilot Chat 會自動分析目前開啟的專案中 main.py 和 utils.py 的內容與引用情形，並以清單或段落方式回覆。

❑ 專案 my_project2 與測試

此專案有以下兩個檔案：

1. utils.py

    ```
    def get_discount(price, rate):
        return price * (1 - rate)def clean_text(text):
        return text.strip().lower()

    def word_count(text):
        return len(text.split())
    ```

2. main.py

    ```
    from utils import clean_text, word_count

    def process(text):
        cleaned = clean_text(text)
        count = word_count(cleaned)
        print(f"Word count: {count}")
    ```

下列是 Copilot 專案測試，測試前請點選 my_project2 資料夾，不要選取任何檔案，AI 會搜尋此專案資料夾的檔案做分析：

1： 在 Copilot Chat 輸入「請解釋 main.py 和 utils.py 的關聯與用途」。

2： Copilot 可以得到下列結果。

> 請解釋 main.py 和 utils.py 的關聯與用途
>
> ◆ main.py
>
> 是主程式，負責執行主要邏輯；◆ utils.py 則提供輔助函式（如文字清理、計算字數）。主程式通常會匯入 ◆ utils.py 的函式來簡化重複性工作，讓程式更易維護。兩者的關聯是：◆ main.py 使用 ◆ utils.py 的工具函式來處理資料或文字。

Copilot 分析重點可以參考下表。

分析面向	回應內容範例
引用方式	from utils import ... 或 import utils
呼叫函數	列出 utils.py 中被呼叫的函數清單
模組用途	解釋 utils.py 作為工具模組的功能角色
程式流程	說明 main.py 的流程如何依賴 utils.py

第 8 章　用 Copilot Chat 和 AI 對話寫程式

實用提問語句建議表。

問題範例	適用情境
請幫我列出 main.py 呼叫 utils.py 的所有函數	快速了解跨模組函數使用
請解釋 utils.py 對主程式的角色和影響	分析工具模組與核心邏輯的關聯
utils.py 有沒有被其他檔案用到？怎麼被用的？	建立全專案層級的模組依賴視圖

從本節內容可以了解，Copilot Chat 不只懂單一段程式，更能跨檔案協助你掌握模組之間的關係。當你請它解釋 main.py 和 utils.py 的互動時，它會清楚列出引用邏輯、功能分工與程式依賴，幫你快速建構完整的架構理解，是熟悉專案架構的好幫手。

8-5-3　使用多步驟提示建立全域邏輯理解

當專案規模變大，單一提問往往無法涵蓋所有邏輯。透過多輪提示，你可以引導 Copilot Chat 分析主程式、追蹤函數用途，建立對整體結構的全面理解。

❑　什麼是多步驟提示？

多步驟提示指的是不是一次問完所有問題，而是循序漸進地提問，讓 Copilot Chat 逐步協助你構建完整的專案邏輯圖像。

❑　操作流程示範

假設你開啟一個專案，資料夾中包含多個檔案，包含：

- main.py
- utils.py
- data_loader.py
- config.py
- test_main.py。

第 1 步：尋找主程式

1. 提問：「這個專案的主程式是哪一個檔案？執行點在哪？」。
2. Copilot 可能回覆內容：

主程式是 main.py，其中的 run() 函數會在 if __name__ == "__main__": 區塊中執行，是程式啟動的入口。

第 2 步：請列出主程式呼叫哪些模組或函數

3. 提問：「main.py 呼叫了哪些模組與函數？」。
4. Copilot 可能回覆內容：

    main.py 引用了：

    - utils.clean_text()
    - utils.word_count()
    - config.DATA_FILE

    主邏輯負責從檔案讀入文字 → 清理 → 統計 → 印出結果。

第 3 步：找出重複使用的函數

5. 提問：「Copilot 專案中有哪些函數被多個檔案重複使用？」。
6. Copilot 可能回覆內容：

    以下函數在多處出現：

    - clean_text(): 被 main.py 與 test_main.py 呼叫。
    - word_count(): 被主程式與測試檔測試。
    - DATA_FILE：設定於 config.py，在主程式與其他模組中共用。

    這類資訊有助於你知道哪些是核心邏輯，哪些可考慮進行重構或模組拆分。以下是延伸問題範例：

提問語句	用途
有哪些模組之間有相依關係？請列出呼叫關係圖	了解模組之間的耦合與結構設計
哪些函數是公開使用的？哪些是內部使用的？	區分 API 函數與私有邏輯，利於模組設計
你能幫我畫出一份主程式與工具模組的邏輯流程嗎？	幫助視覺化理解主流程與子模組交互順序

對於多檔案專案，理解全局邏輯並非一蹴可幾。善用 Copilot Chat 的多步驟提示能力，你可以逐步拆解整體架構，從主程式、模組引用、函數使用到重構建議，一步步建立完整的邏輯地圖，讓閱讀與維護變得更有方向感。

第 8 章　用 Copilot Chat 和 AI 對話寫程式

8-6 生成測試、文件與範例輸入

除了寫程式本體，你還可以請 Copilot Chat 自動幫你產生周邊的開發資源，例如測試案例、範例輸入與函數註解。這不僅節省時間，更能提升程式的可讀性與可維護性。本節將示範如何用自然語言提示 AI，自動補上符合 PEP 8 的 docstring、產出簡單有效的測試函數，並給出範例輸入資料，讓 Copilot 不只是寫程式的助手，更是完整開發流程的好夥伴。

❏ 自動產生的三大類型內容

Copilot Chat 能夠根據你輸入的函數，自動生成以下內容：

- 測試案例（單元測試、邊界條件）
- 範例輸入資料（用於理解與驗證函數）
- docstring 或註解（符合 PEP 8 標準）

❏ 系列實例

有一個測試函數內容如下：
```python
def is_even(n):
    return n % 2 == 0
```

實例 1：產生測試案例。

1: 輸入提示語句，「請幫我為 is_even 這個函數產生單元測試」。

2: Copilot 可能回覆下列結果。

```python
import unittest

class TestIsEven(unittest.TestCase):
    def test_even(self):
        self.assertTrue(is_even(2))
        self.assertTrue(is_even(0))

    def test_odd(self):
        self.assertFalse(is_even(1))
        self.assertFalse(is_even(-3))

if __name__ == "__main__":
    unittest.main()
```

上述測試涵蓋正數、0、負數與奇偶性，是實用的測試範例。

實例 2：產生範例輸入資料。

1： 輸入提示語句,「請給我幾個適合 is_even 的測試輸入資料」。
2： Copilot 可能回覆下列結果。

建議輸入資料範例：

- 0（邊界值）
- 1（最小奇數）
- 2（最小正偶數）
- -4（負數偶數）
- 999（較大的奇數）

上述輸入資料範例有助於你撰寫測試與除錯時快速驗證。

實例 3：補上符合 PEP 8 的 docstring 或註解。

1： 輸入提示語句,「請幫我補上符合 PEP 8 的 docstring」。
2： Copilot 可能回覆下列結果。

```
def is_even(n):
    """
    判斷一個整數是否為偶數。

    參數：
        n (int)：欲檢查的整數。

    回傳：
        bool：若 n 為偶數，回傳 True；否則回傳 False。
    """
    return n % 2 == 0
```

使用三引號、多列註解，並說明參數與回傳值，是良好文件習慣。

❏ **實用語句建議**

功能	提問語句
產生測試	幫我為這個函數寫 unittest 測試
補上 docstring	請幫我加上符合 PEP 8 的函數說明
範例輸入	請給我幾筆適合的輸入值來測這段程式碼
加上註解	請幫我逐列註解這段程式碼

第 8 章　用 Copilot Chat 和 AI 對話寫程式

　　從以上內容可以得到 Copilot Chat 不只能幫你完成主要程式邏輯，還能自動補上測試、文件與範例資料。這些輔助內容能提升程式的可讀性、可維護性與正確性，幫助你成為更有結構與品質意識的開發者。

第 9 章

VS Code + Jupyter Notebook 資料科學實戰起點

9-1　Jupyter Notebook 開發 Python 程式的特色

9-2　安裝與使用 Jupyter 擴充模組

9-3　執行 .ipynb 資料分析筆記本

9-4　儲存格選取、複製、移動與刪除

9-5　Markdown 語法

9-6　結合 Numpy、Matplotlib、Pandas 的應用展示

9-7　比較 Jupyter 與 Python script 的開發方式

對於資料科學、機器學習與資料分析的工作者來說，Jupyter Notebook 幾乎是不可或缺的工具。它將程式碼、圖表、文字與數據互動整合在一個視覺化介面中，大大提升了資料實驗與教學的效率。而現在，透過 VS Code，我們不只可以使用 .py 撰寫傳統程式碼，也能無縫開啟與編輯 .ipynb 筆記本，享受 Notebook 的互動性與 VS Code 的強大擴充性。

註 Notebook 可以翻譯成「筆記本」。

本章將帶你實際踏入 VS Code 的 Jupyter 世界，從擴充模組的安裝與啟用開始，教你如何執行資料分析筆記本，並結合 Pandas、Matplotlib、NumPy 等常用資料科學模組進行應用展示。不論你是初學者，還是從其他工具（如 Jupyter Lab、Colab）轉換而來，這一章都能幫助你快速上手。

最後，我們也會比較 Jupyter Notebook 與傳統 Python Script 的開發差異，幫助你根據工作需求做出適當的工具選擇。準備好了嗎？現在就從 VS Code 中的資料筆記本開始，進入互動式資料科學的第一哩路。

9-1 Jupyter Notebook 開發 Python 程式的特色

Jupyter Notebook 是 Python 最受歡迎的互動式開發工具之一，廣泛應用於資料分析、機器學習與教學場景中。它最大的特色是將程式碼、執行結果與文字說明整合在同一個介面中，讓使用者能逐步撰寫、測試與展示程式邏輯。無論你是初學者或資料科學家，Notebook 都能提供靈活、直覺又具可視化的開發體驗。

❑ 以「儲存格（Cell）為單位的開發流程
- 程式碼被切割成一格一格的「儲存格」，每格可獨立執行。
- 可以只執行某段程式，而不必整份重跑，極適合實驗與反覆調整。
- 範例用途：測試一段資料清理語法或一個模型訓練迴圈。

❑ 即時輸出，支援圖形與表格

程式執行結果會直接顯示在儲存格下方，包含：

- print 結果
- Pandas DataFrame 表格
- Matplotlib 繪圖
- 甚至是互動式圖表（如 Plotly）

非常適合做資料探索（EDA, Exploratory Data Analysis）、報告製作與視覺化分析。

❑ 支援 Markdown 與數學公式說明
- 儲存格可以切換為 Markdown 模式，書寫文字說明、條列、標題。
- 支援 LaTeX 數學公式（用 $...$ 或 $$...$$）。

教學、研究紀錄、數學推導一氣呵成。

❑ 變數與記憶體可持續使用
- 一個 Notebook 可在不重啟的情況下持續儲存變數狀態。
- 即使你只修改其中一段程式碼，仍可以呼叫前面執行過的變數。

快速試驗模型或重複利用資料非常方便，但這也可能導致變數污染，需留意執行順序。

❑ 適合教學、示範與逐步講解
- 文字 + 程式 + 圖表一次整合，是教學演示的理想環境。
- 可轉成 HTML、PDF 分享或展示。

各大學與線上課程幾乎都用它進行 Python 或資料分析教學。

❑ 適合資料分析與 AI 開發
- 原生支援 Pandas、NumPy、Matplotlib、Scikit-learn、TensorFlow 等常用模組。
- 社群提供大量範例 Notebook（如 Kaggle、Google Colab）。

Jupyter Notebook 結合了「程式執行」、「文件書寫」、「視覺化展示」於同一介面，是 Python 開發中最具互動性與可讀性的工具。它不僅讓你能實驗與除錯，也能說明與報告，是資料分析、教學與原型開發的首選環境。

9-2 安裝與使用 Jupyter 擴充模組

要在 VS Code 中使用 Jupyter Notebook，第一步就是安裝必要的擴充模組與相關相依元件。本節將帶你從 Marketplace 搜尋與安裝 Jupyter 擴充功能開始，逐步說明 ipykernel 模組，並教你確認 VS Code 是否已正確支援 .ipynb 檔案。此外，也會介紹常見的啟動錯誤與對應的排解方式，幫助你順利進入互動式資料分析的世界。

9-2-1 在 VS Code Marketplace 中搜尋並安裝 Jupyter 擴充功能

要在 VS Code 中使用 .ipynb 筆記本格式，就必須先安裝 Jupyter 擴充模組（Jupyter Extension）。這個模組是由 Microsoft 官方提供，支援完整的 Jupyter Notebook 編輯與執行功能，包含：

- 儲存格（Cell）分段執行
- 輸出顯示（文字、圖表、表格）
- 整合 Jupyter Kernel 與 Python 環境

❏ 安裝步驟

1. 開啟 VS Code。
2. 建議先確認使用的是最新版 VS Code，提升相容性與穩定性。
3. 點選左側功能列的「延伸模組」圖示 ⧉。
4. 在搜尋框輸入關鍵字「Jupyter」，你會看到搜尋結果中出現名稱為 Jupyter 的模組，由 Microsoft 提供。

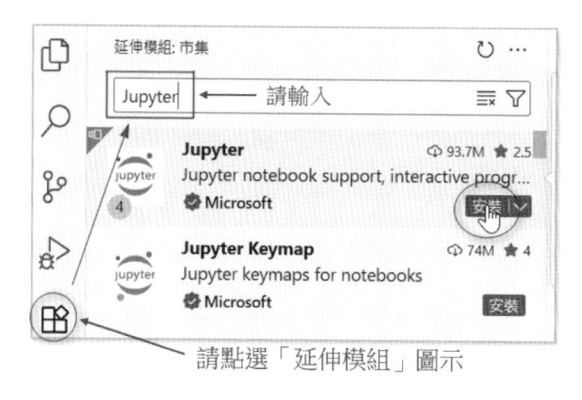

5. 點選「安裝」鈕，進行安裝。

上述安裝完成後，如果開啟 ch9 資料夾，點選開啟檔案圖示 ，請輸入要建立的檔案「ch9_1.ipynb」，畫面如下：

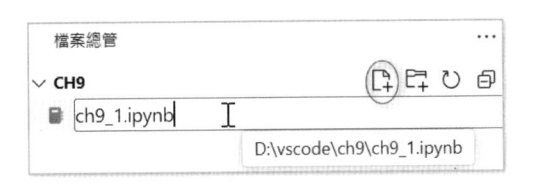

上述執行後將看到下列畫面。

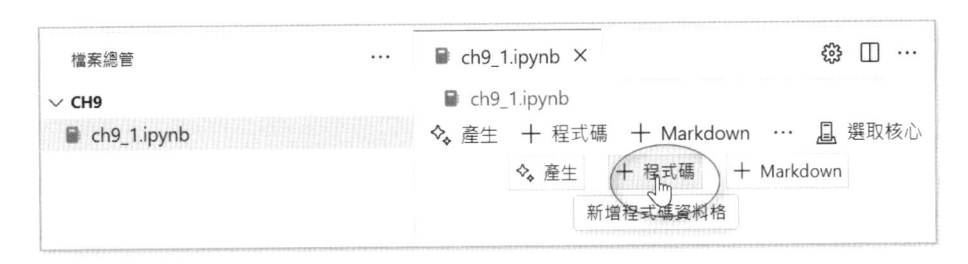

請點選「程式碼」，可以看到我們熟悉的「筆記本儲存格」(Notebook Cell)。

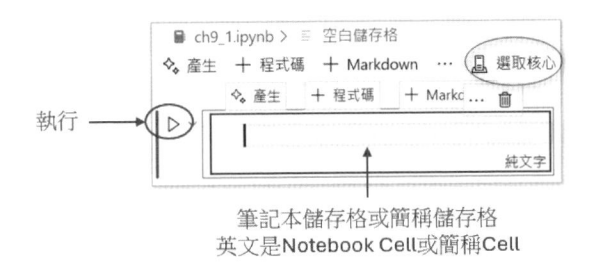

右上方有「選取核心」字串，表示需要有 Python 解譯器，這是 Jupyter Notebook 背後的執行引擎。

9-2-2 必要相依項目 - ipykernel

雖然安裝了 Jupyter 模組，但若要讓 .ipynb 筆記本在 VS Code 中真正執行，還需要一項關鍵模組：ipykernel。這個內核模組是 Jupyter Notebook 背後的執行引擎，本節將說明它的作用與安裝方式。

第 9 章　VS Code + Jupyter Notebook

❏　**為什麼需要 ipykernel ?**

ipykernel 是 Python 的 Jupyter kernel（執行核心）實作，它的作用是：

- 處理你在「儲存格」中輸入的程式碼。
- 回傳執行結果（例如變數、圖表、錯誤訊息）。
- 和 VS Code 的 Jupyter Extension 溝通，讓你能在 .ipynb 中即時執行 儲存格。

若未安裝 ipykernel，你會發現開啟 Notebook 時：

- 出現「選取核心」訊息。
- 無法執行任何儲存格。
- 無法切換到有效的 Python 解譯器。

❏　**安裝方式**

你需要在你所使用的 Python 環境中安裝 ipykernel，以便 VS Code 將該環境註冊為 Notebook 可用的 Kernel。

- 如果讀者系統只有一套 Python，可以用下列指令安裝：

    pip install ipykernel

- 如果系統有多套 Python，最新版本是 3.13，可以用下列指令安裝：

    py -3.13 -m pip install ipykernel

請在 VS Code 的終端機環境安裝，如下：

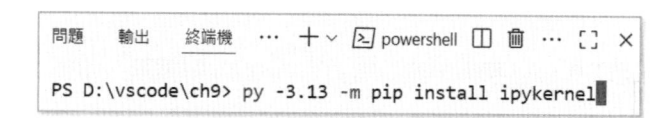

```
PS D:\vscode\ch9> py -3.13 -m pip install ipykernel
```

安裝完成後，請點選右上方的「選取核心」，然後從清單中選擇最新的 Python 版本，可以得到下列結果。

註 在 Jupyter Notebook 建立檔案延伸檔名是 .ipynb，這是標準儲存格式，全名為「IPython Notebook」。

原先右上方的「選取核心」變成「Python 3.13.3」，表示未來在儲存格輸入 Python 程式碼，可以用此版本解譯與執行。

9-2-3 測試是否安裝 Jupyter Notebook 成功

請在儲存格輸入 print() 指令。

請點選儲存格左邊的「執行」圖示 ▷（Ctrl + Enter），可以得到下列結果。

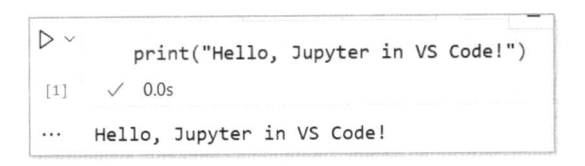

在儲存格下方看到輸出「Hello, Jupyter in VS Code!」，表示安裝 Jypyter Notebook 成功了。編輯完成後，可以執行「檔案 / 儲存或另存新檔」（Ctrl + S 或 Ctrl + Shift + S）保存執行結果。

9-3 執行 .ipynb 資料分析筆記本

完成擴充模組安裝後，我們可以開始實際操作 Jupyter Notebook。本節將帶你從建立或開啟 .ipynb 檔案開始，認識 Notebook 的介面與操作方式，包括儲存格的新增、執行與輸出結果觀察。最後，還會說明如何將筆記本儲存或轉換成 .py、.html 等格式，方便分享與再利用。這是進入互動式資料分析工作的第一步。

第 9 章　VS Code + Jupyter Notebook

9-3-1　Notebook 介面導覽

Notebook 程式區的介面如下：

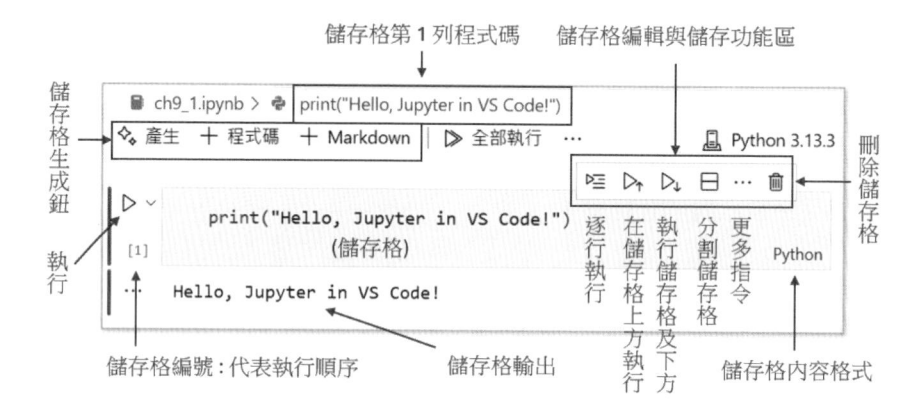

```
ch9_1.ipynb >  print("Hello, Jupyter in VS Code!")
                                                          Python 3.13.3
 產生  + 程式碼  + Markdown  ▷ 全部執行  …

▷ ˇ     print("Hello, Jupyter in VS Code!")
                     (儲存格)
 [1]
 …     Hello, Jupyter in VS Code!
```

標註說明：
- 儲存格第 1 列程式碼
- 儲存格編輯與儲存功能區
- 儲存格生成鈕
- 執行
- 儲存格編號：代表執行順序
- 儲存格輸出
- 逐行執行
- 在儲存格上方執行
- 執行儲存格及下方
- 分割儲存格
- 更多指令
- 儲存格內容格式
- 刪除儲存格
- Python

上述介面幾個區域的重要功能如下：

❏ **儲存格生成鈕**

可以生成 2 種內容格式的儲存格，一是 Python 內容，另一是 Markdown 格式的內容。

- 產生：可以生成 Python 格式的儲存格，特色是儲存格內有 Copilot AI 的生成功能，Copilot 會讀取上下文，幫你自動補出儲存格的內容。相關的觀念可以參考第 7 ~ 8 章，除了介面有小差異，其餘皆相同。

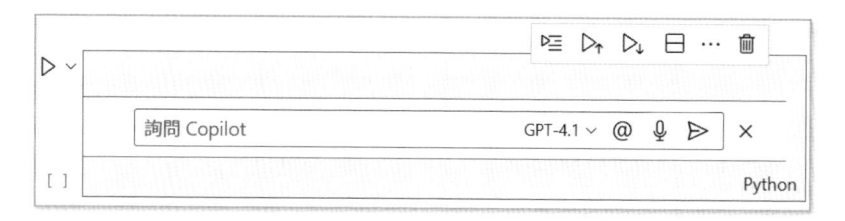

```
▷ ˇ
        詢問 Copilot              GPT-4.1 ˇ  @  🎤  ▷   ✕
 [ ]                                                         Python
```

- 程式碼：可以生成 Python 格式的儲存格內容，前面 Notebook 視窗的畫面的儲存格可以用此鈕產生。
- Markdown：可以生成 Markdown 格式的儲存格內容。

```
                                                          markdown
```

9-3 執行 .ipynb 資料分析筆記本

❑ 儲存格編號

在 Jupyter Notebook 中,每個程式碼儲存格左側都會出現類似「[ ]」的編號欄位,這個就是執行編號(Execution Count)。

- 功能說明
  - 格式:[1]、[2]、...。
  - 代表意義:這個儲存格是在目前 Notebook session 中的第幾個被執行的儲存格。
  - 會隨著執行順序而變化,不代表它在畫面上的位置。
- 重新啟動 Kernel 後的變化:每當你「重新啟動 kernel」和「並清除所有輸出」時,所有儲存格會變為 [ ]。在全部執行鈕右邊有「更多指令」圖示 … ,點選可以執行「重新啟動」或是「清除所有輸出」指令。

- 使用建議

目的	建議操作
確保變數正確定義	建議依順序執行 Cell,避免跳著執行造成錯誤
重跑整份 Notebook	使用「重新啟動 kernel」和「並清除所有輸出」
測試執行流程是否合邏輯	觀察 [n] 編號是否連續、順序是否合理

總之 Jupyter Notebook 中的儲存格編號不只是編號,它反映了執行順序與當前的工作流程。透過觀察 [n],你可以判斷每段程式的執行先後與結果,避免變數污染與邏輯錯誤,是使用 Notebook 時非常實用的導航依據。

❑ 儲存格編輯與儲存功能區

- 逐列執行(Run by Line):讓你逐列執行儲存格中的 Python 程式碼,適合初學者理解程式邏輯、逐步分析資料流程。
- 在儲存格上方執行:執行目前儲存格「上方所有儲存格」的程式碼,適合在你想要「重跑前置變數或資料處理部分」,而不是全部執行時使用。注意:當前儲存格不會執行,僅限於「上方」所有程式碼儲存格。

- 執行儲存格及下方（Run Cell and Below）：從目前儲存格開始，依序執行當前與下方所有儲存格。此功能特別適合重跑「模型訓練 + 評估」區塊，而不重複載入資料。
  - 用途：可用於「從中途開始測試流程」或「跳過初始化、測試後段程式碼」。
- 分割儲存格（Split Cell）：將一個儲存格中多段程式碼或 Markdown 文字切分成多個獨立儲存格。適合將複雜程式區塊切分為可管理的片段，也能方便逐段加註解。
  - 用途
    - 重構程式碼結構。
    - 將解說與程式分開撰寫。
    - 更細緻地進行逐格測試或執行。
  - 操作方式
    - 選中要分割的儲存格。
    - 將游標移到要分割的位置（如某一列中）。
    - VS Code 會自動將游標上方的內容切出為一個新儲存格。
- 更多指令：這一區的更多指令有「剪下儲存格」、「複製儲存格」、「貼上儲存格」、「插入儲存格」、... 等。我們可以利用這些功能，進階編輯儲存格。
- 刪除儲存格：刪除儲存格是指將目前選取的儲存格完整移除，包含其中的程式碼、Markdown 文字或執行結果。這是清理 Notebook、重構程式邏輯與移除不必要儲存格的重要工具。

下列是儲存格的編輯與執行功能對照表。

功能名稱	功能說明	適合用途
逐列執行	一列一列地執行儲存格內的程式碼	初學者逐步學習、除錯、教學演示
在儲存格上方執行	執行目前儲存格上方的所有儲存格	重跑前置程式碼段落，不需執行整份筆記本
執行儲存格及下方	執行目前儲存格與其以下所有儲存格	測試從中段開始的分析或模型區塊
分割儲存格	將一個儲存格切成兩個，依游標位置分開	重構段落、逐段加註解、改善可讀性
刪除儲存格	移除目前選取的儲存格與其中內容	清除多餘 Cell、整理筆記本結構

9-3-2 執行每個儲存的方式與輸出觀察

Jupyter Notebook 採用分段執行的設計，每個儲存格可獨立執行並即時顯示結果。本節將介紹執行儲存格的多種方式，以及如何觀察與理解輸出內容。

❏ **儲存格的執行方式**

在 Notebook 中執行儲存格，代表將該區塊中的 Python 程式碼送交後端的 Jupyter kernel 執行。執行方式有以下幾種：

- 方法 1：使用執行按鈕 ▷。
  - 每個程式碼 儲存格左側都有一個 ▷ 按鈕。
  - 點選即可執行該儲存格的程式碼。
  - 執行順序會自動編號為 [1]、[2] ... 等，表示第幾次執行。
- 方法 2：使用快捷鍵執行，快捷鍵是進行互動式試驗與資料探索時最常用的方式。

操作說明	快捷鍵
執行目前儲存格並停留	Ctrl + Enter（macOS: Cmd + Enter）
執行目前儲存格並跳到下一格	Shift + Enter
執行儲存格並在下方插入新儲存格	Alt + Enter

- 執行結果的呈現方式：執行程式碼儲存格後，結果會立即出現在該儲存格下方的「輸出區」。常見的輸出包括：

輸出類型	說明
文字輸出	如 print("Hello") 顯示字串、數字、換列等
數值回傳	例如最後一列是 2 + 3，會顯示結果 5
表格顯示	Pandas 的 DataFrame 自動以表格格式輸出
圖形輸出	Matplotlib 或 Seaborn 的繪圖會直接呈現在 Cell 下方
錯誤訊息	若程式出錯（如語法錯誤、變數未定義），錯誤訊息會以紅字顯示

- 儲存格執行的順序與注意事項。
  - 儲存格的執行順序不一定等於畫面上下順序。
  - 可依需要重複執行某個儲存格，或先執行下方再執行上方。

- 若變數定義在未執行的儲存格中，下方程式會出現 NameError。
- 建議定期使用「重新啟動」再從第一格開始執行全部儲存格，確保程式狀態正確。

9-3-3　儲存與轉換 .ipynb 成 .py 或 .html

Jupyter Notebook 除了可儲存為 .ipynb 原始格式，也能轉換為純程式碼 .py 檔案或靜態 HTML 文件，方便版本控管、分享報告或部署。本節將說明如何完成這些轉換操作。

❑ **儲存 Notebook（.ipynb）**

VS Code 會自動儲存 Notebook 的內容，也可手動儲存。

- 快捷鍵：
  - Ctrl + S（Windows / Linux）
  - Cmd + S（macOS）
- 檔案會保留為 .ipynb 格式，包含：
  - 每個儲存格的程式碼或 Markdown。
  - 執行輸出結果。
  - 儲存格編號。

註 .ipynb 可被 VS Code、Jupyter Lab、Google Colab 等工具開啟

❑ **轉換為 .py（純 Python 程式碼）**

將 Notebook 中的程式碼匯出為 .py 檔案，方便版本控管或部署。操作方式：

1. 開啟 .ipynb 檔案，此例可以用 ch9_2.ipynb 測試。
2. 點選右上角更多指令圖示 ⋯，執行「匯出」指令。

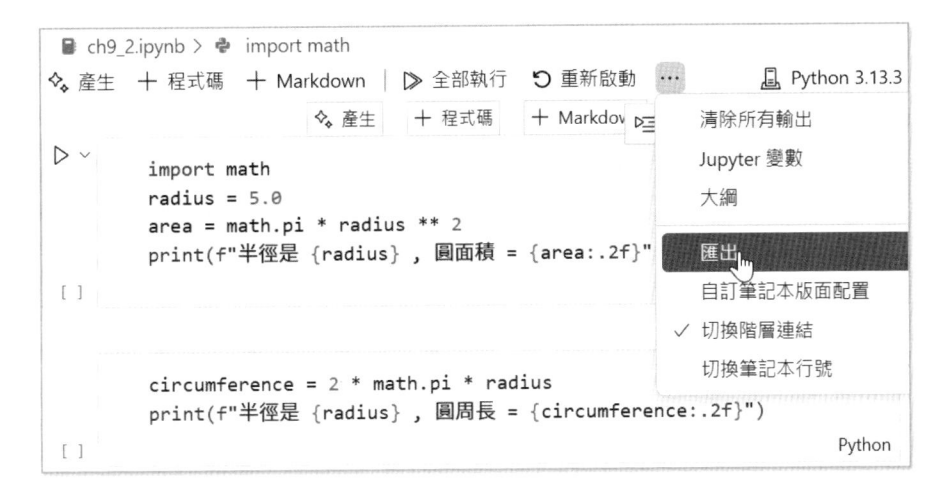

9-3 執行 .ipynb 資料分析筆記本

3. 出現下列「匯出」選項。

> **註** 上述除了「Python 指令碼」，還有「HTML」或「PDF」選項。

4. 請點選「Python 指令碼」。

5. 此例筆者輸入「ch9_2_out.py」,可以得到下列結果。

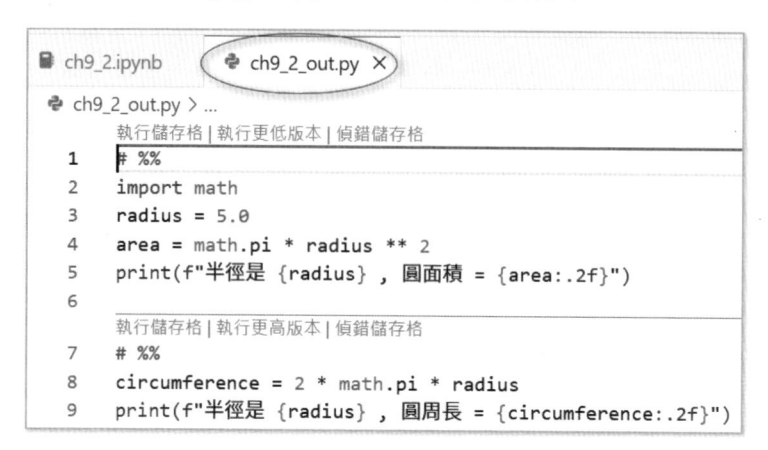

```
# %%
import math
radius = 5.0
area = math.pi * radius ** 2
print(f"半徑是 {radius} , 圓面積 = {area:.2f}")

# %%
circumference = 2 * math.pi * radius
print(f"半徑是 {radius} , 圓周長 = {circumference:.2f}")
```

程式檔案匯出後,內容說明:

- 每個儲存格前會自動加入 # %% 註解分隔。
- Markdown 區塊會變成註解(# 開頭)
- 儲存格的輸出結果不會包含在 .py 檔中
- 匯出 .py 後可當作標準 Python 程式在 VS Code 中執行或上傳至 GitHub。

Notebook 檔案不只可儲存為 .ipynb,還能輕鬆轉換成 .py 供部署,或 .html 供展示與分享。這讓 Jupyter 成為結合開發、報告與合作的強大工具,靈活應用在教學、研究與實務開發中。

9-4 儲存格選取、複製、移動與刪除

在 Jupyter Notebook 中,每段程式碼與文字都位於儲存格中,而管理這些儲存格的能力,是提升開發效率與整潔結構的關鍵。本節將介紹如何選取單一或多個儲存格,以及如何進行複製、剪下、貼上與上下移動等操作,同時說明安全刪除儲存格的方式。熟練這些技巧,能讓你更靈活地重構程式邏輯與筆記內容。

❏ 選取儲存格

為複製、移動、刪除等操作做準備;可批量調整段落順序、整理流程。

- 單一選取
  - 點擊任一儲存格，即可選取該儲存格。
  - 被選取的儲存格會用藍色顯示外框。
- 多重選取
  - 按住 Shift 鍵，再點選其他儲存格，即可選取一段範圍內的多儲存格。
  - 可進行一次性複製、移動或刪除。

❏ 複製、剪下與貼上儲存格

功能	操作方式	操作說明
複製	按右鍵 / 複製儲存格	將選取的儲存格複製至剪貼簿
剪下	按右鍵 / 剪下儲存格	將儲存格移除並保留至剪貼簿
貼上	按右鍵 / 貼上儲存格	將剪下或複製的儲存格貼到目前選取儲存格下方

❏ 移動儲存格位置

1. 請剪下要移動的儲存格。
2. 請貼上要移動的位置。

❏ 刪除儲存格

選取儲存格後，點選儲存格右上方的刪除儲存格圖示 🗑，可以刪除儲存格。

❏ 復原 / 取消復原

如果儲存格編輯動作失誤，可以執行編輯功能表的「復原」或「取消復原」指令。

9-5 Markdown 語法

在 Jupyter Notebook 中，除了撰寫程式碼，更重要的是透過文字補充說明與排版，使整份筆記更具結構與可讀性。Markdown 是 Notebook 支援的標準文字格式語法，可用於編寫標題、清單、粗體、連結，甚至支援 LaTeX 數學公式。本節將介紹常用的 Markdown 語法，幫助你打造內容清楚、結構完整的互動式教學筆記或分析報告。

9-5-1 建立與生成 Markdown 文件

❑ 建立 Markdown 模式的儲存格

點選 + Markdown，可以建立 Markdown 模式的儲存格，結果如下：

Markdown 模式的儲存格右下角會有「markdown」標記，可以參考上圖。

❑ 常用 Markdown 語法對照表

類型	語法	顯示結果
標題	# 標題一 ## 標題二	大標題、小標題
粗體	** 粗體文字 **	粗體文字
斜體	* 斜體文字 *	斜體文字
清單	- 項目一 - 項目二	項目一、項目二（項目符號）
編號清單	1. 項目一 2. 項目二	1. 項目一、2. 項目二
區塊引用	> 這是引用文字	引用樣式文字
程式碼區	'print("Hello")'	print("Hello")
區塊程式	\<pre\>python\<br\> 程式碼區塊 \<br\>\</pre\>	格式化多列程式碼區塊
連結	[OpenAI](https://openai.com)	OpenAI
圖片	![圖說](圖檔網址)	顯示圖像

❑ 數學公式（LaTeX 語法）

Notebook 支援以 $...$ 撰寫行內數學公式，$$...$$ 撰寫區塊公式，常用於統計、機器學習等分析筆記中。

語法	顯示結果
$E=mc^2$	$E = mc^2$
$$\sum_{i=1}^{n} x_i$$	$\sum_{i=1}^{n} x_i$

❑ 進階排版技巧

- 分隔線：--- 或 ***
- 水平對齊（僅限 HTML）：<center> 置中內容 </center>
- 表格語法支援（需簡單排版）：

欄位一	欄位二
內容A	內容B

❑ 實用建議

- 先寫內容 → 再執行（Shift + Enter）預覽效果。
- Markdown 非常適合撰寫段落說明、章節標題與結果解釋。
- 可與圖片、表格、數學公式搭配，讓分析報告更具閱讀性與專業度。

實例 ch9_3.ipynb：建立 markdown 模式的表格文件。

1：請開啟 ch9_3.ipynb，這個檔案有已經輸入完成的 Markdown 文件內容。

在儲存格右上方看到圖示「✓」表示是在 Markdown 編輯模式。

2：點選此圖示 ✓ 可以停止編輯儲存格，然後得到結果。

如果要重新編輯儲存格，可以點選圖示「✎」。

第 9 章　VS Code + Jupyter Notebook

實例 ch9_4.ipynb：建立 markdown 模式的銷售資料觀察文件。

1： 請開啟 ch9_4.ipynb，這個檔案有已經輸入完成的 Markdown 文件內容。

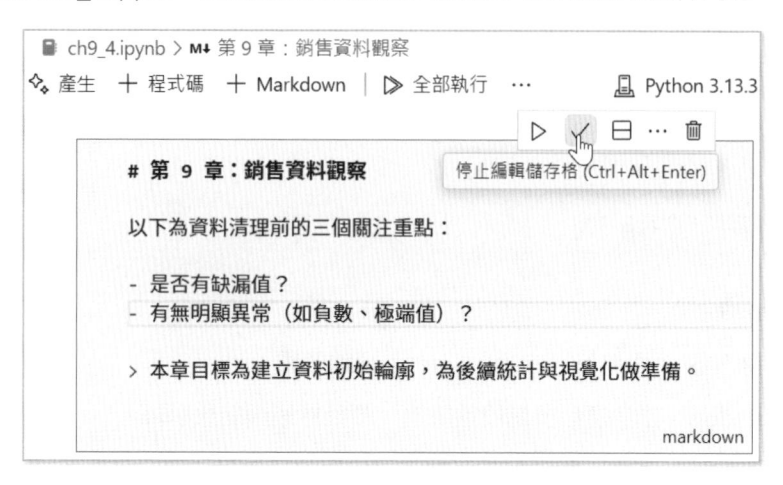

2： 點選此圖示 ✓ 可以停止編輯儲存格，然後得到結果。

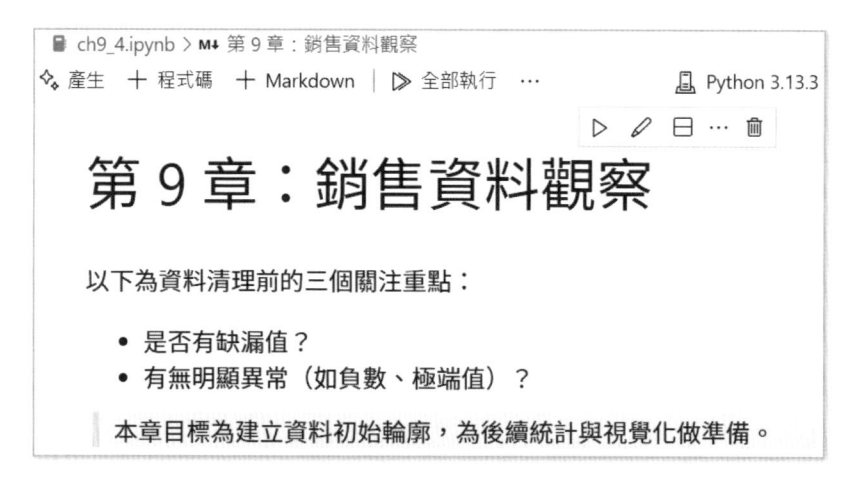

實例 ch9_5.ipynb：建立 markdown 模式，含數學公式與段落說明的文件。

1： 請開啟 ch9_5.ipynb，這個檔案有已經輸入完成的 Markdown 文件內容。

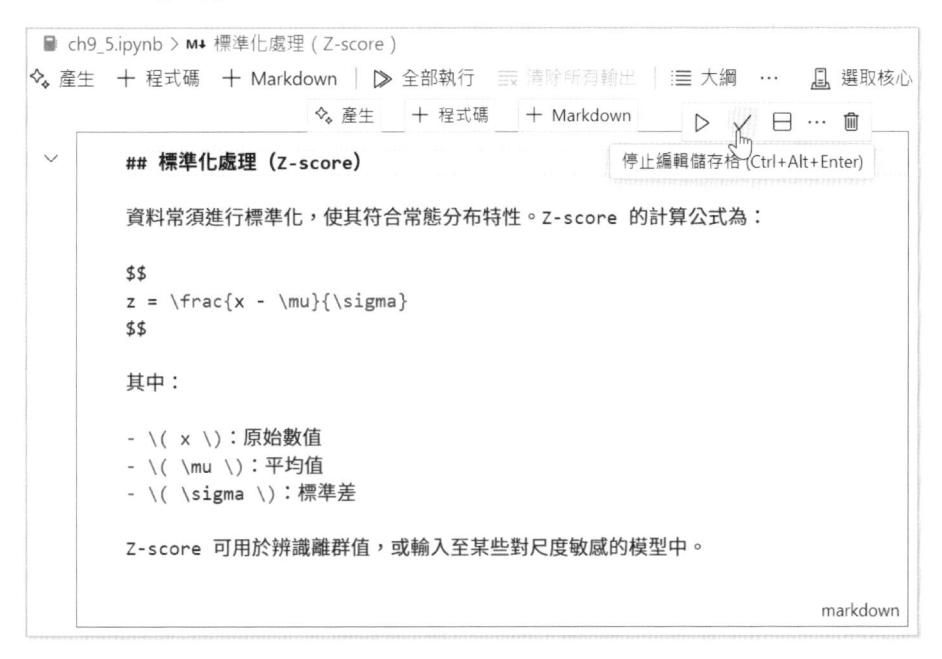

2： 點選此圖示 ✓ 可以停止編輯儲存格，然後得到結果。

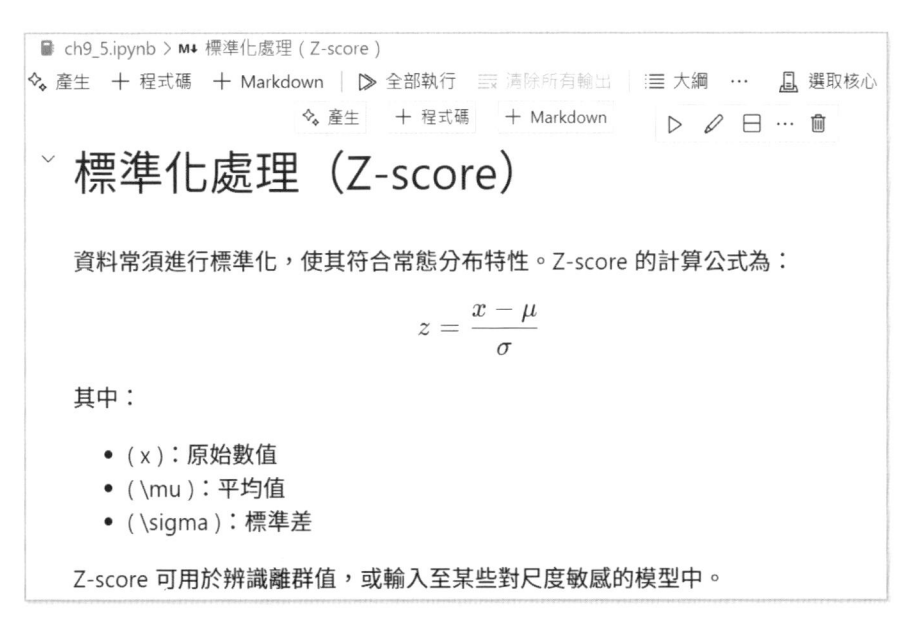

第 9 章　VS Code + Jupyter Notebook

實例 ch9_6.ipynb：建立 markdown 模式，內容是安裝 VS Code 說明的文件。

1:　請開啟 ch9_6.ipynb，這個檔案有已經輸入完成的 Markdown 文件內容。

2:　點選此圖示 ✓ 可以停止編輯儲存格，然後得到結果。

9-20

實例 ch9_7.ipynb：建立 markdown 模式，內容是多儲存格的文件。

1： 請開啟 ch9_7.ipynb，這個檔案有已經輸入完成的 Markdown 文件內容。

2： 分別點選 3 個儲存格的圖示 ✓ 可以停止編輯儲存格，然後得到結果。

> Math Support
>
> LaTeX syntax supported, e.g.:
>
> $$E = mc^2$$

9-6 結合 Numpy、Matplotlib、Pandas 的應用展示

完成 Jupyter Notebook 的基本操作後，接下來就是實際應用 Python 的三大資料科學模組：NumPy、Matplotlib 與 Pandas。本節將透過實作方式，示範如何讀取並顯示資料、繪製圖表、進行基本數學運算，並整合三者完成一個小型的資料分析任務。這些實例將讓你了解 Jupyter Notebook 如何作為資料探索、視覺化與運算的全方位工具。

9-6-1　利用 NumPy 進行矩陣運算與隨機數產生

NumPy 是 Python 最重要的數值運算模組，廣泛應用於資料分析、機器學習與科學計算。本節將示範如何使用 NumPy 進行矩陣運算與隨機數的產生，建立數值處理的基礎能力。

❑　安裝 numpy 模組

使用前需要在終端機安裝下列模組：

　py -3.13 -m pip install numpy

```
PS D:\vscode\ch9> py -3.13 -m pip install numpy
Requirement already satisfied: numpy in c:\users\user\appdata\local\
programs\python\python313\lib\site-packages (2.2.6)
```

下列儲存格內容可以參考 ch9_8.ipynb。

❑　匯入 NumPy 模組

NumPy 模組的標準匯入方式如下，請同時執行此儲存格。

9-6 結合 Numpy、Matplotlib、Pandas 的應用展示

```python
import numpy as np
```

np 是 NumPy 的常見縮寫,幾乎所有教學與範例都使用這個別名。

❏ 建立陣列與矩陣

NumPy 的核心資料結構是「ndarray」,可用來表示向量、矩陣等數值集合,請同時執行此儲存格。

```python
a = np.array([[1, 2], [3, 4]])
b = np.array([[5, 6], [7, 8]])
```

❏ 矩陣基本運算

常見的加減乘除、轉置、點積等運算如下,請同時執行此儲存格。

```python
# 元素相加
print(a + b)

# 元素相乘
print(a * b)

# 點積 (矩陣乘法)
print(np.dot(a, b))

# 轉置
print(a.T)
```

```
[[ 6  8]
 [10 12]]
[[ 5 12]
 [21 32]]
[[19 22]
 [43 50]]
[[1 3]
 [2 4]]
```

9-23

NumPy 支援向量化運算，效率遠高於 for 迴圈。

❑ 產生隨機數

NumPy 提供強大的隨機數產生模組 np.random，可用於模擬資料、初始化參數等用途。

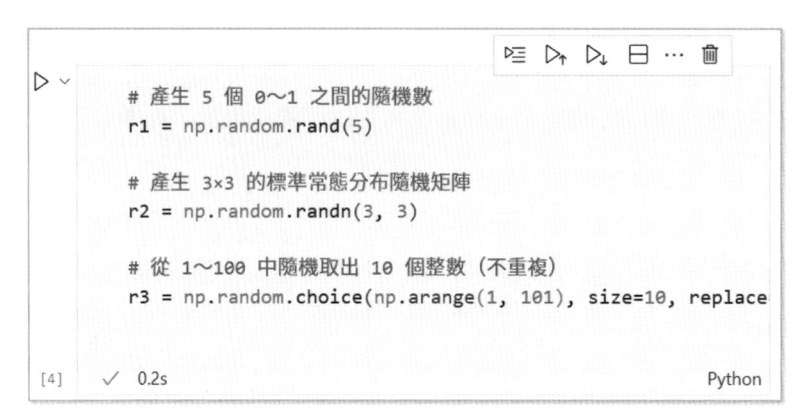

```python
# 產生 5 個 0~1 之間的隨機數
r1 = np.random.rand(5)

# 產生 3x3 的標準常態分布隨機矩陣
r2 = np.random.randn(3, 3)

# 從 1~100 中隨機取出 10 個整數（不重複）
r3 = np.random.choice(np.arange(1, 101), size=10, replace
```

可結合 random.seed() 設定隨機種子以確保重現性：

np.random.seed(42)

❑ 小技巧

操作	說明
np.mean(arr)	計算平均值
np.sum(arr)	計算總和
np.max(arr)	找最大值
np.linalg.inv(m)	計算矩陣反矩陣

9-6-2　用 Matplotlib 繪製簡單折線圖與長條圖

Matplotlib 是 Python 最常用的繪圖模組之一，可用於視覺化資料趨勢與分類結果。本節將介紹如何用 Matplotlib 繪製基本的折線圖與長條圖。

❑ 安裝 Matplotlib 模組

使用前需要在終端機安裝下列模組：

9-6 結合 Numpy、Matplotlib、Pandas 的應用展示

```
py -3.13 -m pip install matplotlib
```

下列儲存格內容可以參考 ch9_8.ipynb。

❑ 匯入 Matplotlib 模組

通常會搭配 Pyplot 模組使用，寫法如下，請同時執行。

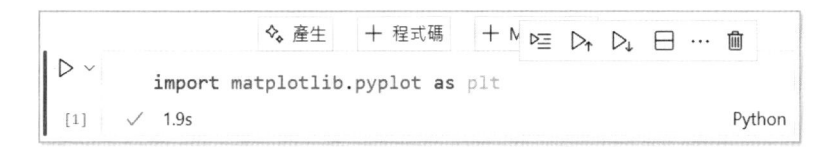

```python
import matplotlib.pyplot as plt
```

建議使用 plt 作為縮寫，是業界與教學上的通用慣例。

❑ 繪製折線圖（Line Chart）

折線圖適合呈現「數據變化趨勢」，例如隨時間變化的溫度或銷售量。

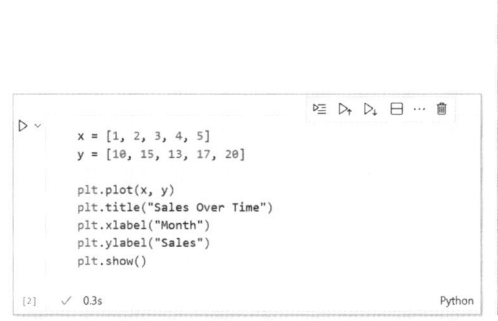

```python
x = [1, 2, 3, 4, 5]
y = [10, 15, 13, 17, 20]

plt.plot(x, y)
plt.title("Sales Over Time")
plt.xlabel("Month")
plt.ylabel("Sales")
plt.show()
```

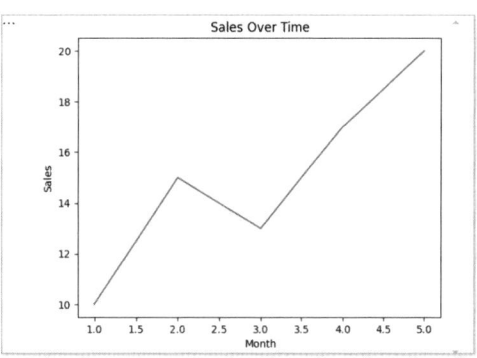

plt.show() 是必要步驟，用來顯示圖形。

❑ 繪製長條圖（Bar Chart）

長條圖適合用來比較不同類別的數值大小。

```
categories = ["A", "B", "C", "D"]
values = [30, 45, 25, 50]

plt.bar(categories, values)
plt.title("Category Comparison")
plt.xlabel("Category")
plt.ylabel("Value")
plt.show()
```

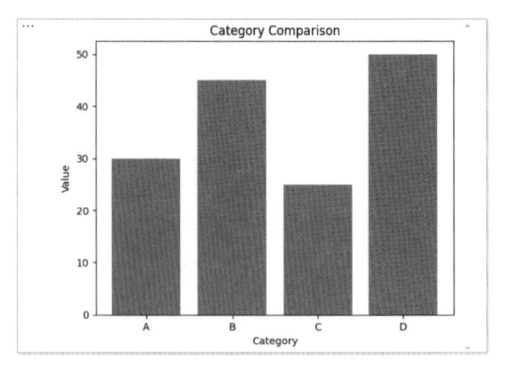

plt.bar() 是畫直向長條圖的方法，若要橫向可使用 plt.barh()。

❑ 小技巧與補充

類型	函式	功能
折線圖	plt.plot()	繪製連續變化的數據曲線
長條圖	plt.bar()	用來比較類別型數據
加入標題	plt.title()	設定圖表標題
標籤說明	plt.xlabel() / plt.ylabel()	加入 X 與 Y 軸標籤

9-6-3　載入 Pandas 資料並顯示前幾筆資料

Pandas 是進行資料處理與分析最常用的 Python 模組。本節將示範如何載入 CSV 檔案並轉為 DataFrame，並顯示前幾筆資料，為後續分析與視覺化打好基礎。

❑ 安裝 Pandas 模組

使用前需要在終端機安裝下列模組：

```
py -3.13 -m pip install pandas
```

❑ 匯入 Pandas 模組

在 Notebook 中先載入 Pandas。

```
import pandas as pd
```

建議使用 pd 作為縮寫，是社群慣用寫法。

9-6 結合 Numpy、Matplotlib、Pandas 的應用展示

❑ 讀取 CSV 檔案成為 DataFrame

假設你有一份名為 data.csv 的資料檔案，可使用 read_csv() 函式讀入：

df = pd.read_csv("data.csv")

此動作會將 CSV 中的資料轉為 Pandas 的資料框（DataFrame）格式。

❑ 顯示前幾筆資料

使用 .head() 方法可以快速預覽前幾筆資料（預設為前 5 筆）：

df.head()

若想看更多筆數，可以傳入參數：

df.head(10)　　　# 顯示前 10 筆

❑ 小補充

方法	說明
df.tail()	顯示資料集最後幾筆（預設 5 筆）
df.info()	顯示欄位、型態、非空值數等資訊
df.shape	顯示資料的維度（列數, 欄數）

9-6-4 整合三者進行一個小型資料分析任務

Pandas、Matplotlib 與 NumPy 三模組各有強項，結合使用能大幅提升分析效率。本節將透過一個簡單的氣溫統計範例，示範三者如何協同完成資料讀取、處理與視覺化，這種整合方式是實務上最常見的資料科學工作流程。學會它，就能開始建立屬於自己的資料探索專案。

❑ 範例 ch9_10.ipynb 說明 – temperature.csv 內容是氣溫資料分析

分析一週的每日氣溫，計算統計值，並以圖表呈現變化趨勢。本節所用的資料名稱是 temperature.csv，其內容如下：

第 9 章　VS Code + Jupyter Notebook

	A	B	C
1	day	temperature	
2	Mon	22	
3	Tue	24	
4	Wed	21	
5	Thu	25	
6	Fri	23	
7	Sat	27	
8	Sun	26	

❑　匯入必要模組

```python
import pandas as pd
import numpy as np
import matplotlib.pyplot as plt
```

❑　讀取資料並轉為 DataFrame

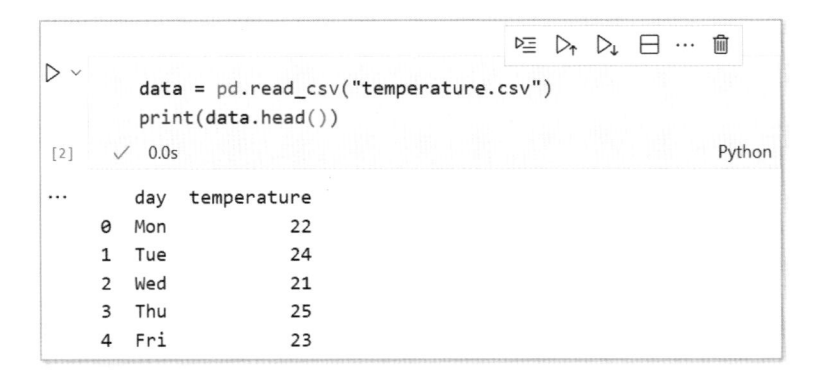

```python
data = pd.read_csv("temperature.csv")
print(data.head())
```

```
   day  temperature
0  Mon           22
1  Tue           24
2  Wed           21
3  Thu           25
4  Fri           23
```

顯示資料確認內容正確。

9-28

9-6 結合 Numpy、Matplotlib、Pandas 的應用展示

❏ 計算統計值（使用 NumPy）

```python
temps = data["temperature"].values

mean_temp = np.mean(temps)
max_temp = np.max(temps)
min_temp = np.min(temps)

print(f"Mean: {mean_temp}, Max: {max_temp}, Min: {min_tem
```

Mean: 24.0, Max: 27, Min: 21

❏ 繪製折線圖（使用 Matplotlib）

```python
plt.plot(data["day"], data["temperature"], marker="o", li
plt.title("Weekly Temperature Trend")
plt.xlabel("Day")
plt.ylabel("Temperature (°C)")
plt.grid(True)
plt.show()
```

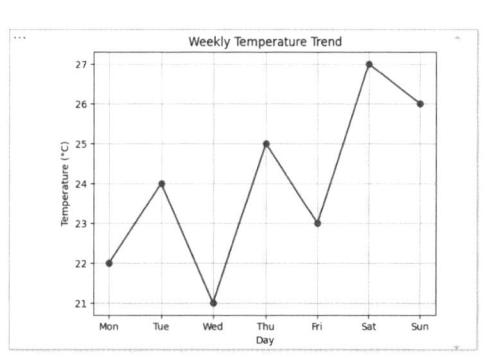

結合日資料與溫度數值，視覺化每日氣溫變化。

❏ 補充應用建議

- 可用 np.std() 加入標準差計算。
- 使用 plt.bar() 做分類比較（如最高氣溫日）。
- 加入 annotate() 顯示極值資訊。

9-7 比較 Jupyter 與 Python script 的開發方式

Jupyter Notebook 與傳統 Python 腳本（.py 檔）各有其適用場景，前者強調互動與視覺化，後者則適合流程控制與實際部署。本節將從可視化優勢、部署流程、版本控管與團隊協作等面向，深入比較這兩種開發方式，並提供整合使用的實務建議，幫助你根據需求選擇最適合的開發模式，提升分析效率與程式維護性。

9-7-1 Notebook 的互動性與可視化優勢

Jupyter Notebook 最大的特色就是強化互動與圖形呈現，讓資料分析流程更具可視性與操作性。本節將說明 Notebook 如何透過分段執行與即時視覺化輔助分析。

❏ 範例 ch9_11.ipynb 儲存格分段執行，方便逐步測試

Notebook 將程式碼劃分為儲存格，使用者可逐段撰寫與執行，隨時檢查每一步的結果。

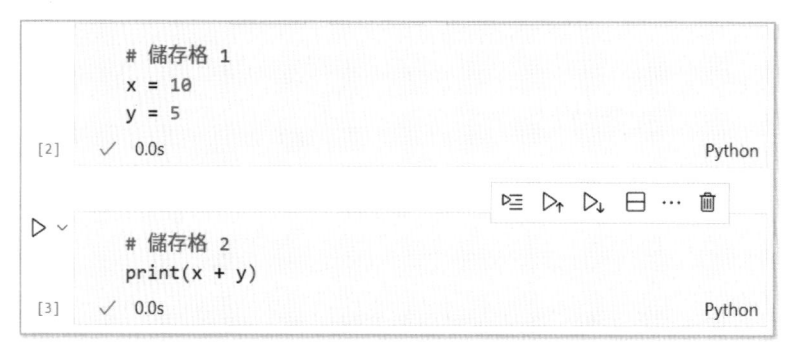

```
# 儲存格 1
x = 10
y = 5
```
[2] ✓ 0.0s   Python

```
# 儲存格 2
print(x + y)
```
[3] ✓ 0.0s   Python

此方式適合實驗性開發與數據探索，能立即修改、即時回饋。

❏ 整合文字與程式碼，提升說明性

Notebook 支援 Markdown 儲存格，可在程式間插入標題、說明與數學公式，讓邏輯更清晰：

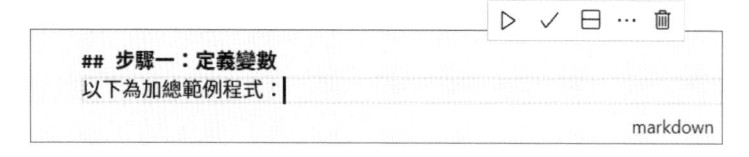

```
## 步驟一：定義變數
以下為加總範例程式：
```
markdown

適合用於教學、報告或團隊內部知識傳遞。

❑ 即時圖表輸出，強化資料理解

搭配 Matplotlib 或 Seaborn 等視覺化工具時，Notebook 能直接在儲存格下方呈現圖形：

```python
import matplotlib.pyplot as plt
plt.plot([1, 2, 3], [4, 5, 6])
plt.show()
```

執行後圖形直接顯示於頁面，無需另開視窗。

❑ 執行狀態保留，方便資料反覆操作

Notebook 會保留 kernel 記憶體，變數與結果不會隨儲存格跳動而清除，有助於重複試驗與修正。

筆者體會 Jupyter Notebook 結合了可視化、說明文字與分段執行等功能，是資料分析與教學場合的理想工具。其互動性設計讓使用者能更直覺地掌握資料流程與分析結果，是探索式開發的最佳選擇。

9-7-2　Python script 的流程控制與可部署性

雖然 Jupyter Notebook 強調互動操作，但真正進入實務開發與部署階段時，Python script（.py 檔）仍是主流選擇。本節將說明腳本在流程控制、模組化與部署上的優勢。

❑ 具備明確的執行順序與流程結構

Python script 是從上而下線性執行，程式架構清楚，不會因儲存格執行順序不同而導致變數錯誤。

```python
def calculate_area(w, h):
    return w * h

print(calculate_area(5, 3))
```

在大型系統或複雜流程中，這種「可預測性」非常重要。

第 9 章　VS Code + Jupyter Notebook

❏　範例 ch9_12 資料夾 - 可模組化與重用

腳本可輕鬆拆分為函式或模組，支援 import 來重複使用：

- 程式實例 utils.py

```
# utils.py
def greet(name):
    return f"Hello, {name}!"
```

- 程式實例 main.py

```
# main.py
from utils import greet
print(greet("Alice"))
```

有助於建立多人協作的可維護系統架構。

❏　適合版本控管與團隊開發

.py 檔案為純文字，適用於 Git 等版本控制工具，方便追蹤歷史紀錄與協同開發。相對而言，.ipynb 為 JSON 結構，不易人工比對差異。

❏　可執行與部署性高

Python script 可直接由命令列或自動化工具執行：

　　python main.py

也可結合定時排程（如 cron）、容器化（如 Docker）、或部署於雲端服務（如 AWS Lambda）。

筆者建議若目的是將開發成果轉為穩定可執行的程式，Python script 更適合流程控制、版本管理與部署作業，是從原型轉向產品化的最佳格式。搭配良好架構設計，能進一步支持擴充與團隊維護。

9-7-3　兩者整合使用的實務建議

Jupyter 與 Python script 各有優勢，在實務開發中可依需求整合使用。本節將說明如何先在 Notebook 中進行原型試驗，再轉換為 script 進行部署與維護。

❏　原型試驗階段 - 使用 Jupyter Notebook

Jupyter 非常適合進行初步探索與嘗試，特別是在以下情境：

- 資料清理、欄位轉換與可視化分析。
- 建立機器學習模型、實驗超參數。
- 撰寫註解、教學或記錄思路過程。

在 Notebook 中能靈活編輯與即時觀察結果，有助於快速迭代。

☐ **重構整理階段 - 轉為 Python script**

完成測試後，建議將穩定的邏輯與功能整理為模組與函式，轉存為 .py。或手動將重要程式碼轉存為 main.py、utils.py 等模組化檔案。

☐ **部署與自動化 - 以腳本方式執行**

轉為 script 後，可執行下列應用：

- 自動排程：透過 cron、Windows 工作排程器定時執行。
- 批量處理：搭配命令列參數進行資料批量運算。
- 雲端部署：作為 API、Docker 映像或伺服器端應用程式上線。

☐ **組織建議 - Notebook for Exploration, Script for Production**

實務上常見流程如下：

- 在 Notebook 中探索資料與測試邏輯。
- 複製並重構有效程式碼到 .py 模組。
- 測試並加入例外處理與參數控制。
- 進行版本控管與部署。

可將 Notebook 當作「研究筆記」，而 script 扮演「應用程式」的角色。

筆者建議開發時以 Notebook 靈活試驗、逐步測試，完成後再轉為 Python script 進行部署與維護，是許多資料科學與工程團隊的標準流程。善用兩者整合，能兼顧創造力與穩定性，提升開發效率與可持續性。

9-7-4　開發效率、版本控管、合作方式的比較分析

Jupyter 與 Python script 在開發流程中各具特色，從個人效率、團隊合作到版本控管都有不同優劣。本節將從這三個層面進行具體比較與應用建議。

第 9 章　VS Code + Jupyter Notebook

❑　開發效率比較

面向	Jupyter Notebook	Python Script
撰寫靈活性	高：可分段執行、插入註解與圖表	中：需完整執行一次
試驗快速迭代	優：立即執行、快速修改	略慢：修改後需重跑整段
邏輯完整性	易出現跳過 Cell 或重複變數的問題	執行順序固定、邏輯更清晰

個人探索階段，Jupyter 較靈活。進入實作階段，script 效率更穩定。

❑　版本控管比較

面向	Jupyter Notebook	Python Script
Git 整合	較差：儲存格式為 JSON，diff 不直觀	優：純文字格式，易讀易比對
合併衝突解決	難度高：需特殊工具支援或避免同檔多人編輯	較簡單：標準程式檔可人工或自動處理
協作追蹤	難：註解與輸出混雜	易：每次 commit 都能追溯變更內容

Notebook 適合個人或非同步共享，Script 適合多人並行開發。

❑　團隊合作方式比較

面向	Jupyter Notebook	Python Script
文件說明整合	優：可結合文字、公式、圖表	需另建 README 或 docstring
單元模組重用	差：較難封裝重用	優：可建模組、類別、測試架構
專案部署銜接	不建議直接部署	適合部署、自動化、API 化

Notebook 適合討論與分享，Script 適合實作與產品化。

❑　筆者建議

比較面向	建議工具
初期探索	Jupyter Notebook
團隊開發	Python Script
文件展示	Notebook → HTML

筆者體會 Jupyter Notebook 提供極佳的互動與視覺化體驗，適合分析與展示；而 Python script 提供穩定、可控的開發與部署流程。理解兩者差異並依需求選用或整合，才能在個人與團隊開發中達到最佳效率與品質。

第 10 章

專案實作 - CLI 應用程式

10-1　用 Python 撰寫命令列工具

10-2　Copilot 協助自動生成指令結構

10-3　用 argparse、os、shutil 實作功能

第 10 章　專案實作 - CLI 應用程式

在資料處理、系統維護與自動化任務中，命令列工具（CLI, Command Line Interface）仍是最實用的程式應用方式之一。本章將帶你實作一個完整的 Python CLI 應用程式，從基本指令結構設計到實際功能實作，並介紹如何透過 GitHub Copilot 協助快速產生範例程式與指令格式。我們也將運用 argparse、os、shutil 等標準模組來建立批量轉檔、圖片壓縮等實用功能，讓你學會如何將程式變成可以通過命令列操作的實戰工具。

10-1 用 Python 撰寫命令列工具

命令列工具（CLI）至今仍廣泛應用於資料處理、自動化與系統管理等領域。使用 Python 撰寫 CLI 工具不僅語法簡潔，還能快速整合成效能穩定的應用程式。本節將介紹 CLI 的基本概念與實務應用場景，說明撰寫一個實用 CLI 工具的設計流程與程式架構，並實作兩個常見任務的原型範例：「批量文字檔轉換」與「圖片壓縮」，作為你邁向工具型應用開發的第一步。

10-1-1　CLI 應用介紹與範例展示

CLI（Command Line Interface）是許多專業工具與自動化任務常用的操作介面。本節將說明 CLI 的特性與實際應用，並展示常見 Python CLI 工具的功能樣貌。

❏ 什麼是 CLI？

CLI（命令列介面）是一種以文字指令與電腦互動的方式，透過終端機或命令提示字元輸入指令，執行程式或自動化流程。

與圖形介面（GUI）相比，CLI 操作更快速、可批量處理、易於自動化，特別適合開發者、系統管理員與資料工程師使用。

❏ CLI 工具的優點

- 可快速啟動與批量處理大量資料。
- 能整合至自動化流程（如排程任務、CI/CD）。註：下方會解釋 CI//CD。
- 執行效能高，無 GUI 負擔。
- 可搭配 Shell、Python、Git 等工具組合使用。

10-1 用 Python 撰寫命令列工具

❑ 補充解釋 CI/CD

CI/CD 的英文全名是：

縮寫	全文	中文翻譯
CI	Continuous Integration	持續整合
CD	Continuous Delivery / Deployment	持續交付／持續部署

- CI：Continuous Integration（持續整合）：當多人同時開發時，程式碼會頻繁合併（整合）進主程式庫（如 Git repository）。CI 的目的是自動化測試與建構流程，確保每次提交都不會破壞系統。

特色：
  - 每次 commit 或 push 都會觸發自動測試。
  - 可在幾分鐘內發現錯誤。
  - 提升開發品質與團隊協作效率。

- CD：有兩種意思，依開發流程分為：
  - CD = Continuous Delivery（持續交付）
    ◆ 程式自動測試與打包完畢後，準備好「隨時可發佈」。
    ◆ 但仍需人工按下「部署」按鈕。
    ◆ 適合對品質控管嚴格的團隊。
  - CD = Continuous Deployment（持續部署）
    ◆ 更進一步，程式測試通過後會直接部署到正式環境。
    ◆ 整個流程完全自動化，不需人工介入。
    ◆ 常見於敏捷開發與 DevOps 團隊。

- 補充解釋「CLI 工具能整合至自動化流程（如排程任務、CI/CD）」

意思是：
  - 你可以寫一個 Python CLI 工具，自動壓縮資料、轉檔、清理日誌 ...。
  - 將它整合進 GitHub Actions、GitLab CI、Jenkins 等 CI/CD 工具。
  - 在程式提交後自動執行指令，達成資料流或部署流程自動化。

❏ 常見 CLI 工具範例

工具	功能	指令範例
ffmpeg	影音格式轉換	ffmpeg -i input.mp4 output.mp3
wget	網頁 / 檔案下載	wget https://example.com/file.csv
git	版本控制系統操作	git commit -m "initial commit"
pip	Python 模組安裝	pip install pandas
python script.py	執行自訂 Python 程式	python convert.py --input data.txt

❏ Python CLI 工具應用情境

Python 是撰寫 CLI 工具非常理想的語言，常見應用如：

- 批量檔案轉換（如 .txt 轉 .csv）。
- 資料整理與篩選（透過 pandas 處理 CSV）。
- 圖片壓縮、自動命名、格式轉換。
- 網頁資料擷取與報告自動化。
- 系統備份與檔案同步工具。

CLI 工具雖然介面簡潔，但功能強大且可快速整合進工作流程。透過 Python 撰寫 CLI 應用程式，不僅能加速日常任務，也能打造實用、可分享的工具腳本，是每位開發者值得學習的重要技能。

10-1-2 設計實用 CLI 的流程與架構

一個好的命令列工具不只要能動，還要好用、易懂且易維護。本節將介紹設計實用 CLI 工具的基本流程與程式架構，幫助你寫出清晰、擴充性高的工具程式。

❏ 設計 CLI 工具的基本流程

撰寫 CLI 工具通常可分為以下幾個步驟：

1. 明確任務目標
    - 例如：壓縮圖片、轉換格式、批量重新命名、合併檔案等。

2. 規劃輸入與輸出參數
   - 例如：--input、--output、--quality、--format 等。
   - 使用 argparse 處理參數解析與說明訊息。
3. 定義功能流程
   - 包含：讀取資料 → 處理 → 儲存 → 回報結果。
   - 模組化設計有助於後續測試與維護。
4. 加上錯誤處理與使用說明
   - 避免因缺少參數或檔案不存在而崩潰。
   - 提供 --help 讓使用者快速瞭解用法。

❏ 典型 CLI 架構（Python 範例 ch10_1.py）

讀者須了解，這是架構，無法執行，下一小節會擴充此程式。

```
1   # 匯入 argparse 模組來解析命令列參數
2   import argparse
3
4   # 主程式入口函式
5   def main():
6       # 建立命令列參數解析器，並設定描述文字（--help 時會顯示）
7       parser = argparse.ArgumentParser(description="Batch convert .txt to .csv")
8
9       # 加入 --input 參數，為必填，用來指定輸入資料夾
10      parser.add_argument('--input', required=True, help="Input folder path")
11
12      # 加入 --output 參數，為必填，用來指定輸出資料夾
13      parser.add_argument('--output', required=True, help="Output folder path")
14
15      # 解析使用者輸入的命令列參數，存入 args 物件
16      args = parser.parse_args()
17
18      # 呼叫自訂函式來執行實際的轉換功能
19      convert_files(args.input, args.output)
20
21  # 自訂函式：負責將 .txt 檔案轉換成 .csv（此為範例名稱）
22  def convert_files(input_path, output_path):
23      # 在此函式中實作實際處理邏輯，例如讀檔、轉換、儲存
24      pass  # 目前未實作內容，可視需要替換為實際功能
25
26  # 程式進入點：若是直接執行這支 Python 檔案，才會執行 main()
27  if __name__ == '__main__':
28      main()
```

程式補充說明：

區段	說明
argparse	處理 --input、--output 等命令列參數
main()	程式邏輯的主控點，集中參數解析與功能調用
convert_files()	實際執行的功能模組，負責邏輯處理與檔案操作，可重用與測試
if __name__ == '__main__'	確保只有在直接執行本檔案時才啟動主流程

❏ 設計良好的 CLI 工具應具備的特性

特性	說明
明確指令介面	使用說明清楚，支援 --help
參數檢查嚴謹	缺少參數時能提示錯誤而非崩潰
模組化結構	主程式與邏輯分離，便於除錯與測試
可擴充性高	日後能新增參數或支援不同檔案類型
支援預設值	提供預設行為，讓使用者不必每次輸入全部參數

撰寫 CLI 工具不只是將程式碼搬到命令列，而是建立一套明確、穩定、可重用的介面。透過清楚的參數設計與良好的結構規劃，你的 CLI 工具將不只實用，也更容易被他人採用與維護。下一節我們將實作具體範例。

10-1-3　CLI 實例 - 批量轉換文字檔格式

將多個 .txt 文字檔批量轉換成 .csv 格式，是命令列工具中常見的應用場景。本節將以實際範例說明如何撰寫具參數化的 CLI 工具，並附上完整註解說明。

專題 ch10_2 - 程式實例 txt_to_csv.py：這個 CLI 工具可透過命令列指定輸入與輸出資料夾，將所有 .txt 檔逐一轉換為 .csv，每行以空白分隔的內容會寫入對應 .csv 檔。

```
1   import os                  # 處理檔案與資料夾路徑
2   import argparse             # 處理命令列參數
3   import csv                 # 寫入 CSV 格式檔案
4
5   # 定義主要轉換邏輯的函式
6   def txt_to_csv(input_folder, output_folder):
7       """
8       將 input_folder 中所有 .txt 檔轉換為 .csv，並存入 output_folder
9       """
10      # 遍歷輸入資料夾中的所有檔案
11      for filename in os.listdir(input_folder):
12          # 確認副檔名為 .txt 才處理
13          if filename.endswith(".txt"):
14              # 建立輸入與輸出檔案的完整路徑
```

```python
15              txt_path = os.path.join(input_folder, filename)
16              csv_path = os.path.join(output_folder, filename.replace(".txt", ".csv"))
17
18              # 開啟 .txt 檔作為讀取來源,並建立對應的 .csv 檔案作為輸出
19              with open(txt_path, "r") as infile, open(csv_path, "w", newline="") as outfile:
20                  writer = csv.writer(outfile)    # 建立 CSV 寫入器
21                  for line in infile:
22                      # 將每行以空白切割成欄位 (如有特殊格式可改用逗號等)
23                      row = line.strip().split()
24                      writer.writerow(row)        # 寫入至 .csv 檔中
25
26  # 主程式,負責解析參數並啟動轉換
27  def main():
28      # 建立命令列參數解析器
29      parser = argparse.ArgumentParser(description="Convert .txt files to .csv")
30
31      # 加入必要的參數:輸入與輸出資料夾路徑
32      parser.add_argument("--input", required=True, help="Input folder path containing .txt files")
33      parser.add_argument("--output", required=True, help="Output folder path for converted .csv files")
34
35      # 解析參數
36      args = parser.parse_args()
37
38      # 呼叫轉換函式,執行實際邏輯
39      txt_to_csv(args.input, args.output)
40
41  # 程式進入點:僅在直接執行本檔案時執行 main()
42  if __name__ == "__main__":
43      main()
```

❏ **程式實例使用方式**

這個程式必須在終端機環境執行,指令如下:

python txt_to_csv.py --input ./text_files --output ./csv_output

- 上述參數「python」可以呼叫安裝在 VS Code 內的最新版 Python 解譯器,筆者電腦是 Python 3.13。
- ./text_files:是你放 .txt 檔的資料夾。
- ./csv_output:是你希望輸出 .csv 檔的目的地。

```
PS D:\vscode\ch10\ch10_2> python txt_to_csv.py --input ./text_files --output ./csv_output
PS D:\vscode\ch10\ch10_2>
```

❏ **觀察執行結果**

本書在 ~ch10\ch10_2\text_files 資料夾內有 3 個測試檔案。

第 10 章　專案實作 - CLI 應用程式

讀者可以開啟檔案內容了解文字檔案格式，下列是其中 people.txt 的檔案內容。

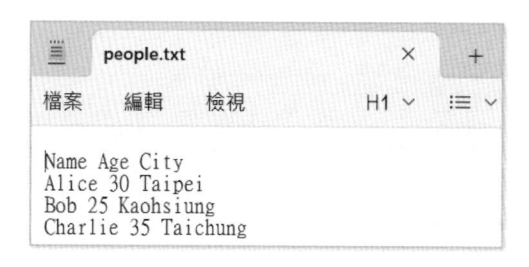

```
Name Age City
Alice 30 Taipei
Bob 25 Kaohsiung
Charlie 35 Taichung
```

原先 ~ch10\ch10_2\csv_output 資料夾是空的，執行後將看到下列結果。

讀者可以開啟檔案內容了解 .csv 檔案格式，下列是其中 people.csv 的檔案內容。

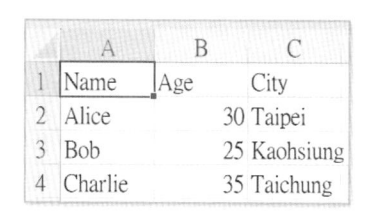

10-1 用 Python 撰寫命令列工具

❏ 補充說明與主程式程式碼解釋

區段	說明
argparse	處理 --input、--output 等命令列參數
main()	程式邏輯的主控點，集中參數解析與功能調用
convert_files()	實際執行的功能模組，負責邏輯處理與檔案操作，可重用與測試
if __name__ == '__main__'	確保只有在直接執行本檔案時才啟動主流程

1. 主程式 main( ) 第 29 列解釋 – 解析器物件 parser

    parser = argparse.ArgumentParser(description="Convert .txt files to .csv")

    建立一個命令列參數的解析器（parser）：

    - argparse.ArgumentParser() 是 Python 的標準函數庫 argparse 中的建構函數，用來建立一個可以讀取命令列參數的「解譯器」。
    - description 是選填參數，指定當使用者輸入 --help 時顯示的說明文字。

    結果：建立一個解析器物件 parser，準備設定有哪些命令列選項。

2. 主程式 main( ) 第 32 列解釋 – 輸入資料夾路徑

    parser.add_argument("--input", required=True)

    定義一個名為 --input 的參數：

    - --input 是一個選用參數（需使用-- 指定）。
    - required=True 表示這個參數是必填的，如果使用者沒有輸入這個參數，程式會報錯並顯示說明訊息。
    - 沒有指定 type，預設會將參數當成字串。

    功能：用來讓使用者指定「輸入資料夾路徑」

3. 主程式 main( ) 第 33 列解釋 – 輸出資料夾路徑

    parser.add_argument("--output", required=True)

    定義另一個名為 --output 的參數。

    - 與 --input 類似，這個參數也是必填的。

● 代表使用者要指定一個輸出資料夾的路徑。

程式會將處理後的 .csv 檔案輸出到這個資料夾中。

4. 主程式 main( ) 第 36 列解釋 – 解析命令列參數

args = parser.parse_args()

解析命令列參數，並將結果存入 args。

● 這行會將使用者輸入的所有參數進行解析，並轉成一個具有屬性的物件 args。
● 你可以透過 args.input 和 args.output 來取得對應的參數值。
● 這個實例可以得到：
    ■ args.input → "./txt_files"
    ■ args.output → "./csv_output"

10-1-4　CLI 實例 - 批量壓縮圖片

　　圖片壓縮是常見的自動化任務，特別適用於網站、報告或備份情境。本節將示範如何使用 Python 撰寫一個命令列工具，批量壓縮指定資料夾中的圖片，並可自訂壓縮品質與輸出位置。

專題 ch10_3 - 程式實例 compress.py：這個 CLI 工具能從使用者指定的資料夾中，找出所有 .jpg 和 .jpeg 檔案，依指定的壓縮品質進行處理，並將壓縮後的圖片儲存在另一個資料夾。

```
1   import os                        # 用於資料夾與路徑處理
2   import argparse                  # 處理命令列參數
3   from PIL import Image            # 使用 Pillow 套件處理圖片
4
5   def compress_images(input_folder, output_folder, quality):
6       """ 將指定資料夾內的圖片進行壓縮，並輸出至新資料夾 """
7
8       os.makedirs(output_folder, exist_ok=True)    # 確保輸出資料夾存在
9       # 遍歷來源資料夾中的所有檔案
10      for filename in os.listdir(input_folder):
11          # 檢查檔案是否為圖片格式
12          if filename.lower().endswith((".jpg", ".jpeg")):
13              img_path = os.path.join(input_folder, filename)
14              output_path = os.path.join(output_folder, filename)
15
16              # 嘗試開啟並壓縮圖片
17              try:
18                  img = Image.open(img_path)
19                  # 使用原始格式儲存，設定壓縮品質
20                  img.save(output_path, optimize=True, quality=quality)
```

10-1 用 Python 撰寫命令列工具

```
21                    print(f"壓縮完成：{filename}")
22            except Exception as e:
23                print(f"處理失敗：{filename}，錯誤訊息：{e}")
24
25   def main():
26       # 建立命令列參數解析器
27       parser = argparse.ArgumentParser(description="批次壓縮圖片工具")
28
29       # 必填參數：輸入與輸出資料夾
30       parser.add_argument("--input", required=True, help="來源圖片資料夾")
31       parser.add_argument("--output", required=True, help="壓縮後輸出資料夾")
32
33       # 可選參數：壓縮品質（預設為 75）
34       parser.add_argument("--quality", type=int, default=75, help="壓縮品質 (0-100)")
35
36       args = parser.parse_args()
37
38       # 呼叫壓縮邏輯
39       compress_images(args.input, args.output, args.quality)
40
41   # 程式入口點
42   if __name__ == "__main__":
43       main()
```

❏ 程式實例使用方式

這個程式必須在終端機環境執行，指令如下：

python -3.13 compress.py --input ./images --output ./compressed --quality 60

- ./images：是你放來源圖片的資料夾。
- ./compressed：是你希望輸出圖片的資料夾。
- --quality：壓縮品質（0～100，數字越小壓縮越高）。

```
PS D:\vscode\ch10\ch10_3> python compress.py --input ./images --output ./compressed --quality 60
壓縮完成：church.jpg
壓縮完成：cup.jpg
壓縮完成：house.jpg
PS D:\vscode\ch10\ch10_3>
```

❏ 程式重點解說 - 為什麼以下程式碼算是「圖片壓縮」？

img = Image.open(img_path)
# 使用原始格式儲存，設定壓縮品質
img.save(output_path, optimize=True, quality=quality)

這段程式的確會達成圖片壓縮的效果，關鍵點在於 save() 的兩個參數，原因如下：

10-11

- optimize=True
    - 告訴 Pillow 在儲存圖片時進行最佳化壓縮。
    - 它會嘗試重新排序像素資料、壓縮圖像表達方式。
    - 不改變圖片內容,但能減少檔案大小(尤其是 JPEG)。
- quality= 品質值
    - 這是 JPEG 圖片獨有的壓縮參數。
    - 預設是 75,範圍為 1~100。
    - 數字越低,檔案越小,畫質越差。
    - 例如:quality=60 就比預設更高壓縮,但畫質略降。
    - 注意:這個參數只對 JPEG 有效,對 PNG 等格式不會產生影響。

壓縮行為的實質發生在哪?當你開啟一張圖片,再用 .save() 加上 optimize=True 和 quality=XX 儲存時:

- 圖片資料會被重新編碼(例如 JPEG 計算重新壓縮)。
- 如果品質設定較低或開啟最佳化,產生的新檔案體積會變小。
- 即使解析度一樣,檔案大小與畫質都可能下降。

這就是為什麼「開啟再儲存」也會實現壓縮的原因。

❏ 小結

透過 Pillow + argparse 的組合,我們輕鬆打造一個命令列圖片壓縮工具。這類實用 CLI 程式不但可納入個人開發流程,也能整合進資料前處理或自動化報表系統中,大幅提升工作效率。

10-2 Copilot 協助自動生成指令結構

GitHub Copilot 不僅能幫助我們完成函數內容,還能協助快速建立命令列工具的結構與指令模組。本章將透過實例展示如何用自然語言提示 Copilot 自動產生 main() 函數、argparse 參數結構、子指令、說明文字與錯誤處理邏輯。透過互動式練習,我們將引導 Copilot 協助建立完整的 CLI 指令骨架,快速完成具備 --input、--output 等參數的可執行原型,大幅提升開發效率。

10-2-1　如何提示 Copilot 產生 CLI 架構

Copilot 能根據註解或程式起始語句，自動產生命令列工具的基本結構。本節將示範如何設計提示語，讓 Copilot 幫你生成 Python CLI 程式的主架構。

❏　為何要自動生成 CLI 架構？

撰寫命令列工具時，常會重複撰寫一組標準模組，包括：

- main() 主函數
- argparse.ArgumentParser 用來解析參數
- if __name__ == "__main__" 作為進入點

使用 Copilot 可省去模組撰寫時間，讓你專注於實作功能邏輯。

❏　基礎提示語設計方式

只要在空白的 Python 檔案中輸入一列註解：

```
# CLI tool main function with argparse
```

Copilot 就可能會自動產生以下程式碼：

```python
import argparse

def main():
    parser = argparse.ArgumentParser(description="A sample CLI tool")
    parser.add_argument("--input", help="Path to input file")
    parser.add_argument("--output", help="Path to output file")
    args = parser.parse_args()
    print(args)

if __name__ == "__main__":
    main()
```

這是建立 CLI 工具時最常用的基本架構，幾乎可立即使用。

❏　逐步擴充提示語，生成更完整架構

你也可以逐句擴充提示，引導 Copilot 產生更多欄位與主體架構：

```
# A command-line tool that accepts --input and --output arguments
# It should define a main() function and use argparse to parse arguments
# The program should print a success message
```

Copilot 會更精準地補全：

```python
def main():
    parser = argparse.ArgumentParser(description="Convert text to csv")
    parser.add_argument("--input", required=True, help="Input folder path")
    parser.add_argument("--output", required=True, help="Output folder path")
    args = parser.parse_args()
    print(f"Conversion completed from {args.input} to {args.output}")

if __name__ == "__main__":
    main()
```

❏ 常見高命中率提示語句建議

提示語句	Copilot 推薦結果
# Command-line tool that accepts arguments	建立 parser，加入引數，設計 main()
# CLI tool with argparse and entry point	自動補上 if __name__ == "__main__"
# Python script that uses argparse for--x	自動建立解析器並加入--x 的說明與處理流程

只需一、二列自然語言註解，Copilot 就能為你建立命令列工具的基本骨架，省下重複撰寫的模組程式時間。透過善用提示語句設計，你能快速產出可運行的主體架構，並保有彈性進行功能擴充。

10-2-2 用自然語言生成 argparse 模組

argparse 是 Python 標準的命令列參數處理模組，Copilot 能根據自然語言註解自動產生 argparse 架構與選項。本節將示範如何設計提示語，快速生成多參數 CLI 工具的模組。

❏ 什麼是 argparse 模組？

在撰寫 CLI 工具時，argparse 可用來：

- 定義哪些參數是必填或選填。
- 加入說明文字。
- 自動支援 --help。
- 處理預設值、資料型別、布林選項等。

若你想建立一個可用 --input 和 --output 操作的工具，Copilot 可以自動幫你寫好這段框架。

10-2 Copilot 協助自動生成指令結構

❑ **基本提示語產生 argparse 架構**

在空白程式碼區塊中輸入以下提示語：

```
# argparse CLI tool with --input and --output options
```

Copilot 可能會自動補出以下內容：

```python
import argparse

parser = argparse.ArgumentParser(description="A file conversion tool")
parser.add_argument("--input", required=True, help="Path to the input file")
parser.add_argument("--output", required=True, help="Path to the output file")
args = parser.parse_args()
```

若你在已存在的 main() 函數內提示，也能補進 parser 區段。

❑ **補全多參數與型別限制**

你也可以補上更多需求，例如支援整數與預設值：

```
# argparse with --input, --output, and --quality as integer (default=80)
```

Copilot 補出範例：

```python
parser.add_argument("--quality", type=int, default=80,
                    help="Image compression quality (0–100)")
```

❑ **結合布林參數與旗標選項**

若你需要開啟一個功能開關，可以使用 action="store_true" 的提示語：

```
# add --verbose flag to enable detailed logging
```

生成結果：

```python
parser.add_argument("--verbose", action="store_true",
                    help="Enable verbose output")
```

有加 --verbose 則為 True，沒加則為 False。

10-15

第 10 章　專案實作 - CLI 應用程式

❑　組合提示語快速建立 argparse 模板

你可以這樣寫：

```
# Create a CLI tool using argparse with the following options:
# --input (required), --output (required), --quality (int, default=80), --verbose (flag)
```

Copilot 將會自動補全多條 .add_argument() 並依照註解內容設計結構。

Copilot 對 argparse 的模板生成能力相當成熟，只要用自然語言清楚描述參數名稱、類型與用途，它就能幫你快速產出完整的命令列解析程式碼。這不僅省時，還能避免語法錯誤與重複撰寫。

10-2-3　自動補齊子指令、說明與錯誤處理邏輯

許多 CLI 工具會包含多個子指令（如 init、convert、compress），Copilot 能協助自動補齊這些結構、對應說明文字與錯誤處理流程。本節將示範如何設計提示語產生完整的多指令邏輯架構。

❑　什麼是「子指令」？

子指令（sub-commands）是 CLI 工具中常見的進階功能，類似 Git 的：

```
git commit
git push
git clone
```

每個子指令可以有自己獨立的參數與邏輯。Python 的 argparse 支援這種結構。下列是補充解釋「git xxx」指令。

- 「git commit」：將已暫存（staged）的變更正式記錄（commit）到本地版本庫（repository）中。下列是使用範例：

  ```
  git commit -m "Add new CLI feature"
  ```

上述範例意義與用途：

  - 表示你對某次修改給出一個描述（commit message）。
  - 每個 commit 都是一次「變更快照」。
  - commit 是本地操作，不會立即影響 GitHub 或遠端主機。

10-2 Copilot 協助自動生成指令結構

- 「git push」：將本地的 commit 推送（push）到遠端儲存庫（如 GitHub）。
  下列是使用範例：

    git push origin main

上述範例意義與用途：

- origin 是遠端主機的名稱（預設為 GitHub）。
- main 是分支名稱（也可能是 master 或其他）。
- git push 把你本機的提交紀錄上傳到遠端儲存庫，讓他人可以同步更新。

一般順序為：add → commit → push

- 「git clone」：將遠端儲存庫「複製」到你本機，建立一份本地的 Git 專案。
  下列是使用範例：

    git clone https://github.com/username/project.git

上述範例意義與用途：

- 會建立一個完整的專案資料夾，包含所有歷史紀錄、分支等。
- 是開始參與專案的第一步。

clone 完成後，就可以進行 git pull、git add、git commit 等操作。下表是三者關係參考：

指令	用途說明	類型
git commit	將變更記錄在本地版本庫	本地操作
git push	將 commit 上傳到遠端（如 GitHub）	遠端操作
git clone	從遠端下載專案到本地	初始化操作

❏ 使用 Copilot 產生子指令架構的提示語

在程式開頭輸入提示語：

    # CLI tool with subcommands: convert and compress

第 10 章　專案實作 - CLI 應用程式

Copilot 可能補出：

```python
parser = argparse.ArgumentParser(description="Multifunction CLI tool")
subparsers = parser.add_subparsers(dest="command")

# convert 子指令
convert_parser = subparsers.add_parser("convert", help="Convert text to csv")
convert_parser.add_argument("--input", required=True)
convert_parser.add_argument("--output", required=True)

# compress 子指令
compress_parser = subparsers.add_parser("compress", help="Compress image files")
compress_parser.add_argument("--input", required=True)
compress_parser.add_argument("--output", required=True)
compress_parser.add_argument("--quality", type=int, default=80)
```

每個子指令都可擁有獨立的參數與說明文字。

❑ 自動補齊錯誤處理與預設訊息

輸入提示：

```
# Add basic error handling if no subcommand is given
```

Copilot 會補出類似這樣的邏輯：

```python
args = parser.parse_args()

if args.command is None:
    parser.print_help()
    exit(1)
```

這可以避免使用者忘記輸入子指令，導致程式無聲失敗。

❑ 整合子指令邏輯與執行流程

你也可以加上以下提示語：

```
# Based on args.command, call corresponding function
```

Copilot 會自動產生執行邏輯：

```python
if args.command == "convert":
    convert_files(args.input, args.output)
elif args.command == "compress":
    compress_images(args.input, args.output, args.quality)
```

❑ 加入子指令描述與使用範例（help 自動補齊）

CLI with detailed help messages

Copilot 會在 add_argument() 中自動補上 help="..." 說明：

```
parser.add_argument("--output", required=True, help="Path to output folder")
```

並支援 --help 自動生成指令說明畫面。

Copilot 不僅能補出基本的 argparse 架構，也能處理多層次的子指令與錯誤檢查邏輯。透過設計提示語，你可以快速產生一個具備「子指令選單、參數說明、錯誤處理」的專業級 CLI 工具架構。

10-3 用 argparse、os、shutil 實作功能

前幾節已透過 Copilot 建立了命令列工具的指令骨架，本節將進一步結合 Python 標準函數庫中的 argparse、os 與 shutil，實作實用的檔案處理功能。你將學會如何解析參數、操作檔案與資料夾、批次複製或重新命名檔案，甚至自動建立備份。

10-3-1 使用 argparse 處理命令列參數

argparse 是 Python 內建的命令列參數解析模組，能幫助我們設計靈活的 CLI 工具。本節將從實作觀點出發，說明如何使用 argparse 接收使用者輸入參數並導入後續邏輯。

❑ 為什麼使用 argparse？

當你希望 CLI 工具能從終端機接收參數，例如：

python -3.13 ch13_4.py --input ./src--output ./dst

你需要用 argparse 將這些參數解析成 Python 變數，方便在程式中使用。

第 10 章 專案實作 - CLI 應用程式

❑ 程式設計基本流程

專題 ch10_4 - 程式實例 ch10_4.py：用 argparse 將這些參數解析成 Python 變數，註：本程式沒有設計備份功能，只是單純讓讀者學習與取得參數。

```python
import argparse

# 建立 ArgumentParser 解析器
parser = argparse.ArgumentParser(description="備份工具")

# 加入參數：--input 與 --output
parser.add_argument("--input", required=True, help="來源資料夾")
parser.add_argument("--output", required=True, help="備份目的地資料夾")

# 執行解析並取得參數值
args = parser.parse_args()

# 可直接使用 args.input 和 args.output
print(f"來源：{args.input}")
print(f"備份至：{args.output}")
```

執行結果

```
PS D:\vscode\ch10\ch10_4> python ch10_4.py --input /src --output ./dst
來源：/src
備份至：./dst
PS D:\vscode\ch10\ch10_4>
```

從上述可以看到成功的讀取了來源和備份目的資料夾。

❑ 常用設定與參數選項

功能	實作方式
設定參數為必填	required=True
指定參數型別	type=int、type=str
加入預設值	default="output"
設定參數說明文字	help=" 輸入檔案路徑 "
多參數（清單）	nargs='+' → 支援多個檔案：--files a.txt b.txt
開關型參數	action="store_true" → 使用--verbose 即啟用

❑ 支援 --help 自動顯示使用方式

只要加入說明文字與 ArgumentParser，使用者可輸入參數「--help」，然後得到下列結果。

10-20

10-3　用 argparse、os、shutil 實作功能

```
PS D:\vscode\ch10\ch10_4> python ch10_4.py --help
usage: ch10_4.py [-h] --input INPUT --output OUTPUT

備份工具

optional arguments:
  -h, --help       show this help message and exit
  --input INPUT    來源資料夾
  --output OUTPUT  備份目的地資料夾
PS D:\vscode\ch10\ch10_4>
```

上述可以看到，執行結果自動列出所有參數、說明與預設值，非常實用：

❑　與 main() 整合的 CLI 架構範例

如果要將上述程式與 main( ) 整合，可以用下列方式設計，細節可以參考專題 ch10_5。

```python
def main():
    parser = argparse.ArgumentParser(description="簡易轉檔工具")
    parser.add_argument("--input", required=True, help="來源檔案路徑")
    parser.add_argument("--output", required=True, help="輸出檔案路徑")
    args = parser.parse_args()
    convert(args.input, args.output)

if __name__ == "__main__":
    main()
```

上述程式執行時會有問題，因為沒有設計 convert( ) 函數，下列專題是擴充此函數，設計將小寫轉成大寫的專題。

專題 ch10_5 - 程式實例 lo_to_up.py：這個 CLI 工具能從使用者指定的資料夾中，找出文字檔案，將小寫轉成大寫然後儲存至目的資料夾。

```python
 1  import argparse
 2
 3  # 簡單的檔案轉換工具：將文字檔轉換為大寫並儲存到新檔案
 4  def convert(infile, outfile):
 5      with open(infile, "r") as fin, open(outfile, "w") as fout:
 6          for line in fin:
 7              fout.write(line.upper())
 8
 9  def main():
10      parser = argparse.ArgumentParser(description="簡易轉檔工具")
11      parser.add_argument("--input", required=True, help="來源檔案路徑")
12      parser.add_argument("--output", required=True, help="輸出檔案路徑")
13      args = parser.parse_args()
14      convert(args.input, args.output)
15
16  if __name__ == "__main__":
17      main()
```

第 10 章　專案實作 - CLI 應用程式

執行結果

```
PS D:\vscode\ch10\ch10_5> python lo_to_up.py --input ./src/people.txt --output ./dst/result.txt
PS D:\vscode\ch10\ch10_5>
```

下列是執行前後 ~src/people.txt 和 ~dst/result.txt 的執行結果。

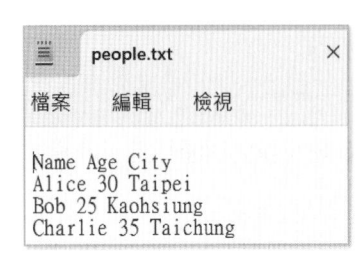

people.txt
```
Name Age City
Alice 30 Taipei
Bob 25 Kaohsiung
Charlie 35 Taichung
```

result.txt
```
NAME AGE CITY
ALICE 30 TAIPEI
BOB 25 KAOHSIUNG
CHARLIE 35 TAICHUNG
```

模組 argparse 是建立 CLI 工具的第一步，它提供參數定義、說明、預設值與錯誤提示等功能，不需額外安裝任何模組。掌握其語法後，你可以快速打造具彈性的命令列工具介面，方便未來整合更多功能模組。

10-3-2　搭配 os 與 shutil 操作檔案、資料夾

在命令列工具中，處理檔案與資料夾是最常見的任務之一。Python 的 os 與 shutil 模組提供強大而簡潔的檔案操作能力，本節將介紹它們的常用方法與實務範例。

❏　os 模組 - 檔案與路徑管理

os 是 Python 內建模組，可處理檔案路徑、資料夾建立與內容遍歷。下列是常用函數與說明：

函數	說明
os.path.exists(path)	檢查檔案或資料夾是否存在
os.path.join(a, b)	組合路徑（避免手動加 /）
os.makedirs(path, exist_ok=True)	建立資料夾（不存在才會建立）
os.listdir(path)	列出資料夾內的所有檔案名稱
os.remove(path)	刪除單一檔案
os.rename(src, dst)	重新命名或移動檔案

10-3 用 argparse、os、shutil 實作功能

❑ **shutil 模組 - 檔案與資料夾複製、搬移、壓縮**

shutil 補足了檔案操作中「內容層級」的需求，如複製檔案、整個資料夾等。下列是常用函數與說明：

函數	說明
shutil.copy(src, dst)	複製單一檔案
shutil.copy2(src, dst)	複製檔案，保留原始時間戳等資訊
shutil.copytree(src, dst)	複製整個資料夾
shutil.move(src, dst)	搬移檔案或資料夾（等同剪下貼上）
shutil.rmtree(path)	遞迴刪除整個資料夾
shutil.make_archive(base_name, format, root_dir)	將資料夾壓縮為 .zip、.tar 等格式

專題 ch10_6 - 程式實例 duplicate.py：複製所有 src 的 *.txt 檔案到 dst 目的資料夾。讀者可以直接點選 VS Code 程式右上方的「執行」圖示 ▷，執行本程式。

```
1   import os
2   import shutil
3
4   # 取得 .py 檔案所在的目錄
5   base_dir = os.path.dirname(os.path.abspath(__file__))
6
7   src_folder = os.path.join(base_dir, "src")
8   dst_folder = os.path.join(base_dir, "dst")
9
10  # 檢查來源資料夾是否存在
11  if not os.path.exists(src_folder):
12      print(f"錯誤：來源資料夾不存在：{src_folder}")
13      exit(1)
14
15  # 建立目的資料夾（如果尚未存在）
16  os.makedirs(dst_folder, exist_ok=True)
17
18  # 複製 .txt 檔案
19  for filename in os.listdir(src_folder):
20      if filename.endswith(".txt"):
21          src_path = os.path.join(src_folder, filename)
22          dst_path = os.path.join(dst_folder, filename)
23          shutil.copy(src_path, dst_path)
24          print(f"複製：{filename}")
```

執行結果

```
PS D:\vscode\ch10\ch10_6> & C:/Users/User/AppData/Local/Programs/Pyt
hon/Python313/python.exe d:/vscode/ch10/ch10_6/duplicate.py
複製：people.txt
複製：products.txt
複製：weather.txt
PS D:\vscode\ch10\ch10_6>
```

第 10 章 專案實作 - CLI 應用程式

❏ 常見應用情境

任務情境	搭配模組與方法
備份檔案	os.listdir() + shutil.copy()
建立新資料夾	os.makedirs()
刪除檔案或資料夾	os.remove()、shutil.rmtree()
壓縮整個資料夾	shutil.make_archive()
移動檔案	shutil.move()
批次重新命名	os.rename() 搭配迴圈

　　os 與 shutil 是撰寫 CLI 工具時不可或缺的兩個核心模組。前者負責路徑與檔案狀態，後者負責搬移與複製等動作。善用它們可以大幅簡化各種檔案管理與備份任務，實現日常自動化的目標。

10-3-3　實作 - 批次複製、壓縮、改檔名、自動建立備份等功能

　　本節將綜合運用 argparse、os 與 shutil，實作實用的命令列功能模組，包括批次複製檔案、壓縮整個資料夾、重新命名檔案與自動建立備份資料夾，讓 CLI 工具具備真正實戰價值。

專題 ch10_7 - 程式實例 backup.py：這個 CLI 工具支援以下功能：

功能	說明
複製檔案	批次將 .txt 檔案從來源資料夾複製到目的資料夾
壓縮資料夾	將目的資料夾壓縮為 .zip 檔案
改檔名	自動為檔案加上字首 backup_
備份處理	若目的資料夾已存在，會自動建立新的帶時間戳的資料夾

```
1   import os
2   import shutil
3   import argparse
4   from datetime import datetime
5
6   def create_backup_folder(base_path):
7       """
8       自動建立帶時間戳的備份資料夾, 如 backup_20240715_1530
9       """
10      timestamp = datetime.now().strftime("%Y%m%d_%H%M")
```

10-3 用 argparse、os、shutil 實作功能

```python
11          backup_folder = os.path.join(base_path, f"backup_{timestamp}")
12          os.makedirs(backup_folder)
13          return backup_folder
14
15      def copy_and_rename_txt_files(src, dst):
16          """
17          批次複製來源資料夾中的 .txt 檔案到目的資料夾，並重新命名
18          """
19          for filename in os.listdir(src):
20              if filename.endswith(".txt"):
21                  src_file = os.path.join(src, filename)
22                  new_name = "backup_" + filename
23                  dst_file = os.path.join(dst, new_name)
24                  shutil.copy2(src_file, dst_file)
25                  print(f"複製並重新命名：{filename} → {new_name}")
26
27      def compress_folder(folder_path, output_zip):
28          """
29          將整個資料夾壓縮成 zip 檔
30          """
31          shutil.make_archive(output_zip, 'zip', folder_path)
32          print(f"資料夾已壓縮：{output_zip}.zip")
33
34      def main():
35          parser = argparse.ArgumentParser(description="多功能備份工具")
36          parser.add_argument("--input", required=True, help="來源資料夾")
37          parser.add_argument("--output", required=True, help="輸出備份資料夾路徑")
38          parser.add_argument("--compress", action="store_true", help="是否壓縮備份資料夾")
39
40          args = parser.parse_args()
41
42          # 建立目的資料夾（如果已存在則建立新備份資料夾）
43          output_folder = args.output
44          if os.path.exists(output_folder):
45              output_folder = create_backup_folder(args.output)
46          else:
47              os.makedirs(output_folder)
48
49          # 複製並加上 prefix
50          copy_and_rename_txt_files(args.input, output_folder)
51
52          # 如果有指定壓縮參數，就壓縮該資料夾
53          if args.compress:
54              compress_folder(output_folder, output_folder)
55
56      if __name__ == "__main__":
57          main()
```

執行結果

```
PS D:\vscode\ch10\ch10_7> python backup.py --input ./src --output ./backup --compress
複製並重新命名：people.txt → backup_people.txt
複製並重新命名：products.txt → backup_products.txt
複製並重新命名：weather.txt → backup_weather.txt
資料夾已壓縮：./backup\backup_20250728_2355.zip
PS D:\vscode\ch10\ch10_7>
```

第 10 章　專案實作 - CLI 應用程式

❏ **這個程式的使用方式**

程式執行方式：

python -3.13 backup_tool.py --input ./source --output ./backup --compress

執行結果解釋：

- 將 ./source 中的 .txt 檔複製並加上 backup_ 前綴。
- 若 ./backup 資料夾已存在，會自動建立 backup_YYYYMMDD_HHMM。
- 最後將整個備份資料夾壓縮為 backup_XXXXXX.zip。

程式執行時加上「--help」參數，相當於輸出本程式的使用說明。

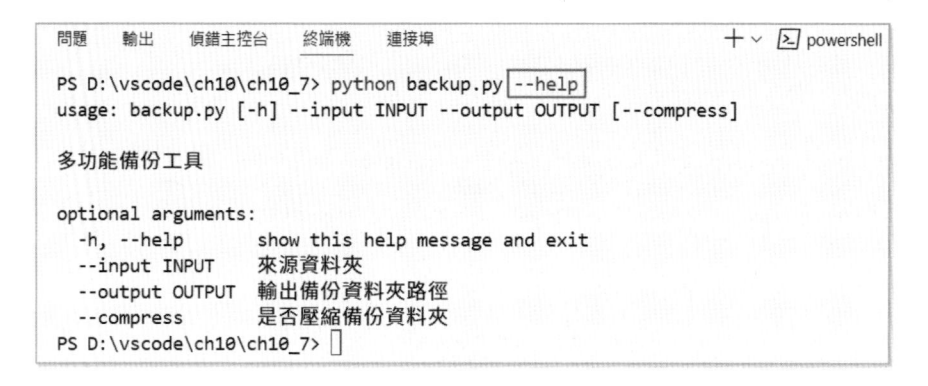

```
PS D:\vscode\ch10\ch10_7> python backup.py --help
usage: backup.py [-h] --input INPUT --output OUTPUT [--compress]

多功能備份工具

optional arguments:
  -h, --help       show this help message and exit
  --input INPUT    來源資料夾
  --output OUTPUT  輸出備份資料夾路徑
  --compress       是否壓縮備份資料夾
PS D:\vscode\ch10\ch10_7>
```

本節實作結合常見檔案處理需求，並透過 argparse 設計參數化工具流程。這樣的 CLI 工具結構具備彈性、可讀性與實用性，適合用於日常自動備份、報告輸出或部署前的打包作業。

第 11 章

專案實作 - 資料處理小幫手

11-1　專案目標 - 輸入 / 輸出範例

11-2　使用 pandas 進行資料讀取與分析

11-3　openpyxl 寫入報表與格式設定

11-4　使用 pathlib 管理報表輸出與結構

11-5　AI 協作實作 - 用 Copilot 或 ChatGPT 規劃報表流程

11-6　自動化流程封裝 - 部門銷售報表生成器

第 11 章　專案實作 - 資料處理小幫手

在日常工作中，我們經常需要針對 CSV 檔進行統計、整理與報表輸出。本章將帶你實作一個實用的「資料處理小幫手」，從讀取原始資料到自動輸出報表皆能一鍵完成。我們會透過 pandas 處理與分析資料，結合 openpyxl 輸出 Excel 報表，再搭配 pathlib 管理路徑與輸出結構。更特別的是，我們將示範如何善用 AI（如 Copilot 或 ChatGPT）自動協助設計報表流程、欄位格式與範例邏輯，實現資料處理自動化的完整實作。

11-1　專案目標 - 輸入 / 輸出範例

本專案的目標是設計一個「資料處理小幫手」，能夠讀取一份原始的 CSV 業績資料，進行自動化的統計與清整，並產出一份結構清楚、格式良好的 Excel 報表，適合用於每週或每月的業務檢討與主管簡報。

使用者只需提供原始的 CSV 檔案，即可一鍵完成報表分析與輸出，省去手動篩選、複製、格式化與儲存的繁瑣流程。

❏ 輸入資料範例（CSV 檔案）

假設我們有一份名為 sales_data.csv 的原始資料，其內容可能如下：

	A	B	C	D	E	F
1	業務員	部門	日期	商品	數量	單價
2	Amy	北區	2024/7/1	電風扇	2	1200
3	Bob	南區	2024/7/1	冰箱	1	9600
4	Cindy	北區	2024/7/2	電視	3	15000
5	David	東區	2024/7/2	電風扇	1	1200

欄位說明：

- 業務員：負責銷售的人員姓名
- 部門：所屬區域或業務單位
- 日期：銷售日期
- 商品：銷售商品名稱
- 數量：銷售數量
- 單價：每單位價格

❑ 輸出報表格式（Excel，自動產出）

報表內容將統計每個「部門」的總銷售金額、平均單價與總銷售筆數。最終輸出的 Excel 檔案（如 sales_report_2025-07.xlsx）會包含如下欄位：

部門	總銷售金額	銷售筆數	平均單價
北區	49200	2	8100
南區	9600	1	9600
東區	1200	1	1200

計算邏輯：

- 總銷售金額 = 數量 × 單價（每筆計算後加總）
- 銷售筆數 = 該部門出現的資料筆數
- 平均單價 = 總金額 ÷ 總數量（或單筆平均）

❑ 輸出報表圖例（視覺化排版建議）

- 標題列加粗、底色
- 數字欄位格式化為千位符號
- 欄寬自動調整
- 檔案名稱自動依據日期命名

例如：可導出為 報表_YYYY-MM-DD.xlsx，例如：sales_report_2025-07-15.xlsx

本專案的核心價值在於將日常重複的報表製作過程自動化，讓使用者只需提供原始資料，就能產出結構良好的統計報表，並支援未來套用在不同月份或不同格式的資料上。

11-2 使用 pandas 進行資料讀取與分析

在這一節中，我們將透過 pandas 套件進行資料分析的核心步驟：從 CSV 檔讀取資料、清理欄位與處理遺漏值開始，接著進行分群統計、計算總和與平均值，最後加入自訂欄位如「金額」與「成效比」等衍生欄位。為了學習清楚，我們將這節內容分為三個子節循序說明，從基礎讀取到分析應用，逐步構建報表所需的資料邏輯。

11-2-1　讀取 CSV、處理欄位名稱與缺漏值

資料分析的第一步就是讀取原始檔案並整理成乾淨的資料表。本節將示範如何用 pandas 載入 CSV、修正欄位名稱，以及處理常見的缺漏值問題，為後續分析打好基礎。

❑　讀取 CSV 檔案

程式實例 ch11_1.py：我們使用 pandas 的 read_csv() 函數載入先前建立的 sales_data.csv。

```
1   import pandas as pd
2
3   pd.set_option("display.unicode.east_asian", True)   # 設定對齊輸出
4   df = pd.read_csv("sales_data.csv", encoding="utf-8-sig")
5   print(df.head())
```

|執行結果|

```
    業務員  部門      日期      商品  數量   單價
0   Amy   北區  2024/07/01  電風扇   2   1200
1   Bob   南區  2024/07/01  冰箱    1   9600
2   Cindy 北區  2024/07/02  電視    3  15000
3   David 東區  2024/07/02  電風扇   1   1200
```

程式第 4 列的參數，encoding="utf-8-sig" 可避免中文欄位名稱亂碼，特別是由 Excel 儲存的檔案。

❑　觀察欄位名稱與資料格式

輸入：

　　print(df.columns)

輸出：

　　Index(['業務員', '部門', '日期', '商品', '數量', '單價'], dtype='object')

● 若欄位名稱有多餘空白或格式不一致，可用 .str.strip() 清理：

　　df.columns = df.columns.str.strip()

● 也可手動重新命名欄位：

　　df.rename(columns={"數量": "數量（件）", "單價": "單價（元）"}, inplace=True)

❑ 檢查是否有缺漏值（NaN）

使用 .isnull().sum() 檢查每個欄位的缺漏情況：

　　print(df.isnull().sum())

❑ 處理缺漏值的方法

根據資料性質，常見處理方式有：

- 方法 1：刪除包含缺值的列。

　　df = df.dropna()

適用於少量錯誤資料、不影響統計結果時。

- 方法 2：填入預設值（如 0 或平均值）。

　　df["單價"].fillna(0, inplace=True)

或以平均值填入：

　　mean_price = df["單價"].mean()
　　df["單價"].fillna(mean_price, inplace=True)

- 方法 3：指定某幾欄必須完整

　　df = df.dropna(subset=["商品", "單價"])

❑ 小技巧 - 快速檢查資料結構與範圍

```
df.info()          # 欄位型別與非空值筆數
df.describe()      # 數值欄位的統計摘要
```

❑ 總結

良好的資料分析始於乾淨的資料表。透過 read_csv()、isnull()、fillna() 與欄位整理技巧，我們能有效處理輸入資料，建立穩定的分析基礎。

11-2-2　分群統計（groupby）、平均、總和與排序

資料分析的關鍵在於能針對分類欄位進行分群統計，例如部門銷售總和或平均單價。本節將示範如何使用 pandas 的 groupby() 函數，快速完成各類群組的統計與排序。

第 11 章　專案實作 - 資料處理小幫手

❑ **分群總和（groupby + sum）**

以「部門」為單位，計算每個部門的總銷售金額。首先，我們需先新增一個「金額」欄位：

```
df["金額"] = df["數量"] * df["單價"]
```

接著使用 groupby() 分群並計算總和：

```
grouped_sum = df.groupby("部門")["金額"].sum().reset_index()
print(grouped_sum)
```

> **註** reset_index() 讓輸出為 DataFrame 而非 Series，方便後續操作。

❑ **分群平均（groupby + mean）**

除了總和，我們也可計算平均單價：

```
avg_price = df.groupby("部門")["單價"].mean().reset_index()
avg_price.rename(columns={"單價": "平均單價"}, inplace=True)
```

若想同時計算多欄位的統計數值，可使用：

```
stats = df.groupby("部門").agg({
    "數量": "count",
    "單價": "mean",
    "金額": "sum"
}).reset_index()
stats.rename(columns={"數量": "銷售筆數", "單價": "平均單價",
                      "金額": "總金額"}, inplace=True)
```

❑ **加入排序功能**

將結果依「總金額」由高到低排序：

```
stats_sorted = stats.sort_values(by="總金額", ascending=False)
print(stats_sorted)
```

也可以依「平均單價」或其他欄位排序，只需更換 by="..."。

- 補充 - 多層級分群（進階）

    若希望同時依「部門」與「業務員」分群：

    df.groupby(["部門", "業務員"])["金額"].sum().reset_index()

- 總結

    使用 groupby() 搭配 .sum()、.mean() 和 .agg()，可以快速對資料進行彙總統計與排序，是報表產生與分析的核心能力之一。

11-2-3　計算欄位（如金額、成效比）

除了基本統計，實務分析中經常需要新增「計算欄位」，例如金額、成效比、利潤率等。本節將示範如何使用 pandas 自動建立新欄位，強化資料解讀與報表價值。

- 計算銷售金額欄位

    最常見的欄位就是：

    df["金額"] = df["數量"] * df["單價"]

    此欄位可作為後續統計的依據（例如：各部門總銷售金額）。

- 計算平均銷售金額 per 單位（選擇性）

    如果想知道「每一單位商品」的平均銷售價值（例如平均每件能賺多少）：

    df["單位平均價值"] = df["金額"] / df["數量"]

    這對於後續分析商品效益很有幫助。

- 計算成效比（自訂公式）

    假設你希望計算一個「成效比」欄位，用金額除以單價（表示每元單價產生的銷售倍數）：

    df["成效比"] = df["金額"] / df["單價"]

    注意：這只是示範用途，實務上成效比的定義應視業務邏輯而定。

第 11 章　專案實作 - 資料處理小幫手

❏　處理除以零或缺值的風險

若某欄有缺值或 0，會造成錯誤，可以先處理：

```
df["單價"] = df["單價"].replace(0, pd.NA)
df["成效比"] = df["金額"] / df["單價"]
```

或用 np.where() 加條件：

```
import numpy as np
df["成效比"] = np.where(df["單價"] > 0, df["金額"] / df["單價"], 0)
```

❏　統整所有欄位後輸出預覽

```
print(df[["業務員", "部門", "商品", "數量", "單價", "金額", "成效比"]])
```

❏　總結

計算欄位是 pandas 的基本技能之一，能讓原始資料轉化為更具洞察力的報表內容。只需簡單的算式就能讓每一筆資料多一層意義，為後續視覺化與報表輸出奠定基礎。

11-3　openpyxl 寫入報表與格式設定

完成資料分析後，我們常需將結果輸出為 Excel 檔案進行保存、檢閱或分享。本節將介紹如何使用 openpyxl 模組將 pandas 的分析結果寫入 Excel，同時自動命名工作表、儲存至指定路徑，並加入如標題加粗、欄寬調整與數字格式化等視覺化樣式，讓報表更具專業外觀與可讀性。我們將這一節分為三個子節逐步實作，讓你完整掌握報表輸出的技巧與格式設計能力。

11-3-1　建立 Excel 報表並寫入 pandas DataFrame

完成資料整理後，我們可將分析結果直接寫入 Excel 檔，便於保存與分享。本節將示範如何使用 pandas 結合 openpyxl 將 DataFrame 儲存為 .xlsx 檔案，作為自動報表的第一步。

11-3 openpyxl 寫入報表與格式設定

❏ **準備分析結果的 DataFrame**

假設我們已完成統計並得到以下 DataFrame df_report：

```
import pandas as pd
    ...
df_report = pd.DataFrame({
    "部門": ["北區", "南區", "東區"],
    "銷售筆數": [2, 1, 1],
    "平均單價": [8100, 9600, 1200],
    "總金額": [49200, 9600, 1200]
})
```

❏ **將 DataFrame 寫入 Excel 檔**

使用 pandas 的 to_excel() 方法，搭配 engine="openpyxl" 來指定使用 openpyxl 寫入 Excel 格式。

```
df_report.to_excel("sales_report.xlsx", index=False, engine="openpyxl")
```

- index=False：不輸出索引欄
- engine="openpyxl"：使用 openpyxl 寫入 .xlsx 格式（推薦且常用）
- 需先安裝模組 openpyxl。

```
python -3.13 -m pip install openpyxl
```

程式實例 ch11_2.py：將統計資料寫入 sales_report.xlsx 報表。

```
1   import pandas as pd
2
3   df_report = pd.DataFrame({
4       "部門": ["北區", "南區", "東區"],
5       "銷售筆數": [2, 1, 1],
6       "平均單價": [8100, 9600, 1200],
7       "總金額": [49200, 9600, 1200]
8   })
9
10  df_report.to_excel("sales_report.xlsx", index=False, engine="openpyxl")
```

這個程式執行時沒有文字輸出。

11-9

第 11 章 專案實作 - 資料處理小幫手

❑ **檢查報表是否成功建立**

可使用 pathlib 或 os 確認報表是否產生。

程式實例 ch11_3.py：檢查是否前一個程式有建立 sales_report.xlsx 報表。

```
1   from pathlib import Path
2
3   report_path = Path("sales_report.xlsx")
4   if report_path.exists():
5       print("報表已成功建立 !")
```

執行結果

```
PS D:\vscode\ch11> & C:/Users/User/AppData/Local/Programs/Python/Python313/
python.exe d:/vscode/ch11/ch11_3.py
報表已成功建立 !
PS D:\vscode\ch11>
```

❑ **支援直接寫入指定路徑與資料夾**

你可以指定報表的儲存位置。

程式實例 ch11_4.py：將報表寫入指定資料夾，同時驗證是否報表建立成功。

```
1   import pandas as pd
2   from pathlib import Path     # ← 這行一定要有 !
3
4   df_report = pd.DataFrame({
5       "部門": ["北區", "南區", "東區"],
6       "銷售筆數": [2, 1, 1],
7       "平均單價": [8100, 9600, 1200],
8       "總金額": [49200, 9600, 1200]
9   })
10
11  # 設定輸出路徑
12  output_path = Path("output/reports/sales_report_2025-07.xlsx")
13
14  # 確保輸出目錄存在
15  output_path.parent.mkdir(parents=True, exist_ok=True)
16
17  df_report.to_excel(output_path, index=False, engine="openpyxl")
18  if output_path.exists():
19      print("報表已成功建立 !")
```

執行結果

```
PS D:\vscode\ch11> & C:/Users/User/AppData/Local/Programs/Python/Python313/
python.exe d:/vscode/ch11/ch11_3.py
報表已成功建立 !
PS D:\vscode\ch11>
```

常見錯誤與注意事項

錯誤訊息	解釋與處理方式
ModuleNotFoundError: No module named openpyxl	請先安裝 pip install openpyxl
PermissionError	該檔案已開啟，請先關閉 Excel 或用新檔名覆蓋
資料變亂碼	請確認欄位內容為純文字、路徑正確、UTF-8 格式處理正確

使用 pandas.to_excel() 可快速將分析結果儲存為 Excel 報表，搭配 openpyxl 引擎不僅穩定，後續也可進一步調整儲存格格式與樣式。

11-3-2 自動命名工作表與儲存路徑

為了提升報表的可辨識性與可管理性，我們可以依據日期、檔案內容或任務名稱，自動命名 Excel 檔案與工作表名稱。本節將說明如何結合 pandas、pathlib 與 datetime 模組達成此功能。

依日期自動命名報表檔案

我們可用 datetime.now() 產生日期字串，動態命名檔案名稱：

```
from datetime import datetime
    ...
date_str = datetime.now().strftime("%Y-%m-%d")
filename = f"sales_report_{date_str}.xlsx"
```

這樣每次執行程式都會輸出一份帶日期的報表，例如：

sales_report_2025-07-20.xlsx

指定輸出資料夾並自動建立

使用 pathlib 可以方便地處理路徑與資料夾建立：

```
from pathlib import Path
    ...
output_dir = Path("sale_output/reports")
output_dir.mkdir(parents=True, exist_ok=True)
output_path = output_dir / filename
```

第 11 章　專案實作 - 資料處理小幫手

- parents=True：確保多層資料夾可自動建立
- exist_ok=True：若資料夾已存在則不會報錯

❏ 將檔案儲存至指定位置

將分析結果寫入該動態路徑：

```
df_report.to_excel(output_path, index=False, engine="openpyxl")
print(f"報表已儲存至：{output_path}")
```

❏ 指定工作表名稱

可用 sheet_name 參數指定工作表名稱：

```
df_report.to_excel(output_path, index=False, engine="openpyxl",
                   sheet_name="部門統計")
```

這樣報表打開後工作表名稱就是「部門統計」，比預設的「Sheet1」更具可讀性。

❏ 加上條件處理避免重複檔名（可選進階）

若你不希望同一天重複輸出同名檔案，可以在檔名加上時間戳或版本號：

```
timestamp = datetime.now().strftime("%Y%m%d_%H%M%S")
filename = f"sales_report_{timestamp}.xlsx"
```

結果像這樣：

sales_report_20240715_142532.xlsx

程式實例 ch11_5.py：自動命名報表與儲存路徑。

```
1   import pandas as pd
2   from pathlib import Path
3   from datetime import datetime
4
5   # 假設你已完成資料分析，這是要輸出的報表內容
6   df_report = pd.DataFrame({
7       "部門": ["北區", "南區", "東區"],
8       "銷售筆數": [2, 1, 1],
9       "平均單價": [8100, 9600, 1200],
10      "總金額": [49200, 9600, 1200]
11  })
12
```

```
13   # 步驟1：產生動態檔名（含日期）
14   date_str = datetime.now().strftime("%Y-%m-%d")
15   filename = f"sales_report_{date_str}.xlsx"
16
17   # 步驟2：建立輸出資料夾路徑
18   output_dir = Path("sales_output/reports")
19   output_dir.mkdir(parents=True, exist_ok=True)
20
21   # 步驟3：組合完整檔案路徑
22   output_path = output_dir / filename
23
24   # 步驟4：寫入 Excel 檔案，指定工作表名稱
25   df_report.to_excel(output_path, index=False, engine="openpyxl",
26                      sheet_name="部門統計")
27
28   # 步驟5：提示完成訊息
29   print(f"報表已儲存至：{output_path}")
```

執行結果
```
PS D:\vscode\ch11> & C:/Users/User/AppData/Local/Programs/Python/Python313/python.exe d:/vscode/ch11/ch11_5.py
報表已儲存至：sales_output\reports\sales_report_2025-07-29.xlsx
PS D:\vscode\ch11>
```

可以在指定的資料夾得到下列報表。

> … ch11 > sales_output > reports

sales_report_2025-07-29　　　　2025/7/29 上午 08:46

運用 datetime、pathlib 和 sheet_name 的組合，我們可以讓報表輸出自動化、具備條理並符合日常實務需求。

11-3-3　加上儲存格樣式（標題加粗、欄寬調整、數字格式）

為了讓 Excel 報表更具專業外觀，我們可以透過 openpyxl 設定儲存格的樣式，包括標題列加粗、欄寬自動調整與金額欄位的數字格式化。本節將說明這些常見的格式設定技巧。

第 11 章　專案實作 - 資料處理小幫手

❑　使用 openpyxl 載入報表並編輯格式

pandas 雖能寫出 Excel 檔，但無法直接套用樣式。需使用 openpyxl 讀取並調整格式：

```
from openpyxl import load_workbook
from openpyxl.styles import Font, Alignment, numbers
    ...
# 開啟剛儲存的 Excel 檔案
wb = load_workbook("output/reports/sales_report_2025-07-29.xlsx")
ws = wb.active  # 或指定工作表名稱：ws = wb["部門統計"]
```

❑　設定標題列加粗

程式碼設計如下：

```
for cell in ws[1]:          # 第一列是標題
    cell.font = Font(bold=True)
    cell.alignment = Alignment(horizontal="center")
```

❑　調整欄寬（根據每欄最大字元自動設定）

程式碼設計如下：

```
for column in ws.columns:
    max_length = 0
    col_letter = column[0].column_letter        # A, B, C...
    for cell in column:
        if cell.value:
            max_length = max(max_length, len(str(cell.value)))
    ws.column_dimensions[col_letter].width = max_length + 2
```

加上 2 是為了保留空間，避免字貼邊。

❑　格式化數字欄位（例如：千位符號）

我們可以指定數字欄的儲存格格式（例如總金額、平均單價）：

```
for row in ws.iter_rows(min_row=2, min_col=3, max_col=4):
    for cell in row:
        cell.number_format = '#,##0'         # 12345 → 12,345
```

11-14

11-3　openpyxl 寫入報表與格式設定

也可用 #,##0.00 顯示兩位小數。

❑ **儲存格式化後的 Excel 檔案**

```
wb.save("output/reports/sales_report_2024-07-29.xlsx")
```

或另存為副本以保留原檔：

```
wb.save("output/reports/sales_report_formatted.xlsx")
```

程式實例 ch11_6.py：格式化報表輸出（含樣式設定）。

```
1   import pandas as pd
2   from pathlib import Path
3   from datetime import datetime
4   from openpyxl import load_workbook
5   from openpyxl.styles import Font, Alignment
6
7   # 模擬分析結果 DataFrame
8   df_report = pd.DataFrame({
9       "部門": ["北區", "南區", "東區"],
10      "銷售筆數": [2, 1, 1],
11      "平均單價": [8100, 9600, 1200],
12      "總金額": [49200, 9600, 1200]
13  })
14
15  # 自動命名 Excel 檔案與建立輸出資料夾
16  date_str = datetime.now().strftime("%Y-%m-%d")
17  filename = f"sales_report_{date_str}.xlsx"
18  output_dir = Path("market_output/reports")
19  output_dir.mkdir(parents=True, exist_ok=True)
20  output_path = output_dir / filename
21
22  # DataFrame 輸出為 Excel (含指定工作表名稱)
23  df_report.to_excel(output_path, index=False, engine="openpyxl",
24                     sheet_name="部門統計")
25
26  # 使用 openpyxl 開啟檔案，進行樣式設定
27  wb = load_workbook(output_path)
28  ws = wb["部門統計"]
29
30  # 標題列加粗，置中
31  for cell in ws[1]:
32      cell.font = Font(bold=True)
33      cell.alignment = Alignment(horizontal="center")
34
35  # 自動調整欄寬
36  for column in ws.columns:
37      max_length = 0
38      col_letter = column[0].column_letter   # A, B, C...
```

11-15

```
39          for cell in column:
40              if cell.value:
41                  max_length = max(max_length, len(str(cell.value)))
42          ws.column_dimensions[col_letter].width = max_length + 2
43
44      # 數字格式：第3與第4欄（平均單價與總金額）
45      for row in ws.iter_rows(min_row=2, min_col=3, max_col=4):
46          for cell in row:
47              cell.number_format = '#,##0'    # 加入千位符號格式
48
49      # 儲存最終報表
50      wb.save(output_path)
51
52      print(f"報表已儲存並完成格式設定：{output_path}")
```

執行結果
```
PS D:\vscode\ch11> & C:/Users/User/AppData/Local/Programs/Python/Python313/python
.exe d:/vscode/ch11/ch11_6.py
報表已儲存並完成格式設定：market_output\reports\sales_report_2025-07-29.xlsx
PS D:\vscode\ch11>
```

可以在指定的資料夾得到下列報表。

以下內容是格式化後的報表結果（註：有手動放大儲存格寬度）：

	A	B	C	D
1	部門	銷售筆數	平均單價	總金額
2	北區	2	8,100	49,200
3	南區	1	9,600	9,600
4	東區	1	1,200	1,200

　　儲存格樣式的調整雖非分析本體，卻是影響報表專業程度的關鍵細節。透過 openpyxl，我們能自動化格式套用流程，節省手動美化時間，並確保一致性與可讀性。

11-4 使用 pathlib 管理報表輸出與結構

自動化報表除了內容正確,也需要良好的檔案結構與命名規則,才能方便歸檔與版本控管。本節將示範如何透過 Python 的 pathlib 模組,自動建立儲存報表的資料夾、依照執行日期命名子資料夾與檔名,並處理可能的備份與覆蓋問題。整體分為三個子節,分別介紹:如何建立日期命名的資料夾、備份舊版報表,與加入時間戳記的檔名規則,讓你打造出具備可維護性的報表目錄結構。

11-4-1 建立資料夾與日期自動命名

良好的檔案管理從資料夾結構開始。本節將示範如何使用 pathlib 搭配 datetime,自動建立以日期命名的資料夾,便於報表分類、版本管理與日後查找。

註 本節的部分內容前面已有描述,這一節算是完整描述。

❑ 為什麼要用日期命名資料夾?

在長期產生報表的情境中,若所有檔案都集中在一個資料夾中,會難以追蹤與管理。而使用日期命名的資料夾可:

- 依「日」或「月」自動分類報表。
- 避免報表名稱重複。
- 建立清晰的報表歷史記錄。

❑ 取得當天日期字串

使用 datetime.now() 搭配 .strftime() 轉成檔名友善的字串格式:

```
from datetime import datetime
  ...
today = datetime.now().strftime("%Y-%m-%d")     # 例如:2024-07-30
```

可依需求改為年月(%Y-%m)或含時間戳(%Y%m%d_%H%M)。

第 11 章　專案實作 - 資料處理小幫手

❑ **使用 pathlib 建立資料夾路徑**

```
from pathlib import Path
    ...
base_folder = Path("output/reports")
date_folder = base_folder / today
date_folder.mkdir(parents=True, exist_ok=True)
```

- parents=True：會自動建立中間所有未存在的資料夾。
- exist_ok=True：若資料夾已存在則不報錯。

建立後的結構會像這樣：

```
output/
└── reports/
    └── 2024-07-30/
```

程式實例 ch11_7.py：自動建立今日資料夾。

```
1   from pathlib import Path
2   from datetime import datetime
3
4   # 自動建立今日資料夾
5   today = datetime.now().strftime("%Y-%m-%d")
6   output_folder = Path("date_output/reports") / today
7   output_folder.mkdir(parents=True, exist_ok=True)
8
9   print(f"報表將儲存於 : {output_folder}")
```

執行結果
```
PS D:\vscode\ch11> & C:/Users/User/AppData/Local/Programs/Python/Python313/python
.exe d:/vscode/ch11/ch11_7.py
報表將儲存於 : date_output\reports\2025-07-29
PS D:\vscode\ch11>
```

以下是資料夾內容：

> … ch11 > date_output > reports >

名稱	修改日期
📁 2025-07-29	2025/7/29 下午 02:29

❏ 總結

透過 pathlib 搭配 datetime，我們可以輕鬆建立日期命名的資料夾結構，讓每次產生的報表自動歸檔。這樣不但有助於報表備份與版本管理，也讓報表專案更具維護性與組織性。

11-4-2 建立輸出路徑與備份版本

在自動化產出報表的流程中，避免覆蓋舊有資料是很重要的需求。本節將介紹如何判斷檔案是否已存在，並自動建立帶版本編號或時間戳記的備份副本，保留歷史報表記錄。

❏ 為什麼需要備份版本？

當報表每天執行或重複產出時，可能會使用相同檔名（如 sales_report.xlsx），為了：

- 避免覆蓋原始檔。
- 保留歷史版本。
- 支援每日或每次任務追蹤。

我們可以在輸出前先檢查檔案是否存在，若有，就另存為新的檔名。

❏ 判斷檔案是否已存在

```
from pathlib import Path
    ...
output_path = Path("output/reports/2024-07-30/sales_report.xlsx")
    ...
if output_path.exists():
    print("檔案已存在，準備建立備份版本...")
```

❏ 建立備份版本的命名方式

常見做法是加上時間戳或版本號，例如：

```
from datetime import datetime
    ...
timestamp = datetime.now().strftime("%H%M%S")
backup_path = output_path.with_stem(output_path.stem + f"_{timestamp}")
```

第 11 章　專案實作 - 資料處理小幫手

上述 with_stem() 可修改檔案名稱（不影響副檔名），例如原始為：

sales_report.xlsx

加上時間戳後格式變為：

sales_report_141522.xlsx

程式實例 ch11_8.py：輸出檔案自動備份。註：這是一個簡單的程式，只是讓讀者了解輸出檔案自動備份，並沒有實質輸出到指定資料夾。

```python
1   from pathlib import Path
2   from datetime import datetime
3
4   # 原始輸出路徑
5   base_folder = Path("backup_output/reports/2025-07-30")
6   output_path = base_folder / "sales_report.xlsx"
7
8   # 若檔案存在則自動命名備份版本
9   if output_path.exists():
10      timestamp = datetime.now().strftime("%H%M%S")
11      output_path = output_path.with_stem(output_path.stem + f"_{timestamp}")
12
13  print(f"最終輸出路徑為：{output_path}")
```

執行結果
```
PS D:\vscode\ch11> & C:/Users/User/AppData/Local/Programs/Python/Python313/python.exe d:/vscode/ch11/ch11_8.py
最終輸出路徑為：backup_output\reports\2025-07-30\sales_report_154329.xlsx
PS D:\vscode\ch11>
```

❏　進階 - 建立 backup 子資料夾保存歷史版本

也可以將備份版本另存到 /backup 子資料夾中，與最新報表分開：

backup_dir = base_folder / "backup"
backup_dir.mkdir(exist_ok=True)
　　…
if output_path.exists():
　　output_path = backup_dir / f"sales_report_{timestamp}.xlsx"

❏　總結

自動備份機制能避免重要報表被覆蓋，並保留每次執行的完整紀錄。使用 pathlib 檢查路徑、動態產生檔名，再搭配 datetime 加上時間戳，是常見且實用的做法。

11-4-3 檔名自動化 - 報表名稱 + 時間戳記

自動化報表若每次執行都用相同檔名，容易被覆蓋或混淆。本節將說明如何結合報表名稱與時間戳記，自動產生唯一且具可讀性的 Excel 檔名，方便版本控管與追蹤歷史紀錄。

❑ **為什麼使用「報表名稱 + 時間戳」格式？**

這樣的命名方式有三大好處：

- 避免檔案覆蓋：每次執行都會有新檔名。
- 清楚顯示產出時間：如 sales_report_20240730_143512.xlsx。
- 便於版本排序與查詢：依檔名可一眼辨識新舊。

❑ **建立時間戳記字串**

使用 datetime.now() 取得精確到秒的時間，轉換為字串：

```
from datetime import datetime
    ...
timestamp = datetime.now().strftime("%Y%m%d_%H%M%S")
```

可能範例輸出：「20250730_143512」。

❑ **組合自動化檔案名稱**

你可以將報表主題與時間戳組合成一個檔名字串：

```
report_title = "sales_report"
filename = f"{report_title}_{timestamp}.xlsx"
```

可能檔名範例：「sales_report_20250730_143512.xlsx」。

❑ **搭配 pathlib 建立完整儲存路徑**

```
from pathlib import Path
    ...
output_dir = Path("output/reports/2024-07-30")
output_dir.mkdir(parents=True, exist_ok=True)
    ...
output_path = output_dir / filename
```

第 11 章　專案實作 - 資料處理小幫手

最終輸出路徑可能為：

output/reports/2025-07-30/sales_report_20250730_143512.xlsx

程式實例 ch11_9.py：檔案名稱自動化實例。

```
1   from pathlib import Path
2   from datetime import datetime
3
4   # 產生時間戳
5   timestamp = datetime.now().strftime("%Y%m%d_%H%M%S")
6
7   # 組合檔名與資料夾
8   report_name = f"sales_report_{timestamp}.xlsx"
9   output_folder = Path("output/reports") / datetime.now().strftime("%Y-%m-%d")
10  output_folder.mkdir(parents=True, exist_ok=True)
11
12  # 組合完整路徑
13  output_path = output_folder / report_name
14  print(f"報表將儲存於 : {output_path}")
```

執行結果
```
PS D:\vscode\ch11> & C:/Users/User/AppData/Local/Programs/Python/Python313/python
.exe d:/vscode/ch11/ch11_9.py
報表將儲存於 : output\reports\2025-07-29\sales_report_20250729_160845.xlsx
PS D:\vscode\ch11>
```

❏ 總結

動態檔名能有效解決報表重複與版本追蹤問題。只要結合報表主題與執行時間，就能輕鬆產生唯一且具識別性的檔案名稱，搭配 pathlib 建立輸出結構，讓報表管理更有條理。

11-5　AI 協作實作 - 用 Copilot 或 ChatGPT 規劃報表流程

　　AI 不只可寫程式，還能與你一起思考資料架構與報表設計邏輯。本章將示範如何善用 Copilot 或 ChatGPT，以自然語言溝通方式引導 AI 協助規劃報表所需欄位與公式、設計處理流程，甚至動態調整邏輯與輸出格式。透過三個子節，我們將實作從「欄位推導」、「欄位命名與主流程建立」，到「與 AI 對話優化邏輯」的實戰練習，讓 AI 成為你資料處理與報表開發的最佳拍檔。

11-5-1　讓 AI 協助推導報表欄位與公式（自然語言提示）

不確定報表該有哪些欄位或如何計算時，不妨交給 AI。只要以自然語言描述你的需求，Copilot 或 ChatGPT 就能協助你推導欄位結構、計算邏輯與統計公式，大幅減少設計報表的壓力。

❑　為什麼要請 AI 幫忙規劃欄位？

在現實情境中，資料分析初學者或非資料背景開發者，常會遇到：

- 不知道要從哪些原始欄位衍生報表欄位。
- 不確定總金額、成效率、平均值等計算公式怎麼寫。
- 想快速建立一份具有實用邏輯的欄位設計草稿。

使用 AI 可透過對話快速產出設計草圖，再由你微調與實作。

❑　如何撰寫有效的提示語（Prompt）- ChatGPT

你可以直接對 ChatGPT 或 Copilot 輸入類似這樣的自然語言說明：

> 我有一份 CSV，包含欄位：業務員、部門、日期、商品、數量、單價。
> 請幫我設計一份報表，需要包含每個部門的：
> - 銷售總金額
> - 銷售筆數
> - 平均單價

ChatGPT 回應如下：

這類「部門分組銷售報表」很適合用 pandas 處理。假設你的 CSV 檔案名稱為 sales.csv，其結構如下：

業務員	部門	日期	商品	數量	單價
王小明	北區	...	筆電	2	8000
...	...	...	...	...	...

第 11 章　專案實作 - 資料處理小幫手

步驟說明與程式碼

1. 匯入 pandas 讀取 CSV。

   ```
   import pandas as pd
       ...
   df = pd.read_csv("sales.csv")
   ```

2. 計算「銷售總金額」：可以先加一個「金額」欄位。

   ```
   df["金額"] = df["數量"] * df["單價"]
   ```

3. 分組統計報表（依部門）。

   ```
   report = df.groupby("部門").agg(
        銷售總金額 = ("金額", "sum"),
        銷售筆數 = ("金額", "count"),
        平均單價 = ("單價", "mean")
   ).reset_index()
   ```

   - sum：每個部門的總金額。
   - count：每個部門的交易筆數（你也可改成「數量」加總，看你想算什麼）。
   - mean：每個部門的平均單價。

4. 匯出 Excel 或直接顯示。

   ```
   report.to_excel("部門銷售報表.xlsx", index=False)
   print(report)
   ```

   筆者請 ChatGPT 生成 sales.csv 資料，同時提供下載連結，如下：

   下列是此檔案用記事本開啟的內容。

11-5 AI 協作實作 - 用 Copilot 或 ChatGPT 規劃報表流程

程式實例 ch11_10.py：AI 設計報表程式，所讀取的報表是前面下載的 sales.csv，此程式需要包含每個部門的：

- 銷售總金額
- 銷售筆數
- 平均單價

```
1   import pandas as pd
2
3   # 讀取原始CSV檔
4   df = pd.read_csv("sales.csv")
5
6   # 計算每一筆訂單金額
7   df["金額"] = df["數量"] * df["單價"]
8
9   # 依部門分組，計算總金額、筆數、平均單價
10  report = df.groupby("部門").agg(
11      銷售總金額 = ("金額", "sum"),
12      銷售筆數 = ("金額", "count"),
13      平均單價 = ("單價", "mean")
14  ).reset_index()
15
16  # 匯出報表
17  report.to_excel("部門銷售報表.xlsx", index=False)
18
19  # 印出檢查
20  print(report)
```

執行結果
```
PS D:\vscode\ch11\ch11_10> & C:/Users/User/AppData/Local/Programs/Python/Python313/python.exe d:/vscode/ch11/ch11_10/ch11_10.py
   部門  銷售總金額  銷售筆數      平均單價
0  北區    37800      5  4330.000000
1  南區    25700      2  8800.000000
2  東區    27800      3  5566.666667
PS D:\vscode\ch11\ch11_10>
```

AI 生成的程式，輸出 Pandas 內容是沒有對齊。讀者可以參考 ch11_1.py 的第 3 列。

11-25

第 11 章　專案實作 - 資料處理小幫手

❏ **使用 Copilot 撰寫註解產生欄位計算邏輯**

在 VS Code 中輸入：

```
# 計算每筆資料的金額（數量 * 單價）
```

Copilot 可能會自動補出：

```
df["金額"] = df["數量"] * df["單價"]
```

我們再輸入：

```
# 按部門統計總金額與平均單價
```

Copilot 將補出：

```
report = df.groupby("部門").agg({
    "金額": "sum",
    "單價": "mean"
}).reset_index()
```

❏ **小技巧 - 讓 AI 幫你想「你沒想到的欄位」**

你可以問：

除了總金額與平均單價外，還有什麼欄位建議可以加入報表？

ChatGPT 可能會建議：

- 單件平均金額
- 銷售比率（各部門金額佔總金額比例）
- 商品數量總和
- 單價標準差（衡量價格穩定性）

❏ **總結**

Copilot 與 ChatGPT 不只是輔助寫程式的工具，更能幫助你從分析目標出發，推導出合理的欄位與公式。你只需用自然語言描述需求，AI 就能提供欄位架構、計算邏輯與對應程式碼，協助你快速構思出一份實用報表。

11-5-2 自動產生欄位命名邏輯、報表主流程

除了計算欄位與統計邏輯，AI 也能協助你規劃報表主流程的結構與欄位命名規範。本節將說明如何用自然語言提示 Copilot 或 ChatGPT，自動產生具一致性、可讀性的欄位名稱與分析流程草稿。

❏ 欄位命名為什麼需要 AI 幫忙？

在處理資料報表時，欄位命名應：

- 清楚表達內容與單位（例如：平均單價（元））。
- 一致性高（全部採用中文或英文，且命名風格一致）。
- 方便輸出為 Excel 或報告（避免命名過長或不明）。

AI 可以協助你從自然語言或資料上下文，自動推導並標準化這些命名。

❏ 提示語示範 - 請 AI 幫我命名欄位

你可以這樣向 ChatGPT 詢問：

> 我有以下資料欄位：部門、數量、單價。
> 我要設計一份彙總報表，請幫我命名合適的欄位，包括總金額、平均單價與銷售次數。

ChatGPT 回應如下：

原始資料欄位

- 部門
- 數量
- 單價

彙總報表欄位建議

- 部門：（分組主軸）。
- 銷售總金額：（各部門的所有金額加總，建議：總金額或銷售總金額）。
- 平均單價：（該部門所有筆數的平均單價）。
- 銷售次數：（該部門有幾筆銷售紀錄，建議：銷售次數或交易筆數）。

彙總範例（欄位名稱範本）：

部門	銷售總金額	平均單價	銷售次數
北區	35000	7000	5
南區	20000	8000	2
...	...	...	...

- 銷售總金額：各部門每筆「數量 × 單價」的加總
- 平均單價：各部門所有銷售記錄的「單價」平均值
- 銷售次數：各部門銷售紀錄的筆數（即資料行數，不是數量的加總）

❑ 提示 Copilot 自動產出主流程草稿

你可以在程式碼中輸入註解，例如：

輸出部門彙總報表，欄位包含：部門、銷售筆數、平均單價、總金額

Copilot 有很高機率會自動補出以下流程：

```python
# 輸出部門彙總報表，欄位包含：部門、銷售筆數、平均單價、總金額
df["金額"] = df["數量"] * df["單價"]
report = df.groupby("部門").agg({
    "數量": "count",
    "單價": "mean",
    "金額": "sum"
}).reset_index()

report.rename(columns={
    "數量": "銷售筆數",
    "單價": "平均單價（元）",
    "金額": "總金額（元）"
}, inplace=True)
```

你只需審核、微調欄位名稱即可。

❑ AI 產生的報表主流程包含什麼？

AI 通常會補出一段流程包含以下結構：

1. 建立新欄位（如金額）。
2. 使用 groupby 統計彙總。
3. 用 agg() 計算多欄位指標（總和、平均、筆數）。

4. reset_index() 整理為標準表格格式。

   5. rename() 統一命名欄位。

顯示或輸出結果。

❑ 補充技巧 - 請 AI 幫我自動翻譯欄位名稱

你可以這樣問：

> 請幫我將以下欄位翻成英文命名風格：
> 部門、銷售筆數、平均單價（元）、總金額（元）

以下是對應的英文命名，採資料欄位英文常用命名風格（適合 Excel、資料庫或 Pandas）：

中文欄位	英文命名
部門	Department
銷售筆數	Sales_Count
平均單價（元）	Avg_Unit_Price
總金額（元）	Total_Amount

❑ 總結

當你還在思考「欄位該叫什麼？報表流程該怎麼寫？」時，AI 已能根據你的語意建立出清楚、有邏輯的欄位命名與主流程草稿。這不只是節省時間，更讓你養成清晰規劃的好習慣。

11-5-3 與 AI 對話調整資料處理邏輯的練習

報表需求常會改變，資料處理邏輯也需動態調整。本節將練習如何與 ChatGPT 或 Copilot 對話，修改資料過濾條件、分群方式或計算方法，達成快速修正與測試的目的。

❑ 情境範例 - 主管臨時更改需求

情境問題 1：

第 11 章　專案實作 - 資料處理小幫手

假設你已設計好原始報表,但主管突然說:

「只要顯示 7 月的資料,並按照商品類別統計銷售數量。」

你可以直接向 ChatGPT 詢問:

> 我有以下資料欄位:部門、數量、單價。
> 我要設計一份彙總報表,請幫我命名合適的欄位,包括總金額、平均單價與銷售次數。

ChatGPT 回覆的範例流程可能如下:

1. 載入資料

   ```
   import pandas as pd
   ...
   df = pd.read_csv("data.csv")
   ```

2. 轉換日期欄位為 datetime 格式

   ```
   mask = (df["日期"].dt.year == 2025) & (df["日期"].dt.month == 7)
   df_july = df[mask]
   ```

3. 過濾 2025 年 7 月 的資料

   ```
   mask = (df["日期"].dt.year == 2025) & (df["日期"].dt.month == 7)
   df_july = df[mask]
   ```

4. 統計每種商品的銷售總數量

   ```
   summary = df_july.groupby("商品")["數量"].sum().reset_index()
   summary = summary.rename(columns={"數量": "銷售總數量"})
   print(summary)
   ```

情境問題 2:

你甚至可以接著問:

「可以幫我把 ' 數量 ' 欄命名成 '7 月總銷量 ' 嗎?」

你向 ChatGPT 的對話如下:

> 可以幫我把 '數量' 欄命名成 '7月總銷量' 嗎?

11-5 AI 協作實作 - 用 Copilot 或 ChatGPT 規劃報表流程

ChatGPT 回覆的可能如下：

程式實例 ch11_11.py：ChatGPT 回應總結。

```
1   import pandas as pd
2
3   df = pd.read_csv("data.csv")
4   df["日期"] = pd.to_datetime(df["日期"])
5   mask = (df["日期"].dt.year == 2025) & (df["日期"].dt.month == 7)
6   df_july = df[mask]
7
8   summary = df_july.groupby("商品")["數量"].sum().reset_index()
9   summary = summary.rename(columns={"數量": "7月總銷量"})
10
11  print(summary)
```

執行結果

筆者先請 ChatGPT 生成 data.csv 檔案，筆者問句如下：

此檔案用記事本開啟內容如下：

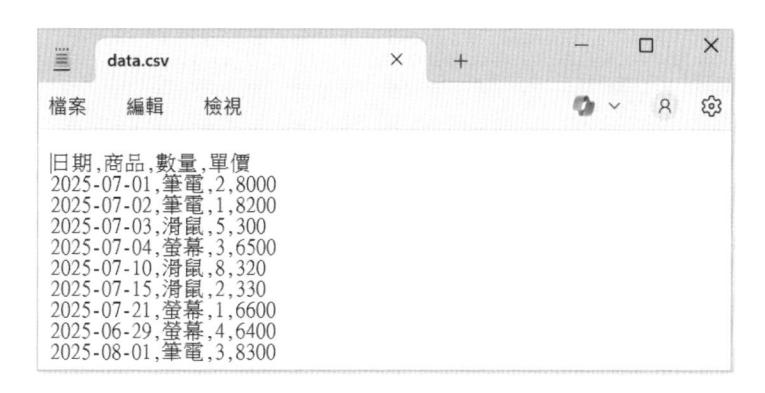

```
日期,商品,數量,單價
2025-07-01,筆電,2,8000
2025-07-02,筆電,1,8200
2025-07-03,滑鼠,5,300
2025-07-04,螢幕,3,6500
2025-07-10,滑鼠,8,320
2025-07-15,滑鼠,2,330
2025-07-21,螢幕,1,6600
2025-06-29,螢幕,4,6400
2025-08-01,筆電,3,8300
```

有了上述資料檔案，執行此程式後可以得到下列結果。

第 11 章　專案實作 - 資料處理小幫手

```
PS D:\vscode\ch11\ch11_11> & C:/Users/User/AppData/Local/Programs/Python
/Python313/python.exe d:/vscode/ch11/ch11_11/ch11_11.py
   商品  7月總銷量
0  滑鼠     15
1  筆電      3
2  螢幕      4
PS D:\vscode\ch11\ch11_11>
```

❑ **Copilot 實作練習**

在 VS Code 程式，筆者將原先 ch11_11.py 程式改為 ch11_11_1.py，然後在程式末端增加以下註解：

「# 過濾 2024/07 的資料，只統計冰箱與電視的銷售筆數」

Copilot 補出這段邏輯：

```
12    # 過濾 2025/07 的資料，只統計滑鼠與螢幕的銷售筆數
✓ summary = summary[summary["商品"].isin(["滑鼠", "螢幕"])]
      print(summary)
```

上述直接點選綠色底表示接受，可以得到下列結果。

```
12    # 過濾 2025/07 的資料，只統計滑鼠與螢幕的銷售筆數
13    summary = summary[summary["商品"].isin(["滑鼠", "螢幕"])]
14    print(summary)
```

執行此 ch11_11_1.py，可以得到下列結果。

```
PS D:\vscode\ch11\ch11_11> & C:/Users/User/AppData/Local/Programs/Python
/Python313/python.exe d:/vscode/ch11/ch11_11/ch11_11_1.py
   商品  7月總銷量
0  滑鼠     15
1  筆電      3
2  螢幕      4
   商品  7月總銷量
0  滑鼠     15
2  螢幕      4
PS D:\vscode\ch11\ch11_11>
```

11-6 自動化流程封裝 - 部門銷售報表生成器

完成資料分析、報表輸出與格式設定後，最後一步就是將所有功能整合成一個可重複使用、可參數化的命令列工具。本節將示範如何封裝成一支名為 report_helper.py 的 CLI 工具，支援 --input、--output、--filter 等參數，讓使用者能快速透過指令完成資料處理、報表分析與 Excel 輸出。整體流程將涵蓋：讀取資料、過濾分析、自動命名與儲存報表，最後顯示成功訊息，完成真正可執行的自動化報表工具。

❑ 設計 CLI 工具參數與流程架構

我們的 report_helper.py 將具備以下功能與參數：

- --input：指定輸入的 CSV 資料檔案路徑。
- --output：指定輸出的資料夾路徑。
- --filter：（選填）過濾部門或月份等條件，如需依條件過濾，請輸入（例如：「--filter 北區」，可過濾出北區部門的資料）。

❑ 主流程步驟（邏輯順序）

1. 解析命令列參數
2. 讀取 CSV 檔案
3. 過濾資料（若有指定條件）
4. 計算欄位（如金額）與 groupby 統計
5. 匯出報表為 Excel（含標題樣式、欄寬、格式）
6. 自動命名檔案＋儲存
7. 顯示完成訊息

專題 ch11_12 - report_helper.py：部門銷售報表生成器

```
1   import pandas as pd
2   import argparse
3   from pathlib import Path
4   from datetime import datetime
5   from openpyxl import load_workbook
6   from openpyxl.styles import Font, Alignment
7
8   def parse_arguments():
9       """
```

第 11 章　專案實作 - 資料處理小幫手

```
10       處理命令列參數，回傳 argparse 的解析結果
11       --input    必要參數，指定來源 CSV 檔案
12       --output   必要參數，指定報表輸出資料夾
13       --filter   可選參數，指定要過濾的部門
14       """
15       parser = argparse.ArgumentParser(description="自動化報表處理工具")
16       parser.add_argument("--input", required=True, help="CSV 資料檔路徑")
17       parser.add_argument("--output", required=True, help="報表輸出資料夾")
18       parser.add_argument("--filter", help="過濾部門（可選）")
19       return parser.parse_args()
20
21   def generate_report(df):
22       """
23       接收原始資料 DataFrame，產生部門彙總報表
24       - 加總每一筆的金額 = 數量 * 單價
25       - 以「部門」分組，統計銷售筆數、平均單價、總金額
26       回傳新的 DataFrame
27       """
28       # 新增金額欄位
29       df["金額"] = df["數量"] * df["單價"]
30
31       # 分組並彙總統計
32       report = df.groupby("部門").agg({
33           "數量": "count",        # 銷售筆數（即交易筆數，不是數量總和）
34           "單價": "mean",         # 平均單價
35           "金額": "sum"           # 總金額
36       }).reset_index()
37
38       # 欄位名稱轉成更友善的中文
39       report.rename(columns={
40           "數量": "銷售筆數",
41           "單價": "平均單價",
42           "金額": "總金額"
43       }, inplace=True)
44       return report
45
46   def format_excel(file_path):
47       """
48       針對剛產出的 Excel 報表進行美化
49       - 標題列粗體與置中
50       - 自動調整欄寬
51       - 數值欄（平均單價、總金額）加上千分位格式
52       """
53       wb = load_workbook(file_path)
54       ws = wb.active
55
56       # 標題列（第一列）字型粗體、置中
57       for cell in ws[1]:
58           cell.font = Font(bold=True)
59           cell.alignment = Alignment(horizontal="center")
60
61       # 自動調整欄寬
```

```python
         for column in ws.columns:
             max_len = max(len(str(cell.value)) if cell.value else 0 for cell in column)
             ws.column_dimensions[column[0].column_letter].width = max_len + 2

         # 平均單價、總金額兩欄，數值加上千分位格式（假設為第3、4欄）
         for row in ws.iter_rows(min_row=2, min_col=3, max_col=4):
             for cell in row:
                 cell.number_format = "#,##0"

         wb.save(file_path)

def main():
    # 解析命令列參數
    args = parse_arguments()

    # 依據當天日期建立報表輸出路徑（自動建立多層資料夾）
    date_folder = Path(args.output) / datetime.now().strftime("%Y-%m-%d")
    date_folder.mkdir(parents=True, exist_ok=True)

    # 設定報表檔名：sales_report_年月日_時分秒.xlsx
    timestamp = datetime.now().strftime("%Y%m%d_%H%M%S")
    report_name = f"sales_report_{timestamp}.xlsx"
    output_path = date_folder / report_name

    # 讀取來源CSV，預設使用utf-8-sig編碼以支援含BOM的中文檔案
    df = pd.read_csv(args.input, encoding="utf-8-sig")

    # 如指定 --filter，僅保留該部門資料
    if args.filter:
        df = df[df["部門"] == args.filter]

    # 彙總產生報表資料
    report_df = generate_report(df)

    # 輸出為Excel檔案，sheet名稱為「部門統計」
    report_df.to_excel(output_path, index=False, engine="openpyxl", sheet_name="部門統計")

    # 美化Excel格式
    format_excel(output_path)

    print(f"報表已產出：{output_path}")

if __name__ == "__main__":
    main()
```

第 11 章　專案實作 - 資料處理小幫手

本程式 sales.csv 內容

```
業務員,部門,日期,商品,數量,單價
Eva,南區,2024/07/07,電風扇,2,15000
Bob,南區,2024/07/20,電視,3,9000
Amy,中區,2024/07/18,冷氣,1,1200
Cindy,南區,2024/07/06,洗衣機,3,9000
Eva,北區,2024/07/11,電視,4,6000
Bob,中區,2024/07/02,洗衣機,5,9000
Amy,南區,2024/07/16,電視,4,9000
Bob,東區,2024/07/09,電風扇,3,1200
Bob,中區,2024/07/29,冰箱,5,6000
Eva,中區,2024/07/31,冷氣,1,9000
Eva,南區,2024/07/17,洗衣機,3,1200
David,中區,2024/07/15,電風扇,2,1200
Cindy,南區,2024/07/27,冰箱,3,9000
Cindy,中區,2024/07/25,冷氣,3,9000
Eva,中區,2024/07/21,冰箱,1,3000
David,南區,2024/07/10,電風扇,5,9000
Frank,北區,2024/07/16,電視,3,1200
Amy,中區,2024/07/18,電風扇,2,1200
David,中區,2024/07/09,洗衣機,4,1200
Amy,東區,2024/07/20,冷氣,1,15000
```

執行結果

```
PS D:\vscode\ch11\ch11_12> python report_helper.py --input sales.csv --output output/reports
報表已產出：output/reports\2025-07-30\sales_report_20250730_020529.xlsx
PS D:\vscode\ch11\ch11_12>
```

上述執行後可以得到下列資料夾與匯總的檔案內容。

	A	B	C	D
1	部門	銷售筆數	平均單價	總金額
2	中區	9	4,533	124,800
3	北區	2	3,600	27,600
4	南區	7	8,743	195,600
5	東區	2	8,100	18,600

假設要過濾北區部門的銷售資料，執行時需要增加參數「--filter 北區」，整個執行如下：

```
PS D:\vscode\ch11\ch11_12> python report_helper.py --input sales.csv --output output/reports --filter 北區
報表已產出：output/reports\2025-07-30\sales_report_20250730_020905.xlsx
PS D:\vscode\ch11\ch11_12>
```

上述執行後可以得到下列資料夾與匯總的檔案內容。

11-6 自動化流程封裝 - 部門銷售報表生成器

名稱	修改日期
sales_report_20250730_014710	2025/7/30 上午 01:47
sales_report_20250730_020905	2025/7/30 上午 02:09

	A	B	C	D
1	部門	銷售筆數	平均單價	總金額
2	北區	2	3,600	27,600

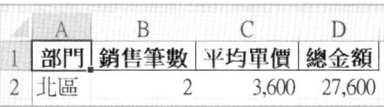

❑ 特色亮點與實務應用情境

- 自動化專案流程封裝：適合定期報表、批次處理、雲端自動排程等應用。
- 命令列友善設計：讓非技術人員也能透過明確參數輕鬆運用，降低學習門檻。
- 辦公室 AI 協作典範：結合 VS Code、GitHub Copilot 設計的專案開發流程，示範 AI 與人類協作加速資料處理的具體作法。

❑ 小結與延伸思考

藉由本節的完整整合，讀者已能將日常資料分析與報表流程高度自動化，並能隨需求彈性擴充。建議讀者可嘗試加入更複雜的分析邏輯（如：分群、交叉統計、圖表繪製），進一步強化本工具，甚至與團隊共享，成為 AI 世代辦公室的資料處理戰友。

第 11 章　專案實作 - 資料處理小幫手

第 12 章

專案實作 - API 整合應用

12-1　寫一個查詢天氣或匯率的程式

12-2　使用 requests + Copilot 幫你組合 API 呼叫流程

12-3　加入簡單例外處理與錯誤提示

第 12 章　專案實作 - API 整合應用

許多現代化應用都仰賴 API（Application Programming Interface）來即時取得資料，例如天氣、匯率、新聞或股市行情等。本章將實作一個查詢天氣或匯率的小工具，教你如何結合 requests 模組，透過簡單的 HTTP 請求取得外部資料。我們也將善用 GitHub Copilot 來協助撰寫 API 呼叫流程，並補充如何處理錯誤回應與網路例外。透過本章練習，你將具備與第三方資料服務串接的實作能力，是邁向更完整專案開發的重要一步。

12-1 寫一個查詢天氣或匯率的程式

　　API（應用程式介面）讓我們能即時取得外部資料並整合進自己的應用中。本節將帶你實作一個查詢天氣或匯率的小工具，從選擇公開 API、撰寫請求、解析 JSON 資料，到顯示結果，完整體驗 API 的應用流程。我們將使用 requests 模組與實用的免費 API（如 Open-Meteo 和 ExchangeRate.host），一步步建立具有實用價值的小型查詢服務，為後續串接更多外部資源打下基礎。

12-1-1　選擇與介紹公開 API

❏　Open-Meteo（天氣 API）

- 網址：https://open-meteo.com/
- 特色：不需 API 金鑰，提供免費即時天氣資訊。
- 範例查詢（台北），此例需填上查詢城市的緯度和經度訊息。

    https://api.open-meteo.com/v1/forecast?latitude=25.03&longitude=121.56&current_weather=true

    上述網址點選後可以得到 Json 格式的天氣資料，本節會有程式解析。

❑ ExchangeRate.host（匯率 API）

- 網址：https://exchangerate.host/
- 讀者需要進入上述網站註冊和取得 API Access Key。
- 免費查詢即時匯率轉換
- 範例查詢（USD 對 TWD）：

  https://api.exchangerate.host/convert?from=USD&to=TWD&amount=N&access_key=API_Key

- 上述「amount=N」，N 是要兌換的美金。

上述網站所需資訊如下：

- from：原始幣別（如 USD）
- to：目標幣別（如 TWD）
- amount：兌換金額（必填）
- access_key：API 金鑰（必填）

下列是筆者想要計算 5 美元的結果。

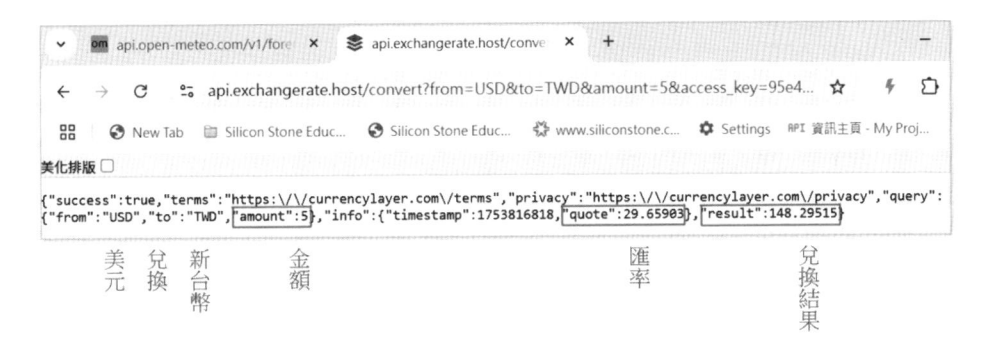

美元　兌換　新台幣　金額　　　　　匯率　　　兌換結果

12-1-2　設計天氣查詢程式

程式實例 ch12_1.py：查詢台北目前氣溫和風速，註：下列程式沒有列出完整的 URL 訊息，讀者須參考書附的程式。

```
1  import requests
2
3  url = "https://api.open-meteo.com/v1/forecast?latitude=25.03
4  response = requests.get(url)
5  weather = response.json()
```

第 12 章 專案實作 - API 整合應用

```
6
7    temp = weather["current_weather"]["temperature"]
8    windspeed = weather["current_weather"]["windspeed"]
9    print(f"台北目前氣溫：{temp}°C, 風速：{windspeed} km/h")
```

執行結果
```
PS D:\vscode\ch12> & C:/Users/User/AppData/Local/Programs/Python/Python313/python.exe
d:/vscode/ch12/ch12_1.py
台北目前氣溫：25.9°C，風速：5.9 km/h
PS D:\vscode\ch12>
```

12-1-3　設計匯率查詢程式

程式實例 ch12_2.py：查詢美金對台幣的匯率，同時輸出 10 美元可以兌換的金額。

```
1    import requests
2
3    # 請將 YOUR_ACCESS_KEY 換成你自己的 API 金鑰
4    ACCESS_KEY = "YOUR_ACCESS_KEY"
5    url = (
6        "https://api.exchangerate.host/convert"
7        "?from=USD&to=TWD&amount=10"
8        "&access_key=API_Key"          # 替換為你的 API 金鑰
9    )
10
11   response = requests.get(url)
12   data = response.json()
13
14   if data.get("success"):
15       rate = data["info"]["quote"]
16       result = data["result"]
17       print(f"美元對台幣即時匯率：{rate}")
18       print(f"10美元可以兌換：{result} 台幣")
19   else:
20       print("查詢失敗：", data.get("error", {}).get("info", "未知錯誤"))
```

執行結果
```
PS D:\vscode\ch12> & C:/Users/User/AppData/Local/Programs/Python/Python313/
python.exe d:/vscode/ch12/ch12_2.py
美元對台幣即時匯率：29.666987
10美元可以兌換：296.66987 台幣
PS D:\vscode\ch12>
```

12-2 使用requests + Copilot 幫你組合 API 呼叫流程

在撰寫 API 呼叫程式時，最常見的工作就是組合 URL、處理參數、解析 JSON 與封裝函式。這些步驟雖然不難，但格式繁瑣、容易出錯。本節將示範如何善用 GitHub Copilot 的註解提示能力，自動補齊 requests 模組的呼叫邏輯。我們會練習用自然語言撰寫註解，讓 Copilot 幫我們組合查詢 URL、解析回傳結果，並封裝成函式如 get_weather(city) 或 get_rate(base, target)，大幅提升撰寫效率與可讀性。

❑ 利用註解讓 Copilot 補出 API 邏輯

程式實例 ch12_3.py：在撰寫程式時，我們可以先輸入中文或英文註解，例如：

「# 用ExchangeRate.host查詢 USD 對 TWD 的即時匯率」

Copilot 首先可能會列出：

「import requests」

點選「接受」後，你將看到：

```python
# 用ExchangeRate.host查詢 USD 對 TWD 的即時匯率
import requests

url = (
    "https://api.exchangerate.host/convert"
    "?from=USD&to=TWD&amount=10"
    "&access_key=API_Key"           # 替換為你的 API 金鑰
)

response = requests.get(url)
data = response.json()

if data.get("success"):
    rate = data["info"]["quote"]
    result = data["result"]
    print(f"美元對台幣即時匯率：{rate}")
    print(f"10美元可以兌換：{result} 台幣")
else:
    print("查詢失敗：", data.get("error", {}).get("info", "未知錯誤"))
```

第 12 章 專案實作 - API 整合應用

請點選綠色底生成的程式碼：

```python
1   # 用ExchangeRate.host查詢 USD 對 TWD 的即時匯率
2   import requests
3
4   url = (
5       "https://api.exchangerate.host/convert"
6       "?from=USD&to=TWD&amount=10"
7       "&access_key=API_Key"          # 替換為你的 API 金鑰
8   )
9
10  response = requests.get(url)
11  data = response.json()
12
13  if data.get("success"):
14      rate = data["info"]["quote"]
15      result = data["result"]
16      print(f"美元對台幣即時匯率：{rate}")
17      print(f"10美元可以兌換：{result} 台幣")
18  else:
19      print("查詢失敗：", data.get("error", {}).get("info", "未知錯誤"))
```

上述讀者可以輸入屬於自己的 API_Key，就可以執行了。

程式實例 ch12_4.py：如果讀者輸入下列註解：

「# 用ExchangeRate.host查詢 USD 對 TWD 的即時匯率
改寫成函式 get_rate(base, target, amount)」

Copilot 可能會回應下列結果。

```python
1   # 用ExchangeRate.host查詢 USD 對 TWD 的即時匯率
2   # 改寫成函式 get_rate(base, target, amount)
3   import requests
4
5   def get_rate(base, target, amount):
6       url = (
7           "https://api.exchangerate.host/convert"
8           f"?from={base}&to={target}&amount={amount}"
9           "&access_key=API_Key"          # 替換為你的 API 金鑰
10      )
11
12      response = requests.get(url)
13      data = response.json()
14
15      if data.get("success"):
16          rate = data["info"]["quote"]
17          result = data["result"]
18          print(f"{base}對{target}即時匯率：{rate}")
19          print(f"{amount}{base}可以兌換：{result} {target}")
20      else:
21          print("查詢失敗：", data.get("error", {}).get("info", "未知錯誤"))
22
23  get_rate("USD", "TWD", 10)    # 查詢10美元對台幣的匯率
```

12-2　使用 requests + Copilot 幫你組合 API 呼叫流程

❏ 處理 URL 參數與字串格式化

在 Copilot 的提示下，你可以直接用 f-string 處理變數組合：

url = f"https://api.exchangerate.host/convert?from={base}&to={target}"

程式實例 ch12_5.py：設計查詢天氣的 API，可以輸入下列註解：

「# 用Open-Meteo API查詢天氣
改寫成函式 get_weather(latitude, longitude)」

```python
# 用Open-Meteo API查詢天氣
# 改寫成函式 get_weather(latitude, longitude)
import requests

def get_weather(latitude, longitude):
    url = (
        "https://api.open-meteo.com/v1/forecast"
        f"?latitude={latitude}&longitude={longitude}&current_weather=true"
    )
    response = requests.get(url)
    weather = response.json()

    temp = weather["current_weather"]["temperature"]
    windspeed = weather["current_weather"]["windspeed"]
    print(f"目前氣溫：{temp}°C，風速：{windspeed} km/h")
get_weather(25.03, 121.56)    # 台北的緯度和經度
```

上述框起來，這是筆者測試時分段生成的結果。

❏ 封裝功能成為模組化函式

專案 ch12_6 - api_tools.py 和 ch12_6.py

程式實例 api_tools.py：你可以將匯率與天氣查詢函式統一放入此程式。

```python
import requests

def get_rate(base, target, amount):
    url = (
        "https://api.exchangerate.host/convert"
        f"?from={base}&to={target}&amount={amount}"
        "&access_key=API_Key"          # 替換為你的 API 金鑰
    )

    response = requests.get(url)
    data = response.json()
```

第 12 章　專案實作 - API 整合應用

```
12
13          if data.get("success"):
14              rate = data["info"]["quote"]
15              result = data["result"]
16              print(f"{base}對{target}即時匯率：{rate}")
17              print(f"{amount}{base}可以兌換：{result} {target}")
18          else:
19              print("查詢失敗：", data.get("error", {}).get("info", "未知錯誤"))
20
21      def get_weather(latitude, longitude):
22          url = (
23              "https://api.open-meteo.com/v1/forecast"
24              f"?latitude={latitude}&longitude={longitude}&current_weather=true"
25          )
26          response = requests.get(url)
27          weather = response.json()
28
29          temp = weather["current_weather"]["temperature"]
30          windspeed = weather["current_weather"]["windspeed"]
31          print(f"目前氣溫：{temp}°C, 風速：{windspeed} km/h")
```

程式實例 ch12_6.py：主程式設計，包含下列功能：

- 10 美元兌換日圓。

- 查詢台北的天氣

```
1   from api_tools import get_rate, get_weather
2
3   get_rate("USD", "JPY", 10)      # 查詢10美元對日圓的匯率
4   get_weather(25.03, 121.56)       # 查詢台北的天氣
```

執行結果
```
PS D:\vscode\ch12> & C:/Users/User/AppData/Local/Programs/Python/Python313
/python.exe d:/vscode/ch12/ch12_6/main.py
USD對JPY即時匯率：148.059498
10USD可以兌換：1480.59498 JPY
目前氣溫：31.5°C, 風速：16.1 km/h
PS D:\vscode\ch12>
```

❏ 總結

善用 Copilot 可大幅簡化 API 呼叫邏輯的撰寫，尤其適用於結構重複的操作，如網址拼接、參數處理與 JSON 提取。透過註解引導 Copilot 自動完成重複性程式碼，再封裝成函式模組，是開發現代 Python 工具的高效做法。

12-3 加入簡單例外處理與錯誤提示

在整合 API 的應用中，穩定性與使用者體驗同樣重要。當遇到斷線、API 無回應、查無資料或用戶輸入錯誤時，若程式未妥善處理，將導致整體功能失效甚至當機。本節將說明如何透過 try-except 捕捉 requests 的例外狀況、檢查 HTTP 回應狀態碼，並回傳清楚的錯誤訊息。進階者亦可加入 retry 機制與預設值容錯邏輯。我們同時會示範如何搭配 Copilot 自動補出這些錯誤處理程式段，讓 API 程式更完整、更可靠。

❏ 使用 try-except 處理 request 錯誤

```
import requests

def get_rate(base, target, amount):
    url = (
        "https://api.exchangerate.host/convert"
        f"?from={base}&to={target}&amount={amount}"
        "&access_key=API_Key"        # 替換為你的 API 金鑰
    )
```

```
try:
    response = requests.get(url)
    data = response.json()
except requests.exceptions.Timeout:
    print("連線逾時，請稍後再試")
except requests.exceptions.ConnectionError:
    print("無法連接伺服器，請檢查網路")
except Exception as e:
    print("發生錯誤：", str(e))
```

❏ 加入 HTTP 狀態碼檢查與提示

即使連線成功，API 回傳的狀態碼也要檢查：

```
response = requests.get(url)

if response.status_code == 200:
    result = response.json()
else:
    print(f"API 回傳錯誤碼：{response.status_code}")
```

常見錯誤碼：

狀態碼	意義
200	成功
400	用戶錯誤，參數錯誤
404	查無資料或頁面
500	伺服器內部錯誤

第 12 章　專案實作 - API 整合應用

❑　**友善錯誤訊息處理建議**

常見錯誤情境與應對方式：

情境	建議提示
使用者輸入錯誤	「請確認輸入的貨幣代碼是否正確」
無資料	「查無符合條件的結果」
伺服器離線	「API 目前無法連線，請稍後再試」
JSON 格式錯誤	「回傳資料格式錯誤，請聯繫維護人員」

❑　**進階補充 - 加入 retry 或預設值**

簡單 retry（重試一次）範例：

```
try:
    response = requests.get(url, timeout=3)
except Exception:
    print("第一次失敗, 嘗試重新查詢...")
    try:
        response = requests.get(url, timeout=3)
    except:
        print("連續失敗, 請稍後再試")
```

加入預設回傳值範例：

```
def get_rate(base, target, amount):
    url = (
        "https://api.exchangerate.host/convert"
        f"?from={base}&to={target}&amount={amount}"
        "&access_key=API_Key"        # 替換為你的 API 金鑰
    )

    try:
        response = requests.get(url, timeout=5)
        if response.status_code == 200:
            return response.json().get("result", "查無資料")
        else:
            return f"錯誤碼:{response.status_code}"
    except requests.exceptions.RequestException:
        return "網路連線失敗"
```

❑　**Copilot 協助補出錯誤處理流程**

你可以輸入註解：

「# 加入 try-except 處理 requests 例外與狀態碼檢查」

12-3 加入簡單例外處理與錯誤提示

Copilot 可能自動補出上述流程，甚至包含 retry 機制與 status_code 判斷，讓你省下大量重複邏輯的撰寫時間。可以參考下列畫面：

```python
 5   def get_weather(latitude, longitude):
 6       url = (
 7           "https://api.open-meteo.com/v1/forecast"
 8           f"?latitude={latitude}&longitude={longitude}&curren
 9
10                                                              例外與狀態碼檢查
11       try:
             response = requests.get(url)
             response.raise_for_status()    # 檢查 HTTP 狀態碼
         except requests.exceptions.Timeout:
             print("⚠ 連線逾時，請稍後再試")
         except requests.exceptions.ConnectionError:
             print("✖ 無法連接伺服器，請檢查網路")
         except requests.exceptions.HTTPError as http_err:
             print(f"❗ HTTP 錯誤：{http_err}")
         except Exception as e:
             print("❗ 發生錯誤：", str(e))
             return
```

❑ 總結

結合 requests 與 AI 輔助的 API 呼叫程式，不只要能動，更要穩定、可理解、容錯。本節透過 try-except、HTTP 狀態檢查與錯誤訊息提示的整合，讓你的查詢工具面對現實中的各種異常情境時依然能妥善回應，提升整體使用體驗與專業度。

第 12 章　專案實作 - API 整合應用

第 13 章

寫程式的正確姿勢
「AI 是你的助理」,「不是你的大腦」

13-1　Copilot 會出錯嗎?如何判斷建議是否合理?

13-2　「AI 輔助」≠「AI 取代」- 保持邏輯思考與程式判斷力

13-3　如何引導 Copilot 給你正確、清晰的建議

13-4　強化你的人腦思考,才是駕馭 AI 的關鍵

第 13 章　寫程式的正確姿勢

當 Copilot 和 ChatGPT 成為開發日常的一部分，我們更需要重新認識「人」與「AI」在寫程式中的角色分工。本章不是教你怎麼寫，而是教你怎麼想。AI 雖然能幫你補程式、解錯誤，但它不是萬能的專家，也無法取代你的邏輯判斷力與設計思維。唯有學會判讀、挑選、引導與驗證 AI 給出的建議，才是真正「會用 AI」的工程師。本章將帶你建立寫程式的新態度：「AI 是你的助理」，「不是你的大腦」。

13-1　Copilot 會出錯嗎？如何判斷建議是否合理？

AI 提供的程式碼建議不等於正確答案。即使 Copilot 補出的語法無誤、排版整齊，也可能潛藏語意錯誤、效能問題，甚至誤導性的邏輯。初學者常會陷入「它寫出來就對」的陷阱，卻忽略了驗證與思考的步驟。本節將說明 AI 為何會出錯、有哪些常見錯誤型態，並透過實際案例幫助你建立判斷力，學會在接受建議前，先停下來問自己：「這樣寫，真的對嗎？」

13-1-1　AI 為什麼會「看起來很對、其實錯了」？

Copilot 常能補出語法正確、語意合理的程式碼，但這不代表它的邏輯就正確。本節將說明 AI 為什麼會寫出「看起來沒錯，其實有問題」的程式，並提醒你應如何保持懷疑與判斷力。

❏　AI 是「預測模型」不是「理解模型」

GitHub Copilot 是用大型語言模型（如 GPT）訓練而成，它的本質是：

- 根據你目前輸入的程式內容，預測最可能出現的下一行程式碼。
- 它不是執行環境，也不理解你實際想做的商業邏輯。這意味著：
  - 它產生的程式碼可能形式正確但意圖錯誤。
  - 它並不會驗證是否能成功執行，或結果是否合理。

❏　語境誤解的問題

AI 只能根據目前提供的註解或上下文做推論。若描述太模糊，可能導致錯誤補全，假設輸入：

「# 計算一串數字的總和」

Copilot 可能補出：

  sum = max(numbers)

雖然語法正確，但「最大值」不是「總和」，就是一種語意錯誤。

❑ AI 會從訓練資料「學錯誤」

Copilot 是從開源程式碼大量學習而來的，但這些資料來源不一定都是高品質：

- 如果 GitHub 上有大量錯誤或過時的用法，它也會學到。
- 某些寫法雖能執行，但其實效能差或安全性低。

❑ 看起來很合理，是因為它會模仿你想看的樣子

Copilot 擅長「語言表現」，它知道什麼程式碼寫起來看起來像「一個專業工程師的程式」，但：

- 它不會測試、也不會除錯。
- 它只會「給你一段你可能想要的樣子」。

這就像學生在考試時寫出老師愛看的答案格式，但其實答錯題。

❑ 如何避免這種「假象正確」的誤導？

- 理解邏輯再接受建議：別盲貼程式碼，先思考「這段程式會產生我預期的結果嗎？」
- 加入註解讓 AI 更精確預測：清楚描述意圖比一句「# 計算數值」更可靠。
- 用小規模測試驗證輸出是否正確：不要等整段程式跑完才發現錯。

❑ 總結

總之 Copilot 的強項是「寫得快」，但不是「保證正確」。它模仿的是外型與語法，不是你的邏輯與理解。你必須成為最後的把關者，才能真正駕馭 AI，而不是被 AI 誘導。

13-1-2 常見錯誤型態：語意錯誤、效能問題、格式正確但邏輯錯

Copilot 給出的程式碼不一定錯在語法，而常常錯在「邏輯」。本節將整理 AI 最常出現的錯誤型態，包括語意不符、效能不佳，以及乍看正確但實際行為有誤的典型範例，協助你建立檢查習慣。

❏ 語意錯誤 - 程式看起來正確，但意義錯了

範例：

```
# 計算一個字串中 a 的數量
text = "banana"
count = text.find("a")
```

看起來沒錯，但 .find() 回傳的是第一個出現位置，而不是次數。正確寫法應是：

```
count = text.count("a")
```

關鍵：你要「幾個 a」，不是「a 出現在哪」。

❏ 效能問題 - 邏輯對，但會拖慢執行

範例：

```
# 對串列做排序後印出前 10 筆
sorted_data = sorted(data)
for i in range(10):
    print(sorted_data[i])
```

這沒錯，但如果 data 有上百萬筆，其實只需要前 10 筆，應該改用：

```
import heapq
top_10 = heapq.nsmallest(10, data)
```

關鍵：AI 不會自動考慮資料量或效能瓶頸。

13-1 Copilot 會出錯嗎？如何判斷建議是否合理？

❏ **格式正確但邏輯錯 - AI 選錯函數或變數**

範例：

```
# 將 list 轉為 set，移除重複項目
unique = list(data)
```

語法完全正確，格式無誤，但這只是複製 list，沒有去重。應該是：

```
unique = list(set(data))
```

❏ **過時或危險的寫法**

AI 可能補出：

```
password = input("請輸入密碼：")
print("密碼為：", password)
```

這不是錯，但顯示密碼明文並不安全。更好的做法應是：

```
import getpass
password = getpass.getpass("請輸入密碼：")
```

許多安全性錯誤是「可以執行但不應該執行」。

❏ **名稱混淆與變數誤用**

如果你在前幾列定義了：

```
total = 0
```

接下來輸入註解：

```
# 累加數字到總和
```

Copilot 可能誤認你的變數叫 sum 而非 total：

```
for n in numbers:
    sum += n
```

這不但錯誤，還覆寫了內建函數 sum()。

13-5

❏ 總結

Copilot 的錯誤，常不是「它亂寫」，而是「它寫得太像真的」。語法無誤、不代表行為正確；變數看似合理、不代表符合你原意。你必須具備分辨語意與邏輯的能力，才能當一個不被 AI 錯誤牽著走的開發者。

13-1-3　實例分析 - 錯誤的 SQL 查詢、無效的資料結構

要理解 Copilot 的錯誤並非憑空想像，實際案例最能說明問題所在。本節將舉出兩種常見的 AI 產生錯誤實例，包括結構正確但邏輯錯誤的 SQL 查詢，以及無效或不合邏輯的資料結構設計，幫助你培養辨識力。

❏ 錯誤的 SQL 查詢：語法正確、邏輯錯誤

情境描述

你輸入註解：

「# 查詢每個部門的員工數量」

Copilot 補出：

```
SELECT department, COUNT(name)
FROM employees;
```

- 錯誤分析：
  - 語法沒錯，但缺少 GROUP BY
  - 執行會出現 SQL 錯誤（在某些資料庫會報錯）
- 正確應為：

  ```
  SELECT department, COUNT(name)
  FROM employees
  GROUP BY department;
  ```

進階錯誤 - 無效條件語意

你輸入註解：

「# 查詢 2025 年的訂單」

Copilot 補出：

```
SELECT * FROM orders
WHERE order_date = '2025';
```

- 錯誤分析：
    - order_date 通常是日期型別
    - = '2025' 不會比對整年份資料
- 正確應為：

    ```
    WHERE YEAR(order_date) = 2025
    ```

    或使用區間：

    ```
    WHERE order_date BETWEEN '2025-01-01' AND '2025-12-31'
    ```

❏ 無效的資料結構設計

情境描述

你輸入註解：

「# 建立一個字典來儲存使用者資訊（名字、年齡、信箱）」

Copilot 可能補出：

```
user = {
    "name": [],
    "age": [],
    "email": []
}
```

- 錯誤分析：
    - 結構上看起來沒問題，但這更像是「欄位為主」的設計。
    - 若用來儲存多位使用者，操作會變得很複雜。

第 13 章　寫程式的正確姿勢

- 建議改為：

    users = [
        {"name": "Amy", "age": 25, "email": "amy@example.com"},
        {"name": "Bob", "age": 30, "email": "bob@example.com"}
    ]

    這才是「以每筆資料為單位」的結構，適合儲存多筆使用者資訊。

延伸錯誤 – 串列巢狀錯誤

你輸入註解：

「# 建立三位學生的成績串列」

Copilot 補出：

    scores = [90, 85, [75, 88]]

- 問題：
    - 陣列中結構不一致。
    - 會導致後續迴圈或處理邏輯錯誤。
- 正確寫法應為：

    scores = [90, 85, 75, 88]

- 或若為多科目成績：

    scores = [
        {"name": "Amy", "math": 90, "english": 85},
        {"name": "Bob", "math": 75, "english": 88}
    ]

❏　總結

　　Copilot 可能產生語法正確卻邏輯錯誤的 SQL 查詢，也可能提供看似合理但不具可操作性的資料結構。這些錯誤不易一眼看出，卻會讓後續流程產生難以追蹤的 bug。學會觀察、拆解與驗證，是你與 AI 合作時最關鍵的技能。

13-1-4 建議不要「複製就貼上」，要先「理解再選擇」

AI 輔助寫程式最容易出現的問題，不是 Copilot 錯，而是使用者「沒看就信」。本節強調一個原則：AI 建議只是選項，不是答案。在複製貼上之前，請先理解每一行程式的用途與影響。

❏ **AI 建議的是「可能解法」，不是「唯一解法」**

Copilot 的核心功能是「補出你可能想寫的程式碼」，但它：

- 不知道你程式的整體目標。
- 不知道資料的內容與狀態。
- 不知道使用者的上下游流程需求。

這表示它給出的是片段性的建議，需要你自己判斷是否合適。

❏ **你必須對 AI 建議「負責任地選擇」**

好的做法是這樣：

1. 看懂 AI 給出的每一列程式碼。
2. 評估是否合乎你目前的資料與邏輯需求。
3. 測試它是否正確執行並符合預期結果。
4. 修改不適合的變數名稱、結構或錯誤的假設。

❏ **判斷是否能貼上的幾個問題**

每次 Copilot 補出程式碼時，可以先問自己這四件事：

問題	原因
這段程式碼在做什麼？	看懂再用，別只看表面語法
它使用的變數是否正確？	有時變數名稱與你原本定義的不一致
它的前後邏輯與我的流程一致嗎？	可能補出與你程式風格不一致的結構
有沒有更好的寫法？	AI 給的是「合理」，但不一定是「最佳」

第 13 章　寫程式的正確姿勢

❏　延伸觀念 -「Copilot 是會考試，但不會問問題的學生」

Copilot 很像班上那個看很多參考書的學生，他懂很多解法，但他：

- 不一定知道老師到底想問什麼。
- 有時只是把類似的解法「湊一個看起來能用的版本」。
- 他會把你沒問的也補進來，但未必有必要。

所以，你才是老師。你要挑選他交上來的答案，而不是直接打勾。

❏　讓自己養成「思考 + 選擇」的反射

這裡是一個良好習慣流程：

- 在 Copilot 建議出來前，自己先想：「我會怎麼寫？」
- 看建議時，不要立刻按 tab，而是先審查變數、邏輯與上下文。
- 若內容合理，再貼上；若內容不確定，先改寫成註解、自行重構或測試。

❏　總結

Copilot 的好用之處，在於幫你省去查文件與打樣板的時間。但你永遠不該跳過「理解」這個步驟。從「接受建議」變成「選擇建議」，才是真正善用 AI 的關鍵思維。

13-2 「AI 輔助」≠「AI 取代」- 保持邏輯思考與程式判斷力

　　AI 可以幫你補程式、寫註解、查語法，甚至寫整段邏輯，但它仍無法「幫你做決定」。真正會寫程式的人，懂得從需求出發、釐清邏輯、選擇變數命名與設計流程，這些都不是 Copilot 能取代的。本節將說明 AI 為何無法驗證程式邏輯、哪些決策應由你來主導，並透過練習，幫助你建立「AI 是輔助，不是大腦」的開發姿勢，讓你駕馭 AI，而不是被 AI 駕馭。

13-2-1　AI 是語言模型，不是驗證機器

　　許多人以為 Copilot 給出的程式碼一定正確，因為它「看起來像是會動的」。但事實上，它只是語言模型，不會驗證你寫的邏輯對不對。本節將拆解這個核心誤解，說明 AI 的能力與極限。

13-2 「AI 輔助」≠「AI 取代」- 保持邏輯思考與程式判斷力

❑ 語言模型的本質是「預測文字」，不是理解邏輯

GitHub Copilot 是用大型語言模型（LLM）原理建立，如 GPT 或 Codex，這類模型的核心原理是：

「根據你目前輸入的內容，預測下一段最有可能出現的文字或程式碼。」

它不會執行程式、也不會驗證你資料的正確性，它只是在「補出語法上看起來合理的答案」。

❑ 它不懂你的資料結構與商業邏輯

舉例來說，若你輸入：

「# 計算所有商品的平均價」

Copilot 可能補出：

average = sum(prices) / len(prices)

但如果 prices 是一個字典，它就會錯；如果資料中有缺值（如 None），它也可能錯。但 Copilot 不會知道你用的是什麼資料，只是猜一個「大部分人這時候會寫的語法」。

❑ 它不驗證語意或執行結果

你可能會看到：

SELECT COUNT(name) FROM employees

這個語法正確，但你原本是想查部門人數，而不是總人數。Copilot 不會對照資料庫結構，也不會回饋你「這樣查的結果正不正確」，它只是給你語法結構。

❑ 它不會幫你找出邏輯盲點或安全問題

例如：

password = input("請輸入密碼：")

語法沒錯，但不安全。應該使用 getpass 模組。Copilot 不會主動提醒你「這樣做可能會導致資訊洩漏」，這需要你自己具備安全與設計敏感度。

13-11

第 13 章　寫程式的正確姿勢

❏　**它只模仿，不會判斷**

簡單來說，Copilot 是一個非常厲害的「補字機」，它可以：

- 幫你完成格式。
- 模仿常見結構。
- 預測你可能要寫的內容。

但它不會告訴你你寫的是對還是錯、好還是壞、有沒有效率或安全風險。

❏　**總結**

筆者建議把 Copilot 當作補字機，就不會對它失望；但把它當成驗證工具，你就會誤用它。真正寫程式的責任仍然在開發者身上。AI 是「幫你寫快一點」的工具，不是「幫你想清楚」的機器。這一點，永遠不能忘。

13-2-2　思考順序、變數命名、流程設計仍需人腦決策

AI 可以幫你補完一段程式，但無法幫你決定整體邏輯要怎麼走。本節將說明：在變數命名、資料流程、程式架構等核心設計上，仍然必須由你這個「開發者」來主導，而非單靠 AI 補出片段結果。

❏　**思考順序是邏輯的骨架，Copilot 無法幫你定義**

在開始寫程式前，你應該先思考：

- 資料從哪裡來？
- 要做哪些處理與條件判斷？
- 最終要輸出成什麼格式？

這些步驟的順序是整個程式邏輯的主體，但 Copilot 並不知道你「要完成的目標是什麼」，它只能預測「下一列要寫什麼」，而非規劃整體架構。

❏　**變數命名代表意圖與可讀性**

Copilot 可能會補出這樣的程式碼：

a = b + c

但實際上你想要表達的是：

　　total_price = unit_price * quantity

變數命名是幫助你與團隊理解意圖的關鍵，不該全靠 AI 決定。你必須主動選擇：

- 有語意的名稱。
- 一致的命名規則（如 snake_case）。
- 符合專案風格與用途的變數字串。

❑ 流程設計需由你定義資料如何流動

舉例來說，你要做一個報表生成工具，Copilot 可以幫你寫 df.to_excel()，但：

- 是不是要先過濾資料？
- 要不要加總或 groupby？
- 要不要在 Excel 加上格式化？

這些「先做什麼、再做什麼」的流程邏輯，需要你設計，Copilot 無法自動理解業務邏輯或使用情境。

❑ AI 無法處理「需求變化」與「上下文整合」

實務開發中最常見的是：需求會變。

- 老闆說今天要「依部門統計」，明天又改成「依城市統計」。
- 昨天還只要輸出總和，今天要加平均、比例、趨勢。

AI 沒有記憶與判斷能力，它不知道你為什麼改、從哪裡改到哪裡。這就需要你具備全局思考的能力，把邏輯設計清楚、架構想完整，讓 AI 幫你「補細節」，而不是「主導流程」。

❑ AI 提供的是片段，設計仍靠人腦整合

你可以這樣理解角色分工：

工程角色	主要任務
開發者（你）	思考需求、定義流程、設計變數與模組
Copilot（AI）	協助補完語法、格式、簡單邏輯片段

第 13 章　寫程式的正確姿勢

只靠 Copilot 是無法交付一個完整可維護的專案的。

❏ 總結

真正的寫程式，不只是會打字，更是會思考。你需要決定變數要叫什麼、資料怎麼走、先做哪一步、再處理什麼例外。Copilot 可以補程式碼，但無法補決策。你的大腦才是專案的設計師，而 AI，只是高效的助手。

13-2-3　怎樣才叫「有 AI 輔助的人腦」而不是「被 AI 駕駛的大腦」

AI 可以幫你思考、產生靈感、節省時間，但關鍵是：主導權還在你手上嗎？本節將透過幾個對比情境，說明「善用 AI」與「依賴 AI」的本質差異，幫助你保持主動、提升判斷力。

❏ 你是在「請 AI 幫忙」，還是「等 AI 指令」？

當你使用 Copilot 或 ChatGPT 時，可以問問自己：

反應	心態
「我想寫一個oo功能，我來設計」	AI 是助理，主動規劃
「我不知道怎麼寫，讓它幫我補完」	AI 是駕駛，思考被動依附

當你開始習慣讓 AI 決定程式要怎麼寫，而你只接受它給的「現成解」，你就進入了被 AI 駕駛的模式。

❏ 「不思考就接受」是最危險的 AI 使用方式

如果你發現自己經常：

- 按下 Tab 接受 Copilot 建議，不看內容。
- Copy ChatGPT 程式貼到 VS Code 就直接執行。
- 看到錯誤時，先改提示再改邏輯，而不是先理解問題。

那麼代表你的主動性正在被 AI 削弱。

❏ 有 AI 輔助的開發者，會做這幾件事

行為	意義
在打註解前先想清楚邏輯與流程	提示 AI 的準確度會更高
接受補碼前，先閱讀、修改、測試再使用	不被動接受錯誤建議
自己會動手寫一版，再與 AI 的建議比較	讓 AI 成為對照組與思考刺激源

❏ AI 是「放大器」，不是「創造器」

AI 很會放大你已經有的東西：

- 你知道怎麼解，就能請它幫你寫得更快。
- 你知道問題在哪，就能請它幫你優化。
- 你知道要什麼，它可以幫你測試更多選項。

但如果你「完全不知道邏輯、概念、目標」，它也幫不了你，只會給你「看起來像可以動」的內容。

❏ 小提醒 - Copilot 是共駕，不是自駕

你可以想像 Copilot 是一位副駕駛：

- 它可以幫你看導航、整理地圖、提示下一步。
- 但開車方向盤始終要你來握。

一旦你讓它開車、你自己不看路，就會開進錯誤的資料結構、性能地雷，甚至資料洩漏風險裡。

❏ 總結

你用 AI 的方式，決定了你寫程式的品質。如果你能讓 AI 變成思考的延伸、學習的加速器，而不是邏輯的替代品，你就真正掌握了它的價值。反之，一味依賴，只會讓你思考能力退化。

13-2-4 練習 -「我會怎麼寫？」與「Copilot 建議怎麼寫？」的比對

要善用 AI，最有效的方法之一就是：主動動腦，並與 Copilot 的建議互相對照。本節將透過練習示範，讓你分別寫出自己的程式邏輯，再觀察 Copilot 給出什麼補碼，進一步思考哪個設計更合理、更清晰。

❑ 你先寫，再看 Copilot 怎麼寫

舉例：你要「計算一個串列中的偶數總和」

```
total = 0
for n in numbers:
    if n % 2 == 0:
        total += n
```

Copilot 建議（輸入註解「# 計算偶數總和」）：

```
total = sum(n for n in numbers if n % 2 == 0)
```

比較分析：

項目	自己寫的版本	Copilot 提示版本
可讀性	明確逐列輸出邏輯	一列完成，較簡潔但略難讀
執行效率	高（效能差異不大）	相同
彈性	易於加上 debug 或額外條件	需重寫才能修改

結論：兩者皆正確，但你需要理解兩種寫法的差異，並依場景選擇。

❑ 你想的方法不錯，Copilot 卻走偏了

任務：從字串中找出所有數字並加總。

你可能寫：

```
import re
numbers = re.findall(r"\d+", text)
total = sum(int(n) for n in numbers)
```

Copilot 可能補出：

```
total = sum(int(c) for c in text if c.isdigit())
```

分析：

- Copilot 的方法只抓單個數字字元（"5", "3"），無法抓 "12" 這種多位數。
- 正確邏輯應該是使用 re.findall(r"\d+") 抓取整個數字字串。

結論：你寫的是對的，Copilot 卻「太快補錯」，這時候你需要保有邏輯判斷力。

☐ 主動設計比被動接受更重要

試著在下列情境中先自己動腦寫出「你會怎麼解決」，然後用註解觸發 Copilot 提示，再思考差異：

1. 產生一組不重複的隨機密碼。
2. 將 CSV 讀入並篩選金額大於 10000 的客戶。
3. 將 nested dict 轉為平面結構。

練習過程建議：

- 先關掉 Copilot，自行思考。
- 再開啟 Copilot，輸入註解看建議。

最後比對差異：邏輯是否一致？哪個可讀性更好？有無安全或效能疑慮？

☐ 你不是要「像 AI 一樣寫」，而是要「比 AI 更會想」

- 有些人會說：「我乾脆讓 Copilot 幫我寫就好」，這句話成立的前提是 - 你要知道它寫得對不對。
- 你寫得比 AI 多、比它快，不是重點；你能不能判斷出誰的寫法更合理，才是 AI 時代的核心能力。

☐ 總結

把 Copilot 當作對照組，而不是主導者。練習自己寫，再看 AI 怎麼寫，是強化邏輯力與語法熟練度的最佳方式。這樣你就不只是「會用 AI」，而是「知道什麼時候該用、什麼時候該不用」的人。

13-3 如何引導 Copilot 給你正確、清晰的建議

使用 Copilot 時,輸入什麼樣的註解會決定它給出什麼樣的程式碼建議。與其期待 AI 自動幫你「想對」,更實際的做法是學會如何「講對」。本章將深入說明如何設計提示語(Prompt),包含註解的語言選擇、精簡與否、表達方式等因素,並透過實際範例觀察同一註解如何引出不同邏輯。懂得如何清楚地指令 AI,你才能真正讓它寫出你要的程式,而不是寫出它以為你要的程式。

13-3-1 如何寫好「註解提示」來引導 Copilot

Copilot 是透過「你寫的註解或前後文」來預測接下來的程式碼,因此寫出清楚、具意圖的註解,就是引導它產出正確建議的關鍵。本節將說明撰寫高品質提示語的原則與技巧。

❏ 註解是 Copilot 的「提示語言」

你在 Python 中輸入:

「# 計算所有偶數的總和」

Copilot 的預測機制會根據這一列,補出最常見、最可能的相關程式碼,例如:

```
total = sum(n for n in numbers if n % 2 == 0)
```

這代表:你提供的註解越明確,它補出的內容就越準確。

❏ 清楚交代目標 + 條件

與其寫籠統的註解:

「# 處理資料」

不如寫:

「# 過濾出金額大於 10000 的交易資料」

這樣才能讓 Copilot 幫你補出類似:

```
filtered = [item for item in data if item["amount"] > 10000]
```

13-3 如何引導 Copilot 給你正確、清晰的建議

❑ **拆解行動步驟，提升補全精度**

Copilot 善於根據「具體動作」補出程式碼，因此可嘗試：

```
# Step 1: 讀取 CSV 檔案並建立 DataFrame
# Step 2: 移除有缺漏值的資料列
# Step 3: 計算平均金額
```

這樣每一個步驟 Copilot 都會依據上下文提供對應補全，有時甚至自動完成整段流程。

❑ **使用英文或程式語意強的詞彙**

雖然 Copilot 支援中文註解，但英文關鍵詞（如 calculate, filter, convert, display）仍然是模型中訓練頻率最高的語句，補出的結果也較穩定。

「# calculate the average of all positive values」

比：

「# 計算正數的平均」

更有機會觸發正確的語句和語法格式。

❑ **提示語盡量避免模糊動詞**

避免像這樣的註解：

```
# 做處理
# 產出東西
# 處理資料結果
```

請改為：

```
# 輸出所有使用者的姓名與年齡為串列
# 計算每一科的總分與平均
```

❑ **你越知道自己要什麼，AI 越能幫你做到**

如果你能在註解中告訴 Copilot：

第 13 章　寫程式的正確姿勢

- 資料的來源（例如 list、dict、DataFrame）。
- 要處理的欄位或條件。
- 想要輸出的格式（字串、數值、陣列）。

那麼補出的程式碼就會更接近你的需求。

❏　總結

註解不是寫給 Copilot 看的，但也是寫給 Copilot 理解的。你用什麼語言、描述多詳細，會直接影響它補出來的程式碼品質。寫註解不只是為了幫助人類未來理解，也是為了讓 AI 現在幫得上忙。

13-3-2　中文 vs 英文，哪種效果更好？

許多中文使用者會疑問：用中文註解是否能讓 Copilot 給出一樣好的建議？本節將實測比較中文與英文提示語的差異，並提供實務建議，幫助你選擇最適合的提示語言風格。

❏　Copilot 支援中文，但訓練語料以英文為主

GitHub Copilot 的模型訓練基礎是大量 GitHub 公開程式碼、文件與註解，而其中：

- 超過 90% 為英文內容。
- 中文程式碼與註解比例相對極低。

這代表它對英文提示語的理解能力強、反應速度快、補出結果更完整，而中文雖然可用，但效果可能不穩定或解讀模糊。

❏　實測比較 - 中英文註解補碼結果

實例 1：計算平均值。

- 中文提示：

　　「# 計算所有正數的平均值」

Copilot 補出（常見結果）：

```
total = 0
count = 0
for n in numbers:
    if n > 0:
        total += n
        count += 1
avg = total / count
```

結果正確,但格式較傳統、不夠精簡。

- 英文提示:

    「# calculate the average of all positive numbers」

Copilot 補出:

```
avg = sum(n for n in numbers if n > 0) / len([n for n in numbers if n > 0])
```

結果正確,且使用 list comprehension,寫法較現代化、符合實務習慣。

❑ 中文提示的潛在問題

- 語意模糊:中文詞彙在 Copilot 模型中可能對應到不同語境(例如「產生資料」可能是 print、return、append)。
- 結構分散:中文語序與英語不同,可能使 Copilot 判斷行為順序不準確。
- 變數名稱干擾:若搭配中文字變數命名(如「金額」、「平均」),有時會導致補碼錯誤或中斷。

❑ 混合語言效果有時更佳

有些實務開發者選擇「中文註解 + 英文動詞」的混合風格,例如:

「# calculate 平均訂單金額」

或:

「# 將 orders 過濾出 amount > 1000 的紀錄」

這類寫法能保留開發語境的可讀性,同時提升 AI 的理解準確率。

第 13 章　寫程式的正確姿勢

❏　實務建議 - 何時用中文、何時用英文？

場景	建議使用語言
Copilot 開發 + 補碼效果最優先	英文註解
自己閱讀理解、團隊為中文環境	中文註解 + 英文動詞混合
文件說明、非程式生成用途	中文為主
想引導 AI 建立函式邏輯與流程	英文為佳，語意較清晰

❏　總結

經測試筆者體會 Copilot 並非不能理解中文，但在語意精準、語法習慣與模組補碼方面，英文提示仍具優勢。若你的目的是讓 AI 幫你「寫得更準」，英文會是更穩定的選擇；若目的是讓人「讀得更懂」，中文仍有其價值。

13-3-3　要精簡還是詳細？提示語的長度與明確度影響什麼

提示語該短句帶過，還是具體詳細？這是許多 Copilot 使用者常遇到的問題。本節將透過實例比較簡短與詳細註解所帶來的差異，說明清楚明確的提示語如何影響 AI 補碼的品質與正確性。

❏　語意「明確」比「長度」更關鍵

不是越長的註解越好，而是越清楚、越具體越好。簡短但清楚的指令，往往比含糊冗長的描述更有效。

範例比較

- 模糊提示（過短）

    「# 處理資料」

    Copilot 可能無法判斷你是要過濾、轉換還是輸出資料。

- 過長描述（不具體）

    「# 在這個函式中，我們想要根據一些條件來處理清單中的資料，然後再輸出結果」

    雖然有很多文字，但仍然缺乏重點與條件細節。

13-3 如何引導 Copilot 給你正確、清晰的建議

- 清楚提示（精簡且具體）

    「# 篩選出清單中大於 10 的數字並加總」

    Copilot 幾乎能立即補出：

    total = sum(n for n in numbers if n > 10)

❏ 簡短但明確的提示效果更穩定

你可以這樣思考註解撰寫方式：

模糊寫法	改成具體寫法
# 處理資料	# 過濾出訂單金額大於 10000 的項目
# 顯示結果	# 印出所有使用者的名字與 Email
# 產生報表	# 匯出為 Excel 並加入總和與平均值

重點在於「動作」+「條件」+「目標」三個要素要交代清楚。

❏ 詳細說明適合「多步驟流程」

若你要讓 Copilot 補出一整段流程，可以使用逐步註解：

    # Step 1: 讀取 CSV 檔
    # Step 2: 過濾出金額超過 10000 的列
    # Step 3: 計算平均金額並印出

Copilot 通常能根據這種指令清楚拆解並補出對應語法。

❏ 錯誤示範 - 含糊過長、邏輯跳躍

「# 使用這個函式來處理我們的主要資料來源，然後將結果輸出成我們想要的格式，之後還要記得加總和排序」

這段雖長，但資訊混雜，Copilot 難以正確預測應寫哪一段程式。

改寫建議：

    # 從 CSV 讀取資料後，篩選「狀態 = 完成」的訂單
    # 並依商品分類後加總金額
    # 最後排序金額並輸出成報表

13-23

第 13 章　寫程式的正確姿勢

❑　**用問句或命令句引導也很有效**

你不一定只能寫敘述式註解，也可以用「類似提問」的語氣：

「# How to convert nested dict into flat dict?」

或：

「# 將巢狀的 JSON 攤平成一層」

這種寫法會引導 Copilot 根據 StackOverflow、GitHub 上的常見解法，自動補出比較通用的實作程式碼。

❑　**總結**

Copilot 的輸出品質，取決於你輸入的提示是否「具體且清楚」。不是寫得越多越好，而是內容要有重點、有條件、有明確行動。當你學會用簡短精準的語言引導 AI，你就真正具備駕馭它的能力。

13-3-4　範例 - 用一列註解帶出三種不同程式邏輯

有時即使你只寫一列註解，Copilot 也可能根據語境或提示語的模糊度，產生不同的邏輯。本節將示範：當你寫下類似的註解時，AI 可能產出哪些不同版本的程式，並帶你分析其差異與啟示。

❑　**同一句話，不同邏輯結果**

假設你輸入一列註解：

「# 計算串列中正數的平均值」

Copilot 可能產出下列三種版本（取決於上下文、提示方式或之前的變數設定）：

- 版本 A：使用傳統 for 迴圈

```
total = 0
count = 0
for n in numbers:
    if n > 0:
        total += n
        count += 1
avg = total / count
```

- ■ 優點：容易理解
- ■ 缺點：程式碼較長、不夠現代化
- 版本 B：使用 list comprehension

    ```
    positive = [n for n in numbers if n > 0]
    avg = sum(positive) / len(positive)
    ```

    - ■ 優點：簡潔清楚
    - ■ 缺點：需額外變數 positive

- 版本 C：一列完成

    ```
    avg = sum(n for n in numbers if n > 0) / len([n for n in numbers if n > 0])
    ```

    - ■ 優點：最短寫法
    - ■ 缺點：效率低，會運算兩次條件過濾；對初學者較難讀

☐ 為何同一註解有多種寫法？

AI 並不是「讀懂你要哪種寫法」，它是根據語料中「人們最常這樣寫」來補出可能的樣式。而當上下文不明確，或提示語本身過於中性、缺乏具體結構時，它就會給出可能的多種解法。

☐ 哪一種才是「對」的？

三種寫法邏輯都對，但哪個「比較好」取決於：

- 你的可讀性需求（A 較清楚、C 較短）
- 是否重視效能（C 較慢，B 較穩定）
- 對讀者的程式程度（初學者或進階者）
- 是否還需要重用篩選結果（B 較適合）

這就需要開發者的「判斷力」，而不是盲目接受第一個建議。

☐ 小實驗 - 改寫提示語會影響結果

原註解：

「# 計算列表中正數的平均值」

改為：

「# 用 list comprehension 計算所有正數的平均值」

就更可能出現 B 或 C 的版本，而不是 A。

再改為：

「# 用 for 迴圈手動計算正數的平均值」

就幾乎一定出現 A 版本。

這說明：註解越具體、越包含邏輯傾向，Copilot 越能貼近你想要的邏輯。

❏ **實務應用建議**

提示策略	預期行為
用動詞 + 條件 + 輸出格式	補出最穩定邏輯
指定語法類型（如 list comprehension）	補出目標結構
先寫框架 + 註解	補出完整流程
看多個版本後選擇最適合的	建立比對與判斷能力

❏ **總結**

Copilot 不是只會給你一個答案，它會給你「最可能」的答案，而你要決定「最合適」的是哪一個。透過這樣的對照與選擇，你不只是使用 AI，而是在學習、練習與精進。你寫的註解品質，決定了 AI 回應的品質。

13-4 強化你的人腦思考，才是駕馭 AI 的關鍵

當我們越來越倚賴 AI 協助寫程式，就越需要提醒自己：真正的價值不在「誰打字快」，而在「誰想得清楚」。AI 能產出很多寫法、提供很多建議，但只有你能決定哪一種最合理、最安全、最可維護。本節將幫助你重新定位自己的角色——你不是寫程式的人，而是引導 AI 寫好程式的人。透過建立程式風格、決策原則，以及與 AI 的反覆對話與比較，你會發現，讓 AI 幫你思考，不代表你可以不思考。

13-4-1 你不只是「寫程式的人」，你是「指揮 AI 寫程式的人」

在 AI 開發時代，寫程式已不只是輸入程式碼，更是「引導 AI 幫你寫出正確程式」的過程。本節將重新定義你的角色，說明為何真正的開發力來自你的判斷力與指揮能力，而非打字速度。

❏ Copilot 是寫手，你是導演

傳統寫程式時，開發者是演員也是編劇；現在有了 Copilot，你多了一位強力寫手。但這位寫手：

- 不知道你的專案目標
- 不理解使用者需求
- 不會自我修正錯誤

你必須像導演一樣，決定角色、指揮節奏、刪修腳本。Copilot 寫得再快，沒有導演的判斷，也只能寫出流水帳。

❏ 誰在主導思考，才是關鍵問題

使用 Copilot 時，有兩種使用者：

類型	特徵與行為
被動使用者（被 AI 帶著走）	看 AI 補出什麼就接受，不管是否合理
主動指揮者（駕馭 AI）	自己先思考，再用 AI 驗證與補強

你需要做的，是把「接受建議」轉變成「選擇建議」的習慣。這意味著：

- 提示語要由你定義。
- 判斷邏輯要由你審核。
- 選擇語法要根據你的經驗與需求。

❏ AI 是加速器，但不等於導航

許多人以為「會用 Copilot 就夠了」，但這只是一種加速工具。你才是負責「決定目的地」的人。

- 你不決定資料流向，Copilot 只會亂補流程。
- 你不設計架構，AI 只會補局部寫法。
- 你不給明確的條件，它就只好預測「大多數人怎麼寫」。

AI 是補碼機，但目標、流程、結構、輸出格式都仍需由你來定義。

❏ 與其說「會寫程式」，不如說「會駕駛 AI」

未來的程式設計師不只是寫手，更是：

- 規劃者：你定義流程與模組。
- 引導者：你提供正確的提示語與上下文。
- 驗證者：你測試 AI 給的程式碼是否真的可行。
- 決策者：你從 AI 給的版本中挑選最適合的。

這種角色，才能真正「駕馭 AI 寫程式」，而不是「把寫程式外包給 AI」。

❏ 總結

Copilot 能做的，是補足你的手；你該做的，是保持清醒的大腦。真正的工程能力，不在於你會不會打程式，而在於你能不能明確說出：「我要寫什麼、為什麼要這樣寫」。

13-4-2 建立自己的程式風格與決策原則

AI 可以產出無數種寫法，但哪一種才是「你認同的寫法」？本節將說明為什麼開發者應該建立屬於自己的程式風格與決策原則，讓你在與 Copilot 協作時，不是隨波逐流，而是做出有邏輯、有一致性的選擇。

❏ AI 的寫法千變萬化，但風格不一定一致

Copilot 是從全世界程式碼中學來的寫法，它可能在同一個專案中：

- 有時使用 list comprehension
- 有時用傳統 for 迴圈
- 有時命名用 snake_case
- 有時又混入 camelCase

你若照單全收，程式碼就會：

- 缺乏一致性
- 難以維護
- 團隊合作困難

解法是：你要先有「自己的標準」，才能過濾「AI 的建議」。

❑ 程式風格的核心要素

你可以從以下面向思考自己的風格：

面向	問題自問
命名方式	我習慣使用 snake_case 還是 camelCase？
邏輯拆解方式	我偏好寫出小函式，還是集中處理流程？
錯誤處理習慣	我會主動加入 try-except，還是讓錯誤浮出？
註解與結構	我會寫中文註解嗎？是否統一每段加上區塊說明？
可讀性 vs 精簡性	我更重視程式碼是否易懂，還是碼行數最少？

建立這些原則後，當 Copilot 給出建議，你可以迅速判斷：「這風格不是我用的，我改寫」。

❑ 開發者不是接受者，而是編輯者

把 Copilot 當作原稿產生器，你是負責：

- 精簡語法
- 修改命名
- 拆解邏輯
- 補上註解

最終產出的是「你認可的程式碼」，而不是「它產出的程式碼」。

❑ 寫下自己的「程式原則清單」

你可以寫一份簡單的個人風格規則檔，例如：

我的 Copilot 程式協作守則：

第 13 章　寫程式的正確姿勢

- 所有變數名稱採 snake_case。
- 單一函式不可超過 15 列。
- 所有輸出都需說明來源欄位。
- 優先使用 list comprehension，但不犧牲可讀性。
- 每段邏輯前加中文區塊註解（#-- 匯入資料--）。

有了這張表，你與 AI 的合作就能更有一致性與效率。

❏ 風格是你的思考軌跡，也是一種團隊語言

一個人寫程式是「個人表達」，一群人寫程式是「團隊語言」。

當你與他人協作、開 pull request、寫 API 文件時，你的風格與命名原則：

- 決定別人能不能讀懂你。
- 影響專案整體維護品質。
- 左右未來你回頭看時的理解速度。

AI 給的是寫法，你給的是意圖。要讓 AI 幫得上忙，你必須先幫自己建立這些規則。

❏ 總結

Copilot 是一支全世界寫法的集合體，它會說各種「程式語言口音」。你要做的，是選擇你聽得懂、也講得清楚的那一套。當你建立自己的風格與原則，你就不只是 Copilot 的使用者，而是它的編輯與導師。

13-4-3　用 AI 幫你學習、比較、優化，而不是直接接收

Copilot 和 ChatGPT 是絕佳的學習工具，但你用它們的方式，會決定你是在進步，還是在退化。本節將說明如何透過「對比」、「分析」與「重構」，讓 AI 成為學習與成長的夥伴，而不只是答案的提供者。

❏ AI 是活的教材，不是靜態範本

過去學程式要查文件、看 Stack Overflow、試範例碼，現在只要一句 prompt，AI 就能給你 3 種寫法。

差別在於：

舊學習方式	AI 輔助學習模式
查 → 看懂 → 試著寫	問 → 對照 → 評估後採納
只能找單一範例	可以即時要求多個比較寫法
學寫法慢，但過程扎實	學寫法快，但需主動篩選與理解

所以，你的角色從「找答案的人」，變成「選答案的人」。

❏ **練習請 AI 給你「多種寫法」再自己選**

假設你想把資料依照「金額大於 1000」過濾，別只問：

「# 篩選金額大於 1000 的資料」

而是主動請它給你不同方式：

「# 請給我三種過濾資料的寫法：for 迴圈、list comprehension、pandas」

AI 就會給出：

- 傳統 for 迴圈方式。
- 簡潔 list comprehension。
- 使用 df[df[" 金額 "] > 1000] 的 pandas 寫法。

這時你就可以：

- 比較哪個可讀性最好。
- 哪個效率較高。
- 哪個最符合你資料結構。

這種比較式思考，就是強化人腦邏輯力的最佳方式。

❏ **你也可以請 AI 幫你「重構舊寫法」**

舉例，你寫了這段程式：

```
total = 0
for i in data:
```

第 13 章　寫程式的正確姿勢

```
if i > 0:
    total += i
```

你可以問：

「# 有沒有更簡潔的寫法？」

或：

「# 請將這段程式轉換為 list comprehension 寫法」

讓 Copilot 或 ChatGPT 幫你優化、簡化，甚至改為可讀性更高的版本。這樣的過程，不只是「程式變好看」，而是你在學會比較不同寫法的優劣。

❏ **學會請 AI 幫你解釋，而不是只是幫你寫**

你可以對 Copilot 給出的程式說：

「# 這段程式在做什麼？可以加註解嗎？」

或直接用 ChatGPT 貼上整段程式說：

「請用白話解釋這段程式碼的邏輯與資料結構使用方式」

透過這樣的方式，你可以：

- 理解每一段補碼的運作原理。
- 發現自己不熟的語法與寫法。
- 強化程式語意理解力與 debug 能力。

❏ **AI 是你的對話學習對象，不是投影片**

最重要的轉變是：

舊模式	AI 模式
看文件 → 被動理解	對話提問 → 主動理解與驗證
靠「猜測」練習程式	靠「引導」反覆練習與比較

當你養成「請 AI 幫我想 3 種寫法，幫我比較優劣，幫我找最佳實作」的習慣，你的學習效率會大幅提升，邏輯力也會變得更穩固。

❑ 總結

最好的 AI 使用者,是那種會問、會比較、會挑選、會優化的人。當你把 AI 當作一位討論夥伴,而不是答案機器,你就真正掌握了它的潛力。

13-4-4 小任務練習 - 讓 AI 給你三種寫法,然後你選最佳解

學會駕馭 AI 的第一步,是學會比較。當 Copilot 或 ChatGPT 提供多種解法時,你能否從中選出最適合你的?本節透過一組小任務,引導你練習請 AI 給你多個版本,並學習如何判斷哪一個最好、為什麼好。

❑ 任務範例 - 從清單中找出奇數並計算總和

這是一個簡單的任務,請你分別:

1. 嘗試自己寫出一種方法。
2. 請 Copilot / ChatGPT 給你三種不同寫法。
3. 比較並說明哪一種你最喜歡,為什麼。

- 自己先寫(版本 A)

```
total = 0
for n in numbers:
    if n % 2 == 1:
    total += n
```

- Copilot 可能產生的版本 B(list comprehension)

```
total = sum(n for n in numbers if n % 2 == 1)
```

- Copilot 可能產生的版本 C(filter + lambda)

```
total = sum(filter(lambda n: n % 2 == 1, numbers))
```

❑ 比較分析

版本	優點	缺點
A	清楚易讀,適合初學者	程式碼較長
B	簡潔、Pythonic 寫法	初學者可能較難一眼理解
C	展示函數式寫法,語法練習用途佳	較難讀、效率與 B 相近但不易維護

第 13 章　寫程式的正確姿勢

❑　**思考練習 - 選一個「你會在專案中使用」的版本**

根據使用場景，你會選哪一個？

- 教學用 → A
- 實務開發 → B
- 測試 AI 功能多樣性 → C

請寫下理由，例如：

「我選 B，因為它簡潔、可讀性高，對團隊成員來說一看就懂，且不會犧牲邏輯清楚性。」

❑　**再換一題試試看 - 計算字串中英文字母的數量**

請你：

1. 自己寫一個版本。
2. 用註解引導 Copilot 或詢問 ChatGPT：「請給我三種不同的解法」。
3. 比較並挑選自己認同的一種寫法。

練習提示語建議

- 「# 計算字串中英文字母出現的次數（不含數字與標點）」
- 「# 用 3 種不同方式實作：for 迴圈、filter、正規表達式」

❑　**這樣的練習有什麼好處？**

- 建立你與 AI 的「對話流程」。
- 學會從程式碼結果中看出「意圖與品質」。
- 把比較、選擇、重構變成習慣，不再被動接受 AI 建議。

❑　**小結**

AI 提供的不是標準答案，而是選項。你要做的，是成為一位懂得挑選、懂得優化、懂得駁回錯誤建議的開發者。當你練習比較三種寫法、說出為什麼選這一種，你就不再只是寫程式，而是在主導學習與思考的過程。

❑　**本章總結**

你不是因為用了 AI 才變聰明，而是因為你懂得控制 AI，才真正提升了效率與思維。本章希望幫助你建立一種新的程式開發態度 - 把 AI 當助理，但不放棄自己做決策的主權。

Duran 技術冶煉廠｜將技術知識淬鍊成價值
以顧問視角分享最前沿的技術與實戰經驗

作者簡介

Duran Hsieh

Principal SRE ｜ GitHub Star ｜ 書籍作家｜講者

專長於開發、測試、效能調教、GitHub、GitHub Copilot、DevOps、Azure 開發相關技術
曾任微軟 CS-Digital & Application Innovation 領域現場工程師、技術顧問與雲端解決方案架構師
受邀於 InnoVEX、.NET Conf 等國際舞台分享最新技術趨勢
熱愛將複雜的技術知識轉化為人人都能理解與應用的解決方案

出版書籍

GitHub Copilot 讓你寫程式快 10 倍！AI 程式開發大解放
天瓏 5、6 月銷售冠軍

主要平台

📺 YouTube：搜尋 「Duran 技術冶煉廠」

📘 Facebook 粉絲專頁：搜尋「Duran 技術冶煉廠」

Note